イラスト図解

# 第一次大戦傑作兵器

文／すずきあきら
イラスト／みこやん
図版／田村紀雄

イカロス出版

# まえがき

京都の人が、先の戦争、と言えば応仁の乱を指す、とはいい得て妙な京都人ジョークだが、多くの日本人にとって、戦争、とは第二次世界大戦（の、アジア、太平洋戦争）のイメージだろう。王道の第二次世界大戦は、多くの資料、映像となって遺され、物語が作られ続けている。大きな被害を受けながらも、零戦、戦艦「大和」、山本五十六といったレジェンドが綺羅星のように並ぶ存在感は何ものにも代えがたい。

翻って、第一次世界大戦はどうだろう。日本が参戦したことも知らない人が多いかもしれない。戦勝した日清・日露戦争は当然として、日本の近代対外戦争ではもっとも寂しい知名度といったところなのではないだろうか。

事実は、もちろん参戦し、ドイツ領の中国、山東半島の青島要塞を攻略し、太平洋の島々を占領、欧州まで艦隊を派遣して輸送船団の護衛や掃海任務にもあたった。その戦功を懸賞してマルタ島に記念碑も建てられている。そして、きわめて重用なことだが、勝ち組にも収まった。

そんな第一次世界大戦の名兵器を一堂に集めたのが本書だ。知名度が低いからといって食わず嫌いせず、ぜひ手に取って開いて見るとわかる。多くのイラストで再現された兵器たちの、じつに豊かな多様性を！

戦車、戦艦、戦闘機、といった現在にもつらなるカテゴリーの兵器たちが初めて出そろったのが第一次世界大戦だ、というのは中でも何度も触れた。だが正直、まだ出たてのそれらは少々、あるいははっきりとヘンテコで、けれども大真面目で必死で、思わず見入ったり考え込んでしまったりするはず。

現在の兵器ほどハイテクでもなく、第二次世界大戦のそれらほどシャープでもなく、どこか微笑ましい、けれど知るほど楽しく、好きになること請け合いだ。

個々の兵器の開発経緯から戦歴、改良型などのバリエーションを、ぜひ本書で確かめてほしい。

最後に、ステキで正確なイラストで本書を彩ってくれたイラストレーターのみこやん先生、休日もあまり休んでないのでは、というほど仕事漬けでミリタリー雑誌界を牽引する担当編集の浅井氏に、深い感謝を。

ステキな第一次世界大戦のイラスト図鑑解説は、まだまだこれからも続きます。

すずきあきら

本書は季刊「ミリタリー・クラシックス」VOL.50（2015年夏号）～VOL.84（2024年冬号）に「WWI兵器名鑑」として連載された記事を、大幅な加筆・修正の上で収録したものです。111～113ページは書き下ろしです。

# CONTENTS



文／すずきあきら
イラスト／みこやん（特記以外）
図版／田村紀雄（特記以外）
写真・図版解説／ミリタリー・クラシックス編集部

写真提供／NARA、IWM、Bundesarchiv、wikimedia commons、イカロス出版 etc.

1918年9月1日、イギリス陸軍航空隊第2航空機補給基地において、F.E.2b夜間爆撃機の座席から説法を行う牧師

陸戦兵器❶

# Mk.《マーク》Ⅰ《ワン》菱形戦車

## 塹壕突破用に開発された史上初の近代的実用戦車

イギリス

### 対塹壕用の切り札として開発された「タンク」

塹壕《ざんごう》。

この、いわば地面に掘っただけの「穴・溝」が、近代戦において恐るべき大規模、複雑、精緻に成長し、攻める側に耐えがたい出血を強いる防御設備になるとは、第一次世界大戦(以下、WWⅠ)が始まるまでは誰も予想しなかった。

当初、ただ一本のまっすぐな線だった塹壕は、爆風や銃弾が通り抜けるのを防ぐためジグザグに、退避壕や掩蔽壕を設け、機関銃火点などを多数備えていく。そうした塹壕が二、三線でひとつの陣地帯を構成し、さらに二、三の陣地帯が構築されると、戦線はまったく膠着状態に陥った。それがスイス国境からドーバー海峡まで、1500㎞近くも続いていたのがWWⅠ西部戦線だった。

何としても塹壕地帯を突破すべく、何週間にもわたる重砲の集中射撃、数十万もの兵による執拗な歩兵突撃が繰り返されたが、多大な犠牲と引き換えに得られたのは、数㎞程度の土地だけ。根本的、革新的な塹壕対策が求められていた。

そしてこの課題に英仏は、装甲車輌の開発で応えようとした。

西部戦線に従軍し、歩兵部隊の窮状を知っていたイギリス陸軍のアーネスト・スウィントン中佐は、前線で重砲の牽引に用いられていたアメリカ製のホルト社(現キャタピラー社)のホルト75トラクターを見てその踏破力に感心し、トラクターに装甲と武装を施せば塹壕を突破できる、と考えた。

スウィントン中佐はさっそく陸軍防衛委員会に上奏するも、ときのキッチナー陸軍大臣の反対であっさり却下。しかし同時期、海軍でも同様の計画が持ち上がる。なぜ陸軍ではなく海軍? 海軍航空隊は飛行場を守るため装甲車の中隊を運用していて、同部隊のマーレー・スウェーター大佐は、車輪ではなく履帯ならば、無数の砲弾で鋤《す》き返された激しい凹凸《おうとつ》だらけの戦場を踏破できると考えたのだ。

新し物好きのチャーチル海軍大臣がこのアイデアを推し、早くも1915年2月には「陸上軍艦委員会」なる機関が海軍内に設けられる。紆余《うよ》曲折を経て、陸軍の計画も合流した。

初期の構想の中には、12mもの巨大な車輪を前にふたつ、後ろに小さな車輪をひとつ持つ、文字どおりの巨大三輪車などもあったが、試作段階で放棄される。結局アメリカ、ブロック社の農耕用トラクターの足回りを利用した最初の試作車が、フォスター社のウィリアム・アシュビー・トリットン技師を中心に作られた。「トリットン・マシン」と呼ばれるこの試作車は小さすぎたため、履帯の長さを90㎝延長した「ナンバー1 リンカーン・マシン」が製作され、1915年9月、完成した。名称のリンカーンは、フォスター社の所在地から取られている。

リンカーン・マシンは履帯などを改良され、「リトル・ウィリー」と呼ばれて各種試験に供された。すると履帯の長さ、高さともに目標とする1・5m幅の塹壕を超えるのに不十分とわかる。トリットン技師らは車体を根本から作り直すこととし、菱形の車体の全周を履帯が取り囲むデザインを考案。武装は左右にスポンソン(張り出し砲郭)を設けて装備する。

この菱形車体の試作車は「ビッグ・ウィリー」、あるいはマザー、国王陛下の陸上軍艦(His Majesty's Land Ship=HMLS)などと呼ばれて良好な性能を示し、1916年初頭、Mk.Ⅰ戦車として制式採用され100輌の量産が決定した。ちなみにリトル・ウィリーとは、敵国ドイツのヴィルヘルム皇太子を、ビッグ・ウィリーは当然、皇帝ヴィルヘルムⅡ世を表し、これを揶揄《やゆ》するものだった。

ビッグ・ウィリー(Big Willie)、あるいは「マザー(mother)」と呼ばれた菱形戦車の試作車

1915年11月、塹壕を超える試験を行う「リトル・ウィリー(Little Willie)」。こちらは不採用となり、「ビッグ・ウィリー」がMk.Ⅰ戦車となったが、リトル・ウィリーは後のホイペット中戦車のベースとなった

### 史上初の近代戦車、実戦へ

スウィントン大佐(中佐から昇進)ら関係者は、戦車を一度に大量集中的に運用するのが効果的だと考えていたが、19

1916年9月のソンムの戦いに参加するために前進するMk.Ⅰ菱形戦車C6「コルドン ルージュ号」と、それを歓迎する歩兵たち。戦車長のジョン・アラン少尉が先導して歩いている

16年7月から始まったソンムの戦いが苦境に陥ると、打開のためMk.Ⅰが戦線へ投入されることになった。

9月15日、ついにMk.Ⅰが実戦に投入されることになったが、まだMk.Ⅰの完成車輌は60輌程度のうえ、それらがバラバラに各部隊に配置されてしまう。そのうえ故障が相次ぎ、攻撃発起地点までたどり着いたのはわずかに32輌。無事に歩兵部隊を従えて進撃できたのは9輌。ドイツ軍の塹壕を突破したのはたった3輌だった。

それでもこのまったく新しいイギリス軍の新兵器に、ドイツ軍守備隊は驚き、一部は恐慌状態となって逃走した。

その後、戦車の運用にはいまいち精彩を欠く状況が続いたが、1917年11月、カンブレーの戦いでは、9個大隊400輌以上のMk.Ⅳがついに集中投入される。粗《そ》朶《だ》束を使って塹壕を突破する、機関銃で塹壕内を掃射する、さらに歩兵部隊が塹壕を占領する、などといった戦車と歩兵の共同戦術がここに確立された。

8mm機関銃を左右スポンソンに2挺ずつ、前後車体に1挺ずつ、計6挺を装備した雌型。後方には尾輪が付いている。開発中は防諜のため「タンク(水槽)」の秘匿名が使われていたがそのまま定着、今でも「Tank」は戦車を表す言葉となっている

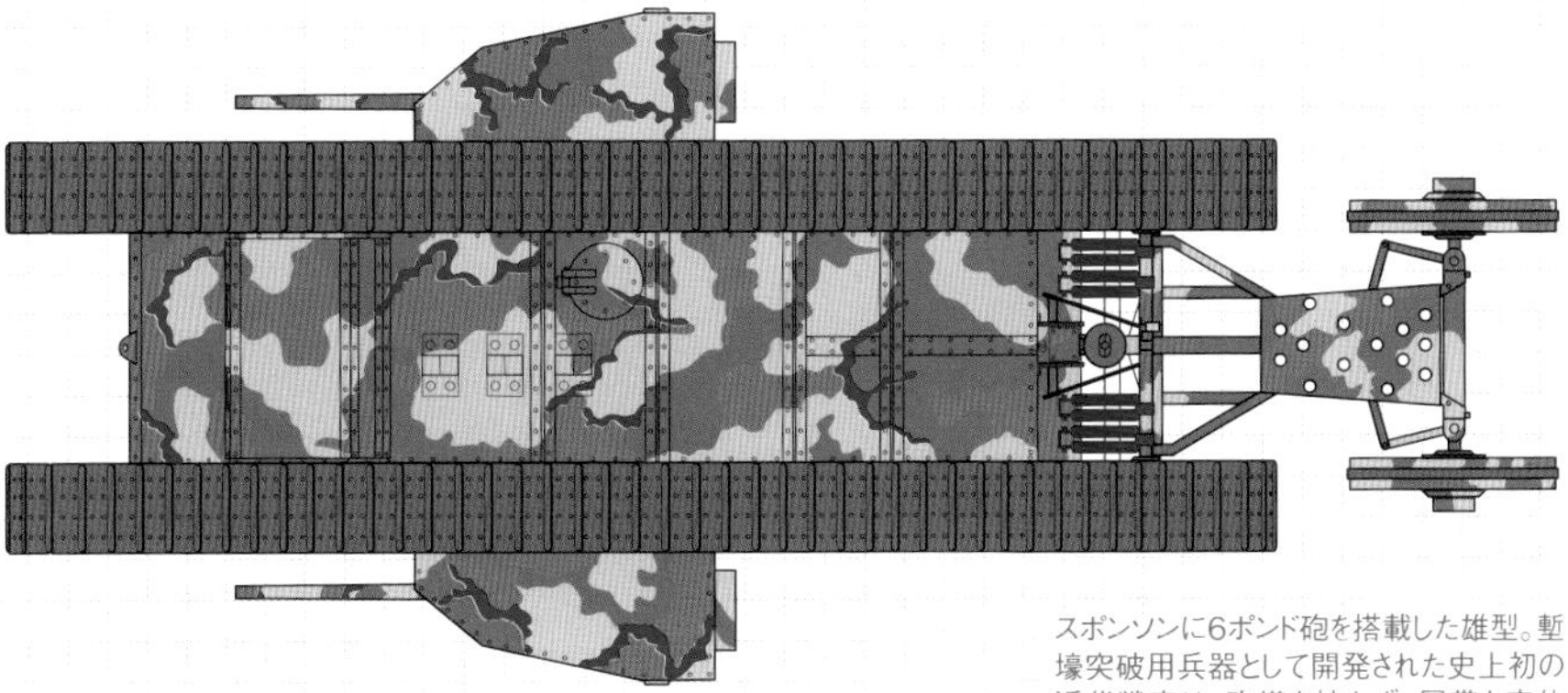

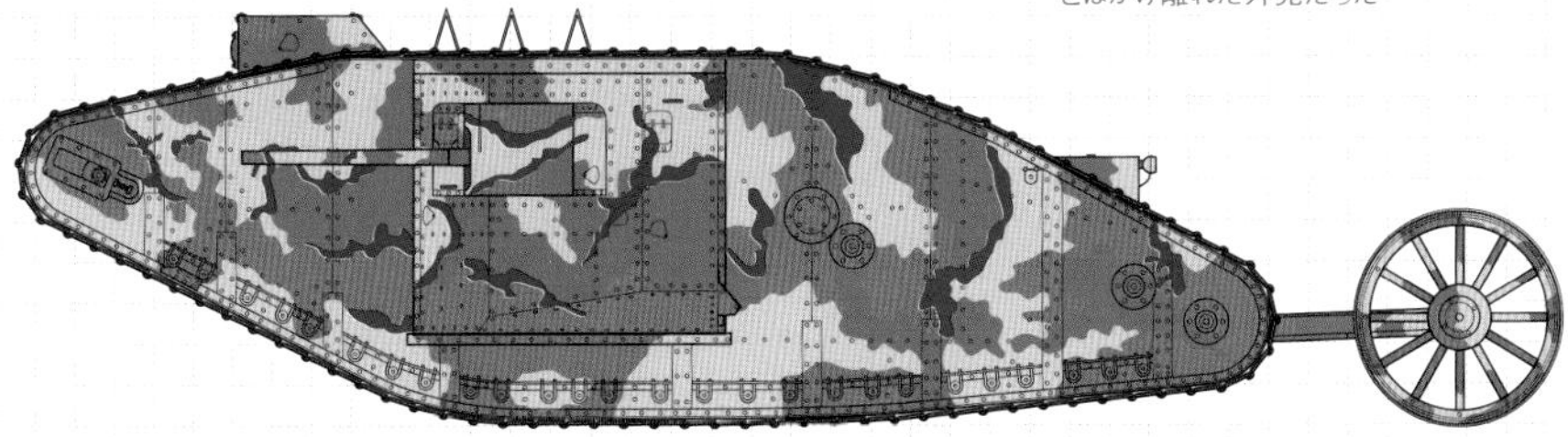

スポンソンに6ポンド砲を搭載した雄型。塹壕突破用兵器として開発された史上初の近代戦車は、砲塔を持たず、履帯も車体外周全体を回っているという、現在の戦車とはかけ離れた外見だった

## Mk.Ⅰの特徴と性能

Mk.Ⅰ戦車は、車体のほぼ中心に105馬力の直列6気筒エンジンを搭載していた。大馬力エンジンの音と振動、熱は8名の

乗員をダイレクトに襲った。また換気ファンがなく、エンジンや補器類からのほか、火器からの有毒ガスも乗員を苦しめた。

操縦は車体前方右側のシートに座る操縦士が行うが、後方にある副変速機をタイミングよく操作することが重要で、左右2名の変速手が専門に行った。また操縦手の隣に座る車長はブレーキ操作も兼任する。

適当な口径の砲の在庫が陸軍になく、海軍の6ポンド砲2門を搭載した。このタイプはMale＝雄(オス)型、機関銃だけのタイプはFemale＝雌(メス)型と呼ばれた。

車体後部に取り付けられた金属製の尾輪は、車体を延長して超壕効果を高めるのと、操向を補助するためだったが、すぐに破損するので1916年11月にはすべて取り外されてしまった。

泥濘《ぬかるみ》などで動けなくなったときのために材木をルーフ上にくくりつけ、車内からの操作で前方へ落とす仕組みや、ドイツ軍の手榴弾を跳ね返したり落とすための金網などものちに取り付けられた。

Mk.Ⅰから始まる菱形戦車系列は、戦争の様相そのものを一変させる革新的兵器であり、現代まで続く世界の戦車の始祖と言えるものだった。

WWⅠ終盤、アミアンの戦いなど連合軍の反撃では、Mk.Ⅰ戦車の改良・決定版ともいえるMk.Ⅳ戦車が主役となる。基本コンセプトはそのままに、信頼性や安全性、生産性が大きく向上した。武装や装甲も強化されている。歩兵に随伴する快速のホイペット戦車も登場し、戦争を終結に導く快進撃の原動力ともなった。

**Mk.Ⅰ戦車(Male：雄型)**

| | | | |
|---|---|---|---|
| 重量 | 28.4トン | 全長 | 9.9m(尾輪含む) |
| 全幅 | 4.19m | 全高 | 2.43m |
| エンジン | デイムラー直列6気筒水冷ガソリン(105hp) | | |
| 最大速度 | 6km/h | 装甲厚 | 6～12mm |
| 武装 | 6ポンド砲(40口径57mm砲)×2、7.7mm機関銃×3 | | |
| 乗員 | 8名 | | |

6ポンド砲(40口径57mm砲)を2門搭載したMk.Ⅰ雄型(C-15号車)。1916年9月25日、ソンムの戦いの中のティプヴァル尾根攻撃に備えている。天井には手榴弾除けの三角の屋根が見える。イギリス兵たちも巨大な新兵器に興味津々のようだ

陸戦兵器❷

# Mk.Ⅱ／Ⅲ／Ⅳ菱形戦車

## Mk.Ⅰ戦車を改良し、菱形戦車の集大成となった戦車

イギリス

### Mk.Ⅰの小改良型のMk.Ⅱ／Ⅲは主に訓練用として使用される

1916年1月に完成したMk.Ⅰ戦車は、同年9月15日のソンムの戦いでデビューするが、数が少なく戦場の地形も戦車の行動に不向きで、被害のわりに戦果は乏しかった。新兵器である戦車の戦闘方法＝戦術の確立が急務とされる一方、実戦で明らかになったMk.Ⅰ戦車の不具合の改良、さらなる性能向上が急がれた。

戦車の構造的な改良がなされている間にも、生産は止めるわけにはいかない。なにより戦車運用法のための訓練や、搭乗員の養成に戦車が必要だったのだ。こうして、Mk.Ⅰから最小限の改良を施されたMk.Ⅱ50輌が、1916年12月から17年1月にかけてウィリアム・フォスター社で生産された。

まず、さほど効果がなく、すぐに破損する車体後方のステアリングホイールが撤去された。また転輪や駆動輪が鋳鉄製とされた。不整地の踏破性を向上させるため、履帯をやや幅広のものとした。これによって干渉する操縦席・車長席の天蓋部分の張り出しは、幅が狭められた。さらに履帯の一枚一枚に取り付ける、より幅広で突起の突き出したかんじき状のパーツも考案され、間隔を置いて履帯シューに取り付けられた。また車体上面にハッチを増設。乗員の脱出を助けている。

Mk.Ⅱのうち5輌はエンジンと変速機の開発テストベッドとして用いられ、デイムラー（ドイツのダイムラー社ではなく英国の企業）社の燃料－電気駆動方式や遊星歯車を使ったトランスミッションを搭載した。Mk.Ⅰはギアチェンジに操縦手と左右のギアマンらの連携が必要で、これを解消することができるはずだった。しかし完成に至らず、採用は将来の戦車へ見送られた。

Mk.Ⅲはメトロポリタン・キャリッジ&ワゴン社で50輌が生産された。Mk.Ⅱとほぼ同仕様だったが、後期型の雄型では短砲身の6ポンド砲が採用され、取り回しが向上している。Mk.Ⅱまでの長砲身砲では、車体の傾きによって、時に砲身が地面につかえてしまい動けなくなることがあったためだ。射撃するのはせいぜい数百m先の標的だったので、短砲身のものでも十分だった。

Mk.ⅡとMk.Ⅲはおもに訓練用として使用されたため、車体の外板は装甲鋼鈑ではなく通常の鉄板だった。外板に増加装甲を取り付けることが計画されたが、実際には取り付けられなかった。

50輌のMk.Ⅱは25輌が雄型、25輌が雌型として作られた。うち20輌はニヴェル攻勢のためフランスへ送られ、アラスの戦いに参加したが、ドイツ軍のライフル徹甲弾はMk.Ⅱ／Ⅲの装甲を貫通した。戦地では、破壊されたMk.Ⅰ戦車の外板を取り外して取り付け、装甲を強化したものもあったという。記録ではMk.Ⅱの2輌がドイツ軍に捕獲されたとある。1917年には、残っていたMk.ⅠとⅡ合わせて12輌が、武装を取り払った補給用の戦車に改造された。

1917年4月10日、廃墟となったアラスの街を、前線に向かって進む第1戦車旅団のMk.Ⅱ戦車

### 本格的改良型のMk.Ⅳと各種の派生型

Mk.Ⅱ、Ⅲがおもに戦車戦術の確立や戦車兵の育成に使用されている間、本命である改良型菱形戦車のMk.Ⅳの開発が進められた。

Mk.Ⅰからの改良にあたり、車内左右にあって、装甲を撃ち抜かれると容易に発火してしまう燃料タンクを車外後方へと移し、装甲板で覆った。容量も増加した。またMk.Ⅲから引き続き、短砲身23口径の6ポンド砲などを備えた左右のスポンソン（張り出し）は車内へと引き込むことが可能となる。これで鉄道輸送時に、スポンソンを取り外す必要がなくなった。しかも若干小型化し、片側で十数cm車体寸法が縮小している。雄型、雌型ともに、それまでのヴィッカースとオチキス機関銃が、ルイス機関銃に換装された。そして車体の装甲板が強化され、ドイツ軍のライフル徹甲弾にも貫徹されなくなっている。

エンジンの騒音と振動と熱に苦しめられていた車内は、エンジンに冷却ファン

が、車内にも換気扇が設けられた。排気管には消音機が取り付けられた。荒れた路面での踏破性を高めるための鋼鉄製スパッドが、一定の間隔をもって履帯に取り付けられた。車体上部にはラックのような2条のレールが取り付けられ、その上に角材や粗朶束《そだたば》(薪束)が載せられた。これは車内からの操作で固定を外し、レールに沿って車体の前へ落とすことで、軟弱地を脱出したり塹壕を埋めて突破するためのものだ。

　最大の懸案だった変速機については、多くの試作を行うものの改良には至らなかった。あいかわらず操縦手の合図で、車長と、車内後部に位置したギアマンが息を合わせるという4人がかりの操作が必要だったのである。ギアシフトやステアリングが操縦手ひとりで行えるのは、次のMk.Ⅴを待たなくてはならなかった。Mk.Ⅳは1917年から生産が開始され、生産総数は1015輌に上った。

　Mk.Ⅳの派生型として、超壕性能を高めるため車体を2・74m延長したMk.Ⅳタッドポール戦車がある。タッドポールとはその見た目から付けられた「オタマジャクシ」のこと。車体を延長したことにより履帯の数も片側28枚分増加し、駆動装置の動力伝達系統も延長されている。しかし延長されたのは左右の履帯に覆われた部分だけで、中央の車体は延長・拡大されてはいない。そのため、空いた後部中央にプラットフォームを設け、迫撃砲や臼砲を搭載したタイプも作られた。この車体履帯部の延長という改造は、Mk.ⅣだけでなくのちのMk.Ⅴでも行われた。

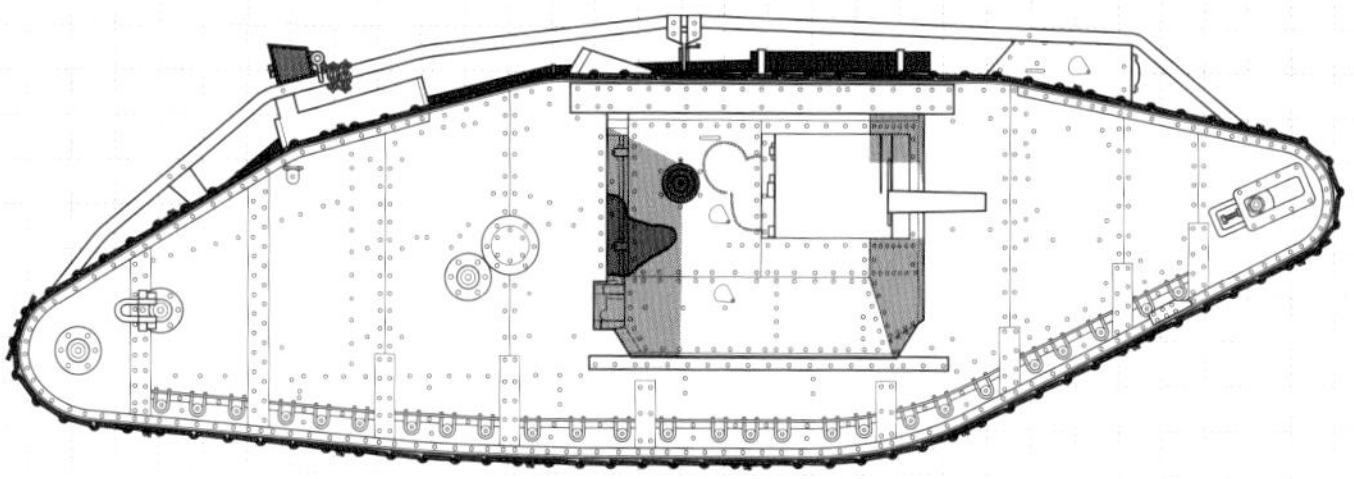

1917年11月～12月、カンブレーの戦いに参加したMk.Ⅳ(雄型)。雪が降っていたため白い冬季迷彩が施されている

　左右のスポンソンを武装ごと取り外してそこに物資を積載する箱部を設けた、Mk.Ⅳ補給戦車も1917年7月以降に作られた。車体前部にも銃弾や砲弾などを積み、後退する際には負傷者を収容したという。武装は車体前部の機関銃1挺のみ。エンジンは過給機を取り付けたタイプに換装され、出力は通常型の105馬力から125馬力に向上した。

**Mk.Ⅳ戦車(雄型)**

| | | | |
|---|---|---|---|
| 重量 | 28.4トン | 全長 | 8.05m |
| 全幅 | 4.11m | 全高 | 2.46m |
| エンジン | デイムラー直列6気筒<br>水冷ガソリン(105hp) | | |
| 最大速度 | 6km/h | 行動距離 | 56km |
| 行動距離 | 56km | 最大装甲厚 | 12mm |
| 武装 | 6ポンド砲(23口径57mm砲)×2、<br>7.7mm機関銃×3 | | |
| 乗員 | 8名 | | |

　戦場で故障、擱座《かくざ》した戦車の回収もまた戦車戦術の一部として求められた。これに対して、車体前部にクレーンを設けたMk.Ⅳクレーン車が作られた。クレーンのワイヤーは車体上部に設置されたウインチによって巻き取る。操作は車内からではなく、車体上部に操作手用の露天の作業台がふたつ設けられて、そこから行った。

1917年10月21日、カンブレーの戦いに備え、フランスのワイイで訓練を行うMk.Ⅳ菱形戦車

## カンブレーの戦いの主役となり世界初の戦車戦も経験

　1917年11月、カンブレーの戦いに450輌ものMk.Ⅳ戦車が投入された。カンブレー戦はそれ自体、戦車の大量使用を前提として考案された、まさに戦車のための戦いで、戦術はもちろん、戦場の地形などまでが戦車の行動に適したものが選ばれていた。じつはこれ以前、第三次イープル戦でも216輌ものMk.Ⅳ戦車が投入されたものの、降り続く雨で高低

真横から見ると異様さが際立つMk.Ⅳ「タッドポール」

差の多い地形が泥の海と化し、戦車はほとんど戦局に寄与しなかったばかりか、多くが故障して動くこともできないというありさまだった。

　そうした汚名をそそぎ、また戦車の有用性を示すために準備されたカンブレーの戦いで、6個大隊に編成されたMk.Ⅳ戦車は見事ドイツ軍の戦線を突破する。戦車軍団長のエリス准将までが、自ら戦車の1輌〝ヒルダ〟に乗り込んで陣頭指揮にあたった。この壮挙に戦車搭乗員たちは奮い立ち、一部では一日で5km以上を前進する戦果を挙げた。実は作戦開始までに、故障等によって稼働戦車は380輌あまりに減っていたものの、集団で前進してくる戦車群にドイツ軍守備兵はなすすべもなく後退するか、拠点に取り残されていった。

　11月20日と21日の戦闘で、戦車部隊は敵前線に大きな破孔を穿《うが》つが、その後の戦線の安定には失敗する。追随する騎兵部隊が脆弱でドイツ兵の機関銃に阻まれ、

1917年11月20日、カンブレーの戦いで塹壕にはまってしまったH大隊のMk.Ⅳ「ヒヤシンス号」

逆に最前線の戦車部隊が孤立する危険に陥った。結局、突破後の戦果拡大、占領地の安定、確保には、また別の兵種や兵器が必要ということから、騎兵戦車の開発が急がれることとなる。

　1918年になると、ごく少数だがドイツ軍の戦車も戦場に現れるようになる。これに伴って、4月24日、フランスのヴィレ・ブルトヌーの村近くで、英独戦車部隊による史上初の戦車戦が生起した。

　戦いはまったくの偶然で、ドイツ軍のA7V戦車3輌がイギリス軍のMk.Ⅳ戦車3輌と遭遇。ほぼ同時にお互いを認めた両者は、A7Vが車体前部の主砲でMk.Ⅳ戦車を砲撃。Mk.Ⅳ戦車のうち、機関銃しか持たない雌型2輌が撃破された。残った1輌のMk.Ⅳ雄型は果敢に反撃し、6ポンド砲でA7Vに直撃弾を与える。戦車戦を想定していなかったイギリス軍は、徹甲弾を戦車に搭載しておらず、当たったのは榴弾だったが、誘爆を恐れたA7Vの搭乗員は脱出。戦車は遺棄された。

　痛み分けとも思えるこの戦いだが、結果は、ドイツ軍側がイギリス戦車2輌を撃破したものの、戦場から離脱し後退。イギリス側はドイツ軍戦車1輌を撃破し、戦場を確保した。

　この戦訓から、ドイツ軍のA7Vに機関銃だけでは対抗できないとして、Mk.Ⅳ雌型戦車のスポンソンの片方を6ポンド砲を装備した雄型のものに換装する指示が出された。これは雌雄型（雄雌型とも）と呼ばれ、現在残っている写真では、車体右側を6ポンド砲装備のスポンソンにしたMk.Ⅳ戦車が確認できる。

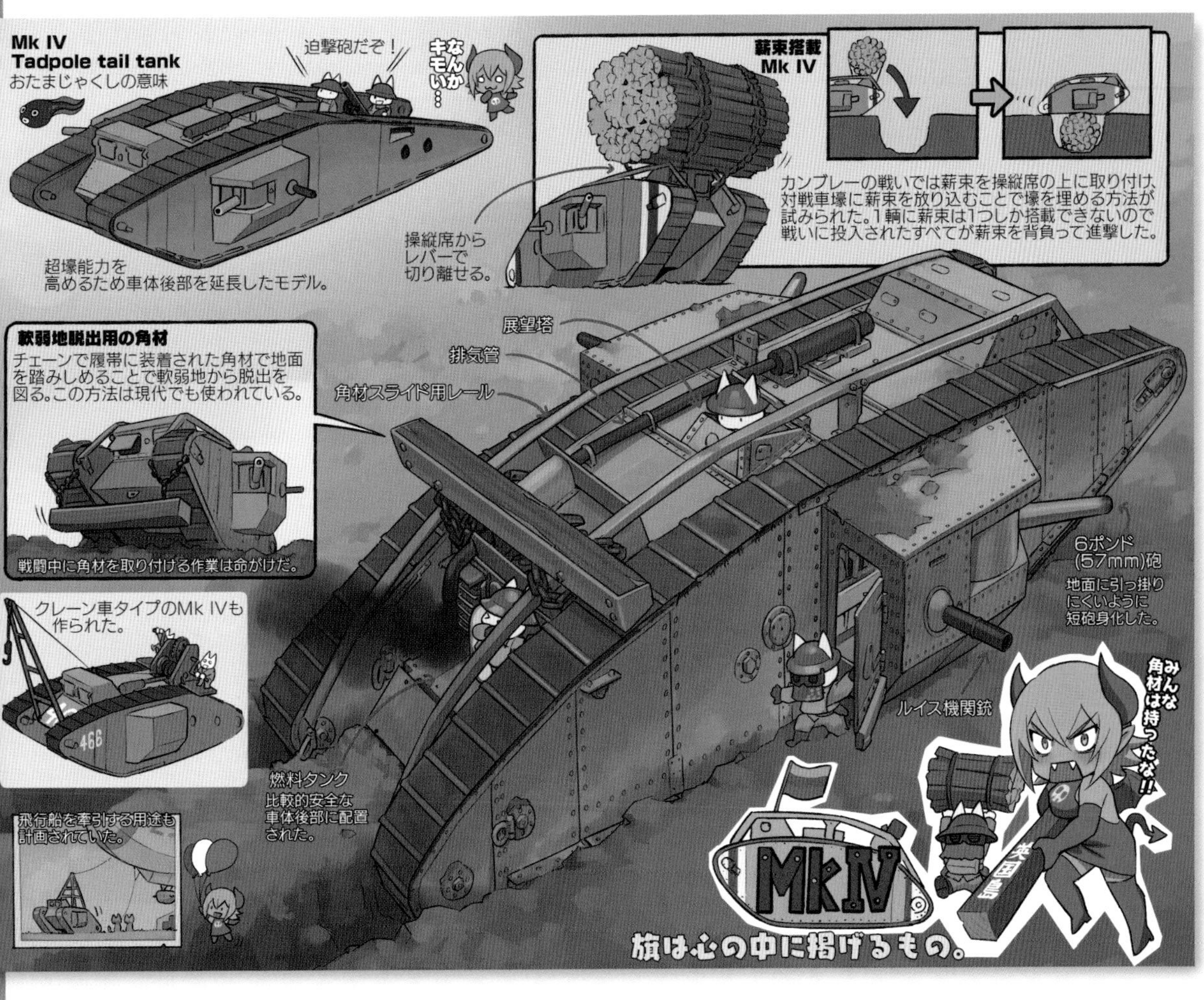
Mk IV
Tadpole tail tank
おたまじゃくしの意味
迫撃砲だぞ！
なんかキモい…
超壕能力を高めるため車体後部を延長したモデル。
薪束搭載 Mk IV
操縦席からレバーで切り離せる。
カンブレーの戦いでは薪束を操縦席の上に取り付け、対戦車壕に薪束を放り込むことで壕を埋める方法が試みられた。1輌に薪束は1つしか搭載できないので戦いに投入されたすべてが薪束を背負って進撃した。
軟弱地脱出用の角材
チェーンで履帯に装着された角材で地面を踏みしめることで軟弱地から脱出を図る。この方法は現代でも使われている。
戦闘中に角材を取り付ける作業は命がけだ。
展望塔
排気管
角材スライド用レール
6ポンド(57mm)砲
地面に引っ掛りにくいように短砲身化した。
ルイス機関銃
クレーン車タイプのMk IVも作られた。
燃料タンク
比較的安全な車体後部に配置された。
飛行船を牽引する用途も計画されていた。
みんな角材は持ったな!!
Mk IV
旗は心の中に掲げるもの。

陸戦兵器③

# シュナイダーCA1

## 大きな戦果は残せなかったフランス初の戦車

フランス

### フランス初の戦車 CA1の誕生まで

イギリス軍と同じく、フランス軍もまた大規模なフル塹壕と化した西部戦線での異常な損耗に頭を痛めていた。そしてその攻略、打開策もやはり、装甲車輌の開発へと目が向けられていく。

味方の悲惨な損害を現場で連日、目の当たりにしていたフランス陸軍の歩兵士官ジャック・クェレネックは、敵の機関銃に耐えて戦線を突破する装甲戦闘車輌を構想する。この構想は紆余曲折を経てシュナイダー社のチーフ開発者ウージェーヌ・ブリエに伝わった。シュナイダー社は1915年1月、大砲を搭載したトラクターの開発を命じられており、ブリエは、クエレネックのアメリカ製ホルトトラクター推しに加え、実際に自身でもイギリスでのテストの模様を見たことからホルトトラクターの可能性を探求し始める。8月には「装甲武装トラクター」と呼ばれる設計図が作成された。

1915年12月9日、45馬力タイプの「ベビーホルト」をベースに装甲車体を乗せたプロトタイプが完成。これは「スアン」と呼ばれ、実験が開始された。実験は陸軍元帥フィリップ・ペタンやJ・B・E・エスティエンヌ大佐が検分する。スアンは不整地の突破にはある程度の能力を示したが、車体が短すぎ、当時のドイツ軍の平均的塹壕幅、約2mを克服するのは困難だと評価された。このため前後に転輪が追加されることになった。スアンは粗削りだったが可能性を示し、エスティエンヌはそれ以前から元帥ジョッフルに必要性を訴えていた装甲戦闘車輌の実現性を強く感じた。エスティエンヌは具体的な「戦車」の開発計画を最高司令部に上申する。

12月20日、エスティエンヌはパリのルノー社を訪れ、装甲戦闘車輌の生産に参加するよう要請した。これはのちのルノーFT戦車となる。22日、シュナイダー社は改良された装甲車輌の製造に取り掛かった。10トンの車輌は10㎜厚の装甲を持ち、75㎜砲を搭載する仕様で、各部にはエスティエンヌによる改良点が盛り込まれる。試作車輌はさらに変更され、翌16年1月5日にテストされた。

1月7日、戦車開発はジョッフル総司令官の裁可を得た。ジョッフルはまた400輌の生産も承認した。CA1(CAはchars d'assaut の略で、突撃戦車の意)と名付けられたこの戦車は、ブリエとシュナイダー社が開発したものだが、エスティエンヌが改良点を提案し、計画を車内部で迅速に通した功績も大きい。彼がフランス軍戦車の父と呼ばれるのもそのためだ。シュナイダー社は3月末までに8輌の試作車を製造した。

### CA1の構造 車内が狭く居住性は最悪

シュナイダーCA1の、装軌式トラクターの上に箱型の装甲キャビンが乗った形状は、クェレネックや初期のエスティエンヌの構想にほぼ近い。主砲のシュナイダー75㎜ブロックハウス榴弾砲は、車体の右前に、斜め前方を向いて装備された。このため車体は複雑な左右非対称形となり、砲の射界は非常に限定的だった。また9・5口径と短砲身のため射程も600mほどしかなく、実際に狙えるのは200m程度だった。車体右側に取り付けられたのは、砲手が砲の左で操作するためと言われる。

副武装はホチキスM1914 8㎜機関銃を車体側面に1挺ずつ搭載した。この機関銃は左右で位置がずらされている。車体右側面には75㎜砲があるのと、車内で銃手が重なるのを避けるためだ。プロトタイプでは跳ね上げ式の窓から直接、銃身を出していたが、生産型では半球形の防盾が装備された。

車体前方は船の船首のような形状で、後部には2本のスキッドが取りつけられた。いずれも超壕性を高めるためだ。船で言えば舳《へさき》に当たる部分には鉄条網切断用のワイヤーカッターが装備された。

内部はどうだろう。イギリス軍の菱形戦車は車内中央にエンジン、その後ろにトランスミッションが、ドイツ軍のA7Vはミッションは床下、車内中央のエンジンの上に操縦席が設けられていた。CA1では、エンジンは車内中央前方に、3速マルチギアボックスのミッションは最後部床下に搭載されたが、比較的コンパクトなボディーの車内は床が高くなり、天井

車体右前部に砲郭式(ケースメイト式)に75mm主砲を搭載したCA1

左前方から見たCA1。左右非対称なのがよく分かる

との間は約90㎝しかなかった。かろうじて、前方右側の操縦手兼車長席は床が深く、シートが設けられていた。が、逆にいえばまともな椅子席はそれだけで、エンジンの後部に同じく窪みがあるほかは、残り5人の乗員は、狭い空間で寝そべったりしゃがんだり、膝立ちになったりして任務をこなさねばならず、エンジンの排気が不十分で空気が悪いこともあって、車内の居住性は最悪といってよかった。

「フランス車」にめずらしく右側の操縦席は、ステアリングなどはなくいくつかのレバーとペダルで操縦する。またエンジン担当者が出力を調節した。ホルトトラクターの機構をほぼそのまま使った足回りは、この戦車を見かけより軽快に動かし、信地旋回なども可能だった。

## 苦闘が続いた戦場でのCA1

シュナイダーCA1は1916年に50輌、17年に326輌、18年に24輌が製造された。1500輌の生産も予定されたが、ルノーFT17の登場により当初の400輌に縮小されている。1輌はイタリアに送られた。

途中でドイツ軍のライフル徹甲弾・K弾に対抗するため、5・4㎜厚の増加装甲板が、4㎝ほどの隙間を空けて車体前面、側面などに取り付けられた。このため重量は13・5トンに増加した。245輌目からは自動始動装置が追加。それまで敵歩兵のライフル銃で簡単に撃ち抜かれ、すぐに爆発炎上していたガソリンタンクの容器は二重にされ、位置も車内から車外最後部に移された。エンジン冷却システムや換気システムも改善された。

シュナイダーCA1の最初の戦闘は1917年4月16日、エーヌ会戦のシュマン・デ・ダームの戦場においてで、132輌が投入されたが57輌が撃破された。多くのCA1は攻撃開始地点を離れるまえに故障などで失われた。多大な損害と引き換えに歩兵部隊がドイツ軍の第一線塹壕を抜いたあと、戦車隊もまた第二線の塹壕に取りつく。しかしドイツ兵はパニックには陥らず反撃したため、戦車も歩兵も攻撃を続けられず撤退しなくてはならなかった。一部の地点では突破に成功したが、野砲の直接射撃などで撃破されるCA1が続出。破壊された原因のほとんどはこうした野砲の射撃だった。

5月5日の攻撃では33輌が参加し、ドイツ軍の塹壕の第一線を抜き、第二線の塹壕に到達して歩兵を援護した。だが最終的にはほとんどの戦車が故障するか破壊され、搭乗員の死傷者は55名に達した。

10月23日、ラ・マルメゾンの戦いでは41輌のCA1が投入されたが、故障したり沼地で立ち往生するなど有効な戦果をあげられなかった。

1918年にはドイツ軍の大規模な攻勢が予想された。CA1の生産は縮小されていたが、ルノーFTもまた数が充足していなかった。いくつかの小規模な戦いのあと、6月11日には機動反撃のため75輌のCA1が戦闘に参加した。7月18日、アメリカ軍と共同したソアソンの戦いでは123輌のCA1が参加し、後退するドイツ軍に痛撃を与えた。

しかし戦闘による損耗と故障などでCA1の数は減り、8~9月には戦闘に参加するCA1の数は20~30輌程度になり、より実用的なルノーFTによって置き換えられていった。CA1は308輌が戦闘で失われ、うち301輌は敵野砲の射

**シュナイダーCA1**

| | | | |
|---|---|---|---|
| 重量 | 13.5トン | 全長 | 6.32m |
| 全幅 | 2.06m | 全高 | 2.30m |
| エンジン | シュナイダー直列4気筒液冷ガソリン(60hp) | | |
| 最大速度 | 8km/h | 行動距離 | 20～30km |
| 武装 | 9.5口径75mm砲×1、8mm機関銃×2 | | |
| 最大装甲厚 | 14mm | 乗員 | 6名 |

一見すると船のような形状であるシュナイダーCA1。胴体左右の8mm機関銃は少しずらして取り付けられていた

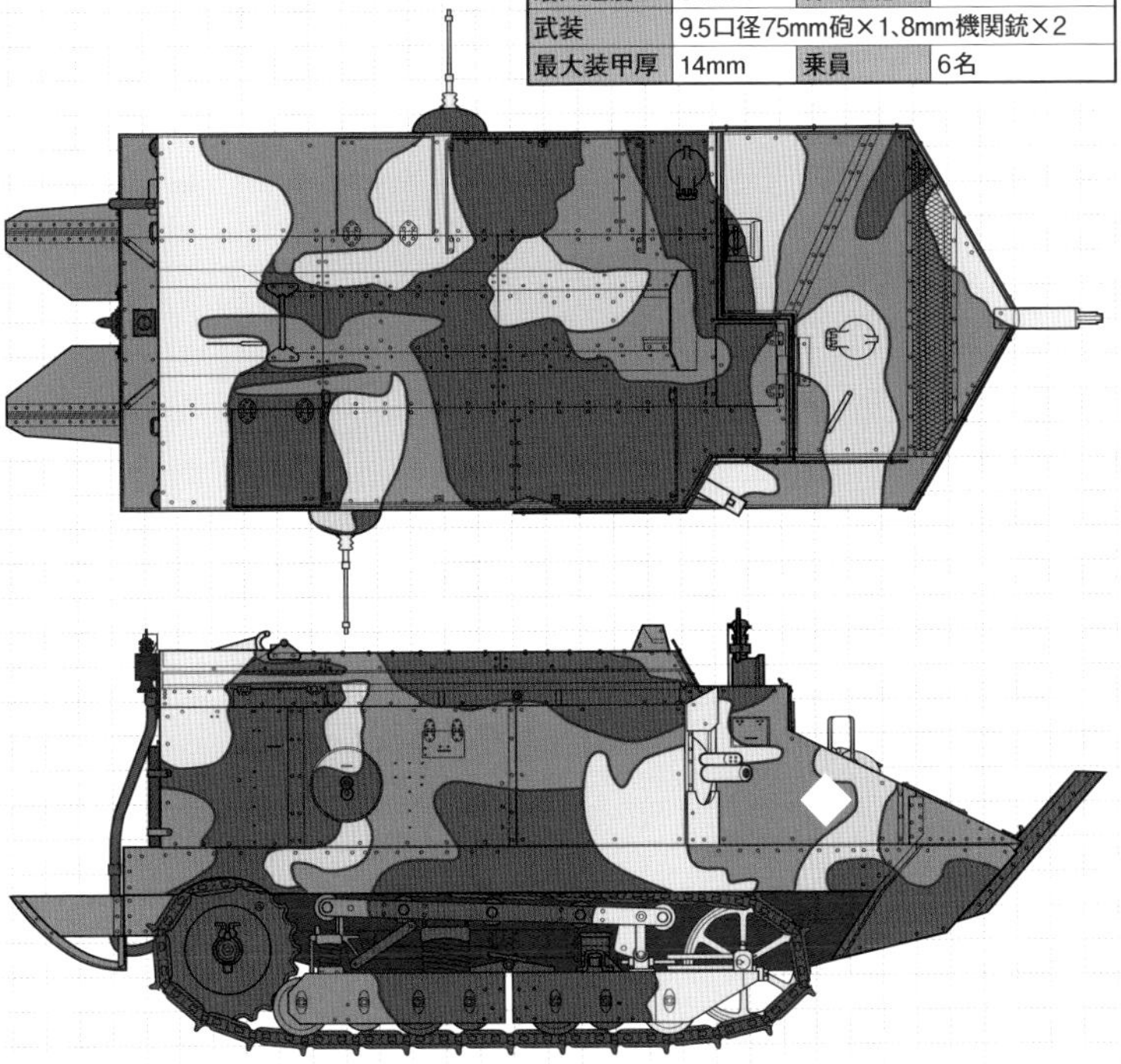

撃で撃破されたとされる。

　発展型としては、15㎜の装甲を持ち車体正面に37㎜砲を持つシュナイダーCA2、火炎放射器を2基装備した火炎放射戦車型、47㎜砲を砲塔に搭載したCA3、20トンの車重と75㎜砲の回転砲塔を持つCA4などが計画され、一部はモックアップや試作車輌も制作されたが、ルノーFTの開発・生産によってキャンセルされた。

　CA1の最後の戦場は、1921年のリーフ戦争だった。モロッコのベルベル人とスペインとが戦う中、フランスが介入し、ルノーFTなどとともにCA1も投入された。しかしすぐに訓練や予備用となっていった。戦争後、スペインに残されたCA1は、1936年のスペイン内戦でも4輌が人民戦線側で使用されたという。

1920年代のリーフ戦争に際し、スペイン側を助けるために投入されたCA1

## リーヴァヴァッサールの戦車

　じつはフランス陸軍にはWWI以前にも「戦車」の構想があった。野砲旅団の大尉レオン・リーヴァヴァッサールによるもので、装軌式の足回りを持つ防弾鋼製の箱型の車体(戦闘室)前面に75㎜砲を装備。乗員は4名。80馬力のガソリンエンジンで駆動する。この「自走砲プロジェクト」は1903年、フランス戦争省に提出されて研究され、2年後には陸軍大臣にも提案されたが、承認とはならなかった。まだ大戦前でもあり、馬匹牽引の野砲で十分と考えられていたのだろう。

　リーヴァヴァッサールは1908年に改善プロジェクトを提示し、モックアップ製造のために1万4000フランを見積もったが予算はつかず、最終的に却下された。リーヴァヴァッサールは市販のトラクターの足回りを利用することも提案している。

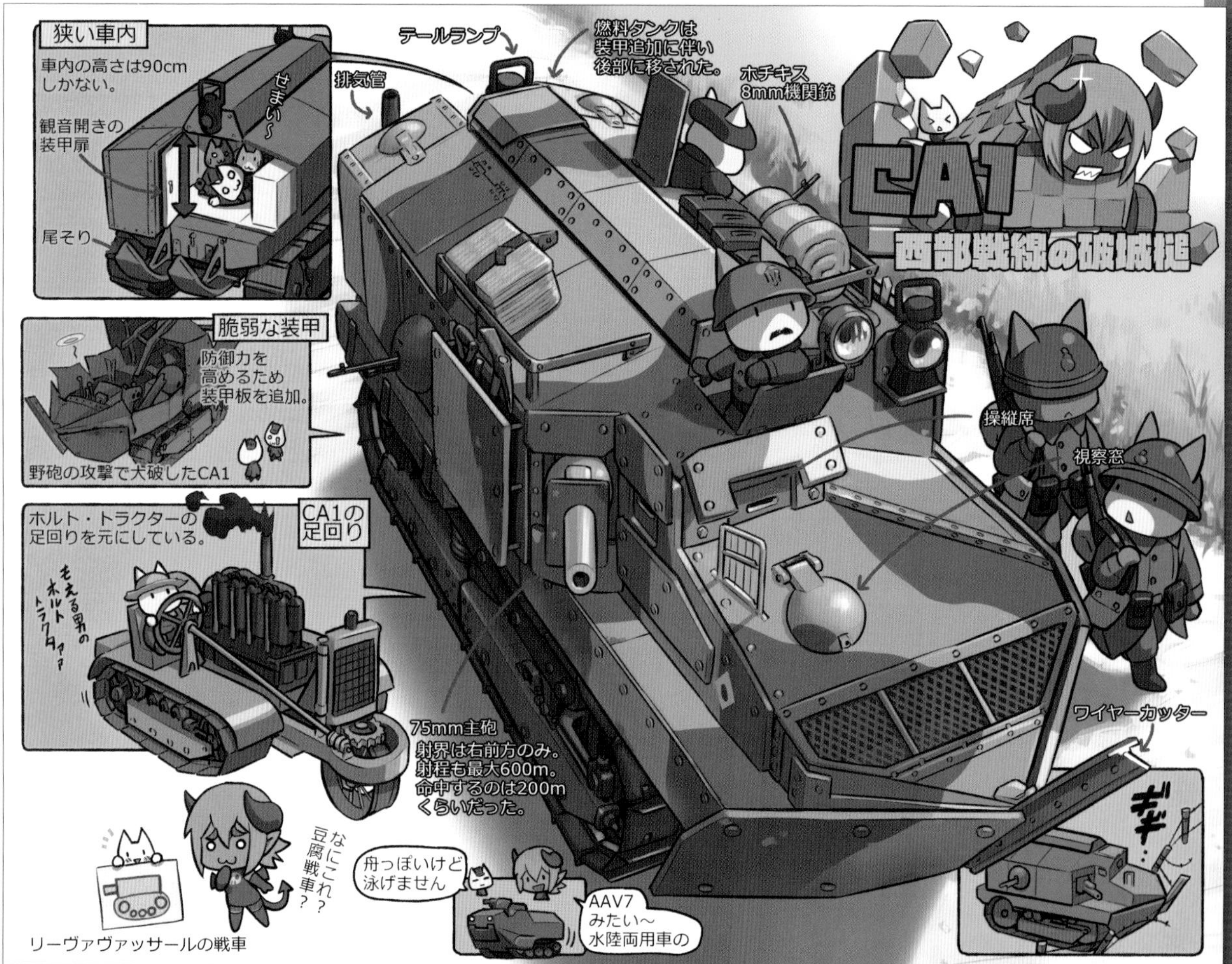
CA1
西部戦線の破城槌
狭い車内
車内の高さは90cm しかない。
せまい～
観音開きの装甲扉
尾そり
テールランプ
排気管
燃料タンクは装甲追加に伴い後部に移された。
ホチキス 8mm機関銃
脆弱な装甲
防御力を高めるため装甲板を追加。
野砲の攻撃で大破したCA1
CA1の足回り
ホルト・トラクターの足回りを元にしている。
もえる男のホルトトラクタァァ
操縦席
視察窓
75mm主砲
射界は右前方のみ。
射程も最大600m。
命中するのは200mくらいだった。
ワイヤーカッター
ギギ…
なにこれ？豆腐戦車？
舟っぽいけど泳げません
AAV7みたい～水陸両用車の
リーヴァヴァッサールの戦車

陸戦兵器④

# ルノーFT

## 全周旋回砲塔を採用し、その後の戦車のレイアウトを確立した名戦車

フランス

### フランス戦車の父 エスティエンヌ大佐が開発を主導

世界初の戦車と名高いイギリスの菱形戦車Mk.Ⅰにやや遅れること１９１６年、フランスも独自に、シュナイダーＣＡ１、サン・シャモンといった戦車を開発する。これらは、Char d'Assault＝突撃戦車と呼ばれ（シュナイダーの「ＣＡ」もその略）、どちらも基本的には、戦車の素ともいえるアメリカ製のホルト・トラクターの足回りをそのまま、あるいは延長して使い、その上に箱型の装甲車体を乗せた構造だった。

イギリスの菱形戦車同様、これらの戦車はなにより、敵の銃砲撃の中を塹壕陣地に接近し、塹壕を乗り越えることを主眼に造られていた。シュナイダーＣＡ１の６・32m、サン・シャモンの８・83mもの長い車体はそのためだ。

初期の戦車はとにかく塹壕（地帯）を突破するために特化したもの。何週間も準備砲撃を加えようと、塹壕内に潜む敵の兵力は温存され、攻撃を仕掛けた側はたった一日で数万、ひとつの会戦で数十万の兵の命を失うほどだったのだから、その攻略に血道を上げたのは当然だったのである。

そんな中、新たな戦車が構想される。塹壕突破用の突撃戦車は視界が悪く、そうした戦車部隊の指揮用の戦車が必要とされたのだ。

計画したのはフランス陸軍のジャン・バティスト・ウジェーヌ・エスティエンヌ大佐（のち将軍）で、フランス初の戦車シュナイダーＣＡ１の開発を主導した人物だ。

新型戦車の開発は、大手自動車メーカーのルノー社に対して要請された。じつはルノー、これ以前にも戦車開発を打診されたものの、軍用車輌の生産でいっぱいいっぱい、と断っていたのだ。

しかしエスティエンヌの粘り強い交渉で、１９１６年、ついにルノーは開発を引き受けた。そこからは早く、１９１７年２月には試作車の走行試験を開始する。良好な結果を示し、すぐに１５０輌の生産が決まった。ＦＴ17（１９１７年制式化の意味）と名付けられ、ルノーのほか、ベルリエ、ソミュア、ドローナ・ベルビューの各社の分担で１０００輌が発注された。最終的に３５００輌以上が生産される。シュナイダーＣＡ１やサン・シャモンの生産数が各４００輌だから、ＦＴは大ベストセラー戦車といえる。

### 革新的かつ実用性が高い FT17の設計

ＦＴ17は、車体上に３６０度回転する砲塔（銃塔）を搭載した初めての実用戦車で、砲塔上部にはやはり周囲３６０度を視察できる車長用展望塔（コマンダーズキューポラ）を設けている。

装甲板を箱型に組み合わせて車体とするモノコックに近い構造で、剛性も高い。

内部も、２名の乗員が前方から操縦手、直後に射手（砲手）兼車長と配置され、車体後半は変速機やエンジン、燃料タンクが占める。直列４気筒のガソリンエンジンは車体後部のハッチからアクセスしやすく整備性もよい。

機械類との間は隔壁で仕切られ、被弾時の安全性とともに、エンジンの騒音や熱から乗員を解放した。それまでの戦車は、車内にエンジンなど機械類が剥き出しで置かれ、乗員と混在するなど、たいへん危険だったのだ。

駆動輪は後輪で、自動車でいうところのＲＲレイアウトになり、小さな車体のスペース的に無駄がなかった。操縦は２本の操向レバーと変速レバー、ふたつのペダルで行い、それまでよりも格段に簡便化されていた。

こうした特徴とともにＦＴ17は生産性も良好で、安価でもあった。多くの自動車開発の経験を持つ社主のルイ・ルノーが基本設計に関わった効果、とも言われる。

ごく初期の生産型には鋳造の砲塔が用いられたが、生産性の観点からすぐに平面の装甲板８枚をリベット接合したタイプになった。開発したベルリエ社から、ベルリエ砲塔と呼ばれる。その後は鋳造砲塔に戻ったが、この鋳造砲塔型をＦＴ18と呼ぶこともある。

１９１８年５月31日、レッツの森の戦闘にＦＴ17は初めて投入される。実際には、突撃戦車の指揮というより、歩兵部隊の支援用として用いられた。

不整地だと最高速度は時速８㎞にも満たなかったが、当時は充分だった。カタ

超壕試験を行うルノーFT。尾部には超壕能力向上のため橇がついていた

塹壕で移動不能となったルノーFT。37mm砲を搭載しているタイプ

ログスペックでは同程度の速度を持つシュナイダーCA1やサン・シャモンが、塹壕を超えるころにはほぼ動けなくなったり、そうでなくとも数kmも走ると故障してしまうのに対して、高い機械的信頼性で歩兵部隊の随伴を無理なく可能とした。

砲塔の武装は8㎜機関銃1挺だが、生産途中で短砲身の37㎜砲に換装された。リベット接合、鋳造、どちらの砲塔版にもあり、1830輌がこれにあたる。砲弾は237発を携行した。

## 多くの国に輸出され、派生型も多種多様

ルノーFTは20カ国以上(ベルギー、ブラジル、中華民国、チェコスロバキア、エストニア、フィンランド、イラン、日本、イタリア、リトアニア、満州国、オランダ、ポーランド、ルーマニア、ロシア、ソ連、スペイン、スウェーデン、スイス、トルコ、イギリス、アメリカ、ユーゴスラビアなど)に輸出、使用されたが、第一次世界大戦後も多くが現役で、第二次世界大戦でフランスを占領したドイツ軍は大量のFTシリーズを鹵獲した。PzKpfw.18R 730(f)と名づけられ、警備や牽引用、対パルチザン戦闘用、装甲列車に搭載するなどして用いられた。

日本でもWWI後に十数輌が輸入され、甲型軽戦車と呼ばれて、おもに研究用に用いられた。のちに国産の九二型重装甲車の開発に役立ったという。全車、37㎜砲を搭載したFT18だった。

イタリアでライセンス生産されたフィアット3000は、やはり自動車メーカーのフィアットがルノーFTを独自改良したもの。縦置きだった4気筒エンジンは横置きになり、馬力も50馬力にアップし、速度も向上している。8㎜機関銃を連装とし、砲塔正面の下側に寄せて搭載している。さらに3000B型では、37㎜の長砲身砲となり、63馬力にアップした。また1936年には、37㎜長砲身砲を連装とした3000B(L5-21)が開発されている。

FTのライセンス生産国としてはアメリカもあった。しかしアメリカは、フランスのメートル法に対してフィート・ポンド法。そのため設計からやり直さなくてはならず、その際に数々の改良も組み込まれた。木金混製の駆動輪は金属製となり、手動スターターが廃されて、自動スターター付きエンジンとなった。同車はM1917 18・6トン戦車と名付けられ、1931年の生産終了まで950輌が生産されてアメリカ陸軍に配備された。うち329輌がカナダに送られ、訓練用とされたという。のちに改良型M1917A1 20・6トン戦車となり、空冷エンジンへ換装されて馬力も向上している。

変わったところで、ロシアは大戦中にルノーFT100輌を供与されたものの、

### ルノーFT17

| | | | | | | | |
|---|---|---|---|---|---|---|---|
| 重量 | 6.5～6.7トン | 全長 | 4.88m | 全幅 | 1.74m | 全高 | 2.14m |
| エンジン | ルノー 直列4気筒液冷ガソリン(出力35hp)×1 | | | | | | |
| 最大速度 | 20km/h | 行動距離 | 20～35km | | | | |
| 武装 | 8mm機関銃×1または21口径37mm戦車砲×1 | | | 最大装甲厚 | 22mm | 乗員 | 2名 |

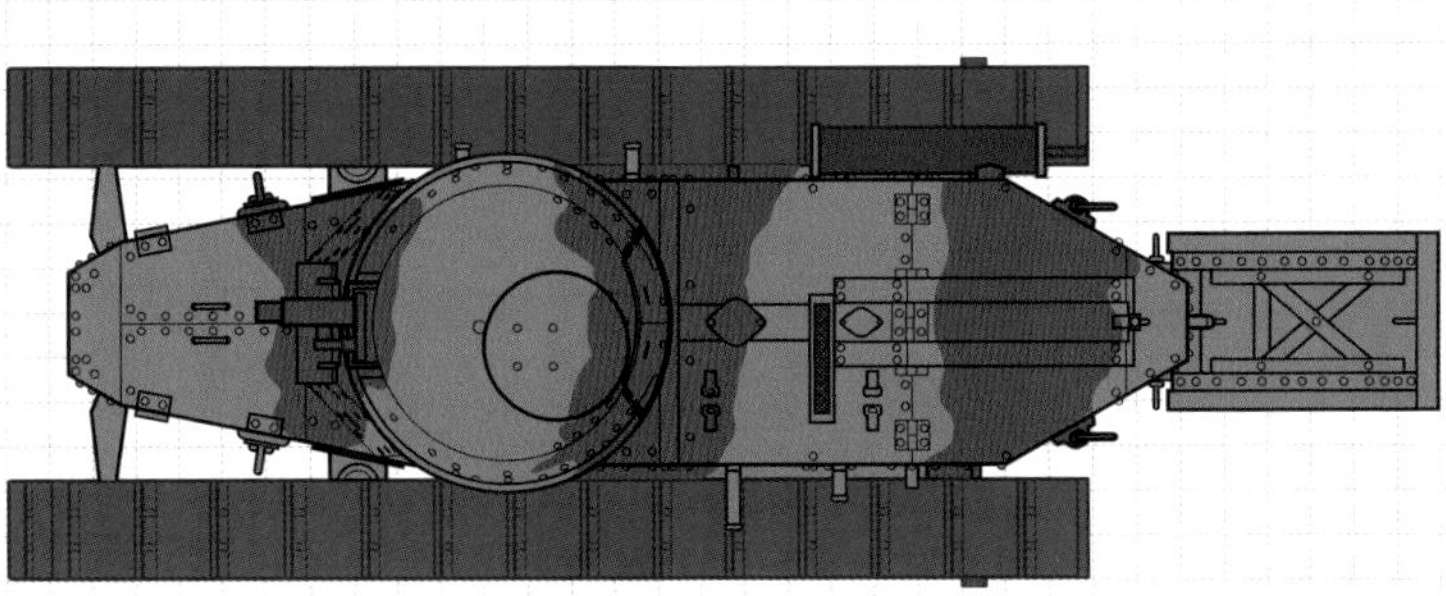

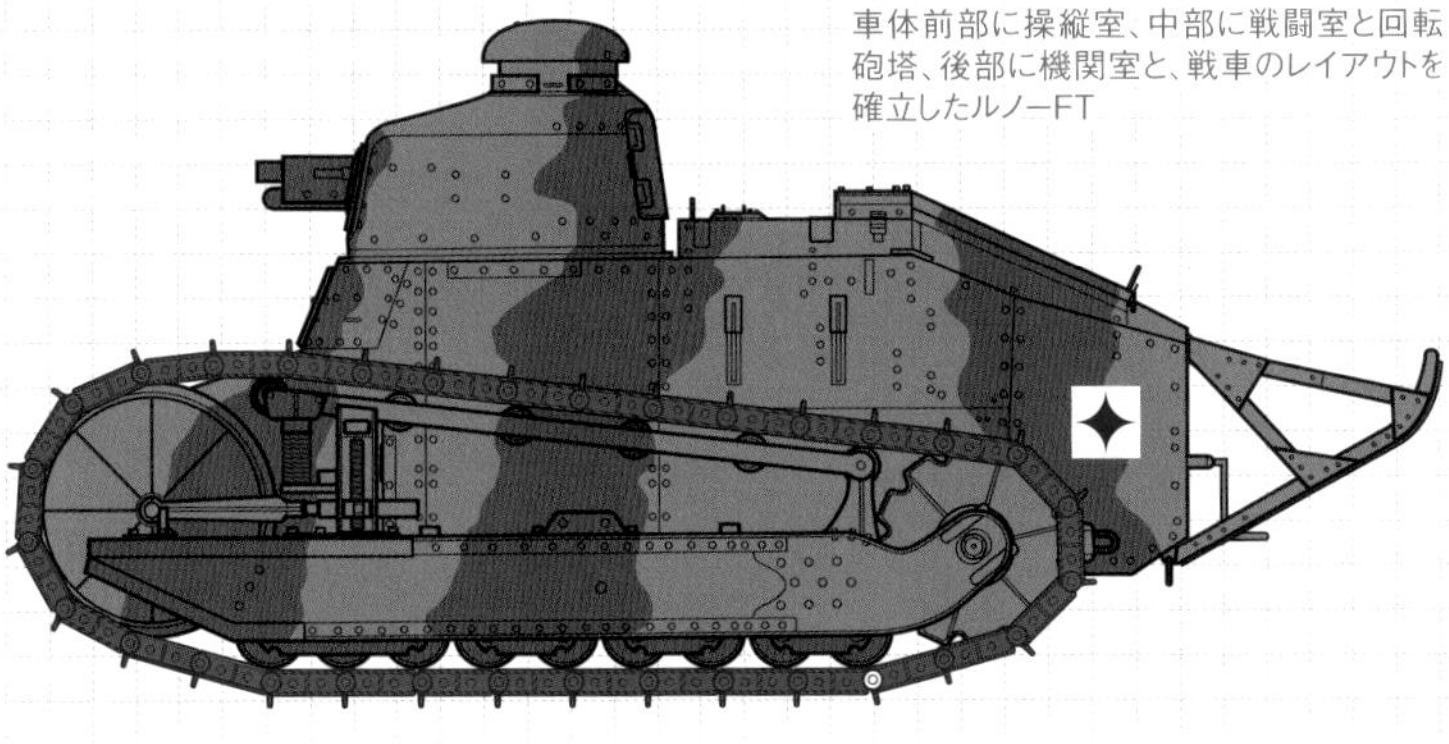

車体前部に操縦室、中部に戦闘室と回転砲塔、後部に機関室と、戦車のレイアウトを確立したルノーFT

革命後にソ連政府、軍によって使用され、さらにはコピーして自国生産する。開発、生産したクラスノ・ソルモヴァ製作所から、KSと名付けられたが、他国からはロシアンルノーと呼ばれた。ほぼFTを丸ごと複製したものだったが、一部デザインが異なり、エンジンはイタリア製、変速機はアメリカ製を用いていた。

当然、本国のフランスでもさまざまな派生型、改良・進化型が造られた。

代表的なところで、ルノーBSは、FTの車体に大型のリベット接合砲塔を乗せ、75mm短砲身砲を搭載した。戦間期に数輌が造られ、北アフリカに配備されたものは、第二次大戦のトーチ作戦で上陸してきた連合軍と戦ったとされる。

ルノーTSFはFTの砲塔を取り外し、代わりに箱型の司令塔を固定したもの。武装はなく、無線機を積んだ指揮戦車だった。

踏破性、静粛性、速度の向上を目指して、足回りをシトロエン社の開発したケグレス式(サスペンション)としたものは少数が開発された。一部はユーゴスラビアにわたり、第二次大戦でドイツ軍と戦った。

ルノーFTは戦後も長く使われ、もっとも新しいところでは、1948年の中東戦争でエジプト軍が使用した記録がある。

しかしこの傑作戦車の存在が、フランス陸軍のWWI戦車開発を結果的に遅らせ、またドイツのような、電撃戦と呼ばれる新戦術と戦車を組み合わせる革新的発想を阻害した、とも言えるかもしれない。

大戦末期の1918年9月26日、アルゴンヌの森をアメリカ兵と共に進むルノーFT

角型の鋲接砲塔に短砲身75mm砲を搭載したルノーBS

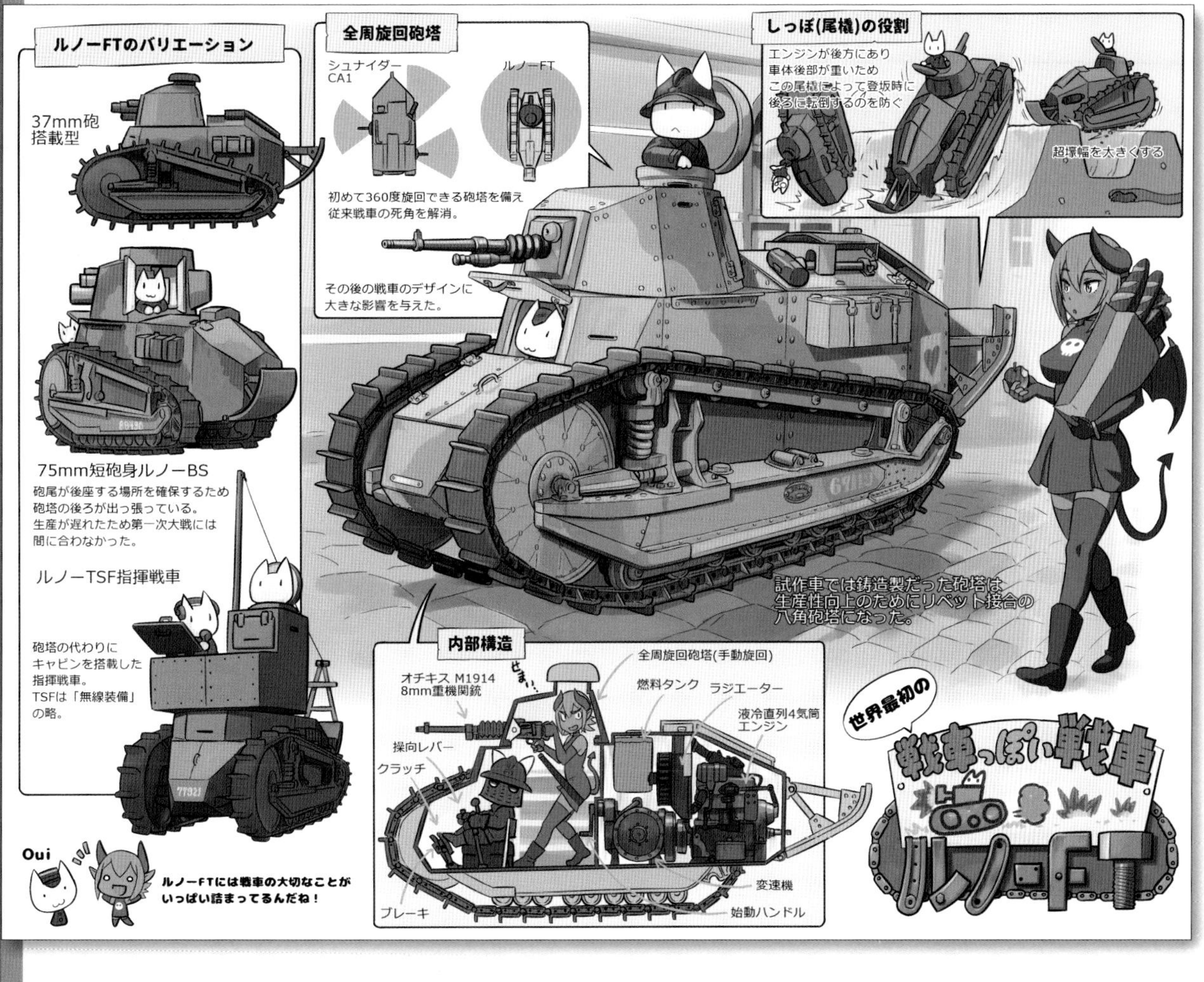

陸戦兵器⑤

# A7V突撃戦車

## 後に「戦車王国」となったドイツが初めて量産した戦車

ドイツ

### 「戦車王国」ドイツの戦車開発黎明期

イギリス軍がそうだったように、ドイツ軍にも「戦車」以前のさまざまな装甲車輌の構想があった。もっとも早い時点で1911年、オーストリア＝ハンガリー陸軍の将校、ギュンター・バースタインが提案したモーターゲシュッツ(motorgeschütz＝エンジン付き火砲、の意)がある。当のオーストリア＝ハンガリー軍は取り合わなかったこの企画、軍事専門誌の記事で目にしたドイツ軍が実現に向けて模索するようになる。

モーターゲシュッツは、長さ3・5mほどの小柄な箱型装甲車体をふた組の履帯で動かし、上部には360度回転する円形の砲塔を持っていた。また車体の前後には左右の隅に長いアームと、その先に補助車輪を持ち、塹壕などを乗り越える能力を高めていた。

むしろイギリスのMk.I戦車よりも近代的なこのモーターゲシュッツだが、農業用トラクターの特許を侵害することがわかり、ドイツ軍当局の関心は急速に薄れて行く。実際にモーターゲシュッツは1輌も製作されることはなかったが、2011年にはウイーンの軍事史博物館に実物大レプリカが展示された。

けっきょくドイツ軍が本気で戦車を開発するようになるのは、1916年9月、イギリス軍戦車が戦場に姿を現してから。たちまち企業などからさまざまな戦車の設計が売り込まれ、その中には、大きな三輪車のトレファスヴァーゲン(TreffasWagen)や農業用トラクターに装甲を施したオリオン牽引車などがあった。ダイムラー社の4トントラックの後輪を履帯化したブレーマーマリエンヴァーゲン(Bremer MarienWagen)は計画に大きく寄与し、前輪を履帯化したものも作られる。

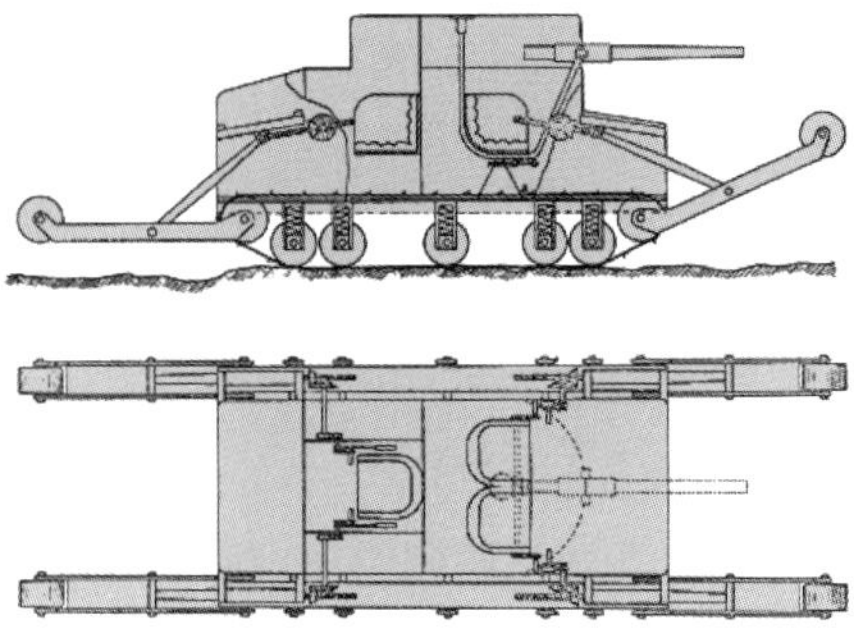

オーストリア＝ハンガリー陸軍の将校、ギュンター・バースタインが提案したモーターゲシュッツの設計図

ドイツ初の装甲全装軌車輌の誕生だったが、履帯がよく外れ、馬力も足りず。やはりトラックやトラクター改造では戦車にはならない、というのはイギリス軍がすでに通った道でもあった。

この事態にドイツ軍最高司令部隷下の戦時省運輸局第7課は、ダイムラー、ハンザ・ロイド、NAG、ベンツ、ビューシンクなど自動車製造会社の担当者と陸軍将校による「交通技術試験委員会(VPK)」を発足させた。むろん、この地味な名称は敵への欺瞞だ。ここからドイツ製標準戦車開発のための本格的な議論、調整が始まることになる。

第7課の要求仕様は以下のとおり。あらゆる地形に対応でき、車体前部および後部に主砲を搭載、側面には複数の機関銃、時速10kmを超える速度、1・5m幅の超壕能力を持つ約30トンの車体に、100馬力程度のエンジンを装備すること。

開発を急ぎ、経費を削減するため、ヨセフ・フォルマー技師の提案でアメリカ製ホルトトラクターの足回りを参考にすることとなる。また、ホルト社のドイツ国内代理人が呼び寄せられた。研究の結果、ホルトトラクターの履帯を延長し、サスペンションを改良して使用することになった。1917年1月にはプロトタイプが完成し、運輸局第7課(Abteilung 7 Verkehrswesen)の頭文字から、A7Vと名付けられる。足回りのテストなどを経て、5月には木製のボディーを架装した試作車輌がドイツ軍最高司令部の視察を受け、好感触から計30輌の量産が決定した。

### A7Vと菱形戦車の比較

A7Vとはどんな戦車なのか。イギリス軍の菱形戦車シリーズと比べるとよくわかる。

まず武装。車体前部に57mm砲1門、左右側面と後部に7・92mm機関銃をそれぞれ2挺ずつ、計6挺装備する。菱形戦車

A7Vの563号車「ヴォータン」。見た目通りいかにも不整地踏破力は低く、塹壕は苦手にしていた。その代わり当時としては比較的高速で、塹壕地帯以外での戦いを念頭に置いていたとみられる

はというと、このころのMk.Ⅳで見ると、雄型で6ポンド砲の主砲2門、8㎜機関銃4挺だ。6ポンド砲は砲口径57㎜でざっくり同等と考えると、菱形戦車は主砲で倍、機関銃でA7Vが1・5倍上回る。しかし菱形戦車の主砲は車体左右の砲郭に収められて射界は限定的なのに対し、A7Vの車体前面、高い位置の主砲は車体の機動とも相まって取り回しもいい。ちなみにA7Vのこの主砲、ロシア軍から大量に鹵獲したベルギー製の海軍砲で、イギリスのMk.Ⅰ戦車を2000mの距離から砲撃して破壊できたという。菱形戦車の装甲はMk.Ⅴでも12㎜程度だから、当たればたしかにそうなったろうが、当たれば論ならA7Vもあまり差はない(A7Vは装甲15~30㎜)。またA7Vも、主砲がなく武装が機関銃だけの雌型(501号車「グレーティヒエン」)が1輌だけ作られている。

車体寸法はA7Vが全長8m、全幅3・1m、全高3・5m、重量32・5トン。Mk.Ⅳが同じく、約8・05m、約3・91m(雄型)、2・49m、28トンだ。菱形戦車は、砲郭の分だけ全幅が大きいが、それを除いた車幅は3mにも満たない。やはりA7Vの大柄さがわかる。とくに全高が1m以上も高いのは、車体内部中央に置いたエンジンの真上に操縦席と車長席があるためだ。

乗員は、A7Vは18名、Mk.Ⅳは8名とかなりの差がある。A7Vは操縦手と車長のほか、主砲と各機関銃にそれぞれ2名ずつ、さらにエンジン担当の機関手と機関助手兼信号手がいた。当初予定されていた100馬力エンジンでは30トンを超える車体にはアンダーパワーで、しかし200馬力級の適当な小型エンジンがなく、仕方なく100馬力の4気筒ガソリンエンジン2基を並列に搭載した。このふたつのエンジンがそれぞれ左右の履帯を動かすため、それらの同調や、旋回などの機動は極めて難しかった。ギアは前進・後退ともに1段。菱形戦車は150馬力エンジン1基だが、Mk.Ⅳまではギアマンと呼ばれる2名が機関を担当、クラッチ操作を専門に行っていた。運転手ひとりで操縦できるようになるのはMk.Ⅴからとなる。

菱形戦車は幅1・5mの塹壕、高さ1・36mの障害物を超える性能を持つ。A7Vの超壕能力2・2mは、履帯の接地長が長いためだろう。ただし車体前部のオーバーハングがほとんどなく、最低地上高も20㎝程度と低いため、超提能力はわずか45・5㎝だった。試作車にあった車体後部のスキッド(橇)は量産型では外されていた。また単純な超壕・超提とはまた違った、急斜面を車体ごと登ったり下りたりという場面では、菱形戦車は車体の形状から有利なのに対して、A7Vは高い車高や履帯の配置がネックとなる。

やはり菱形戦車は不整地を踏破し、塹壕や障害物を攻撃、乗り越えることに特化した戦車と言える。対してドイツ軍は、敵の塹壕戦線は歩兵部隊の浸透戦術での突破を考えており、A7Vはその後の掃討戦や追撃戦、対戦車戦闘、さらには動くトーチカ的性

貨車に載せられて移動させられるA7V。足回りが脆弱なため戦場まで自走するのは現実的ではなく、このように鉄道を使用して移動した

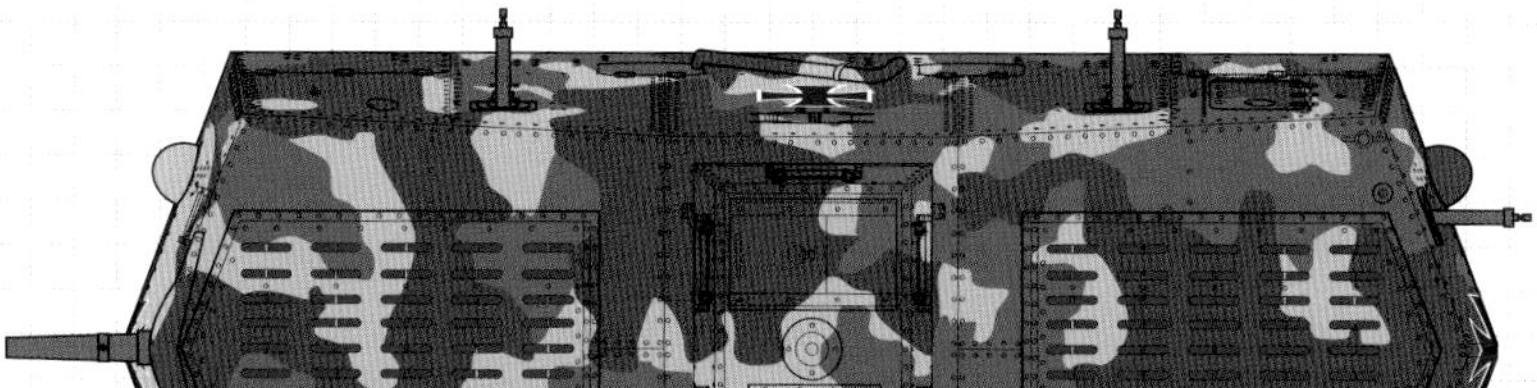

三色迷彩を施されたA7V。他にグレー一色の塗装や、色の境界を黒で縁取りした迷彩もあった。イギリスのMk.Ⅰ～Mk.Ⅴが菱形戦車なら、A7Vは「箱型戦車」とでもいうべきだろうか

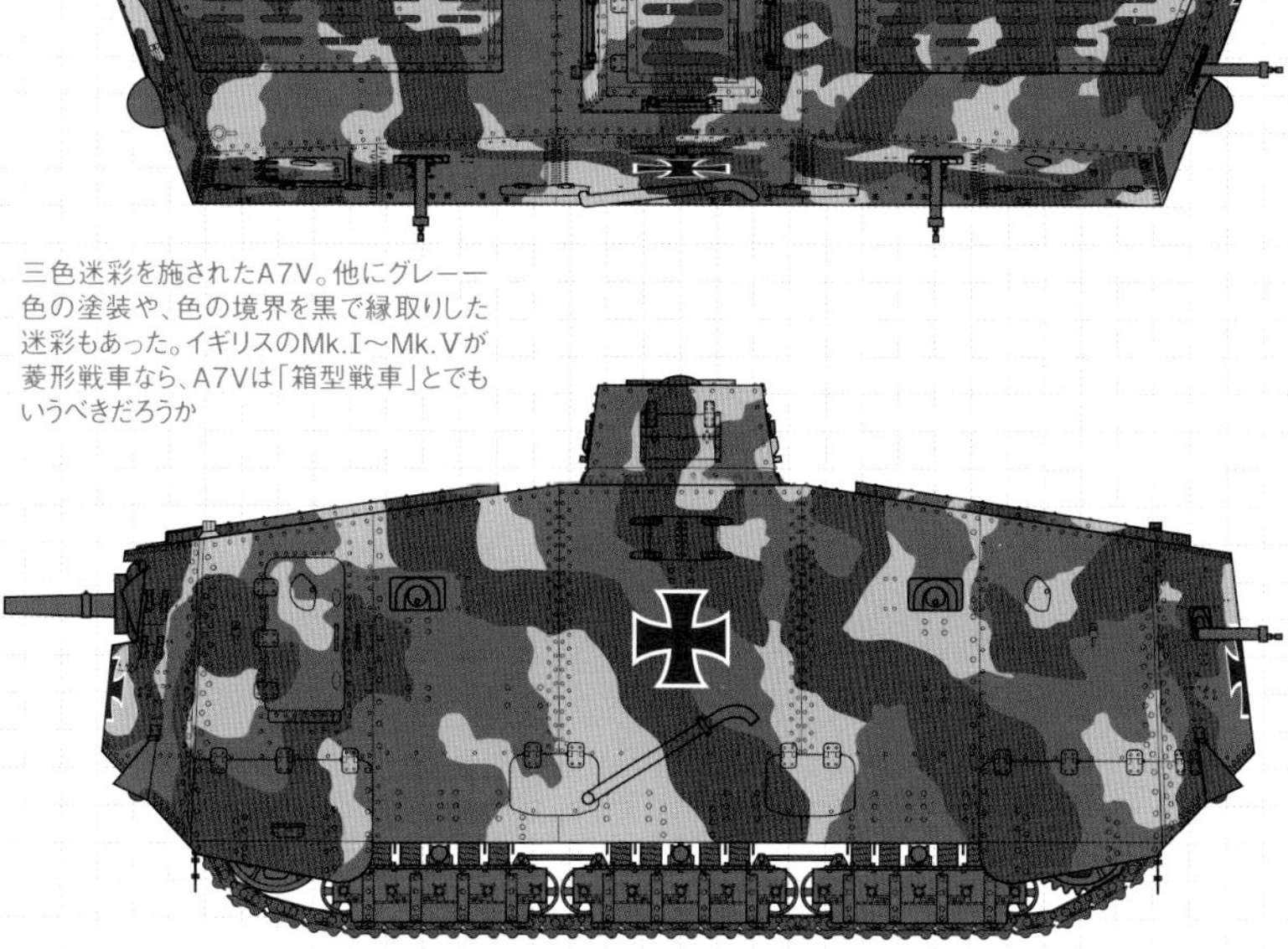

| A7V | | | |
|---|---|---|---|
| 重量 | 32.5トン | 全長 | 8.0m |
| 全幅 | 3.05m | 全高 | 3.5m |
| エンジン | ダイムラー165-204 直列4気筒 液冷ガソリン(100hp)×2 | | |
| 最大速度 | 12km/h | 最大装甲厚 | 30mm |
| 武装 | 5.7cm砲×1、7.92mm機関銃×6 | | |
| 乗員 | 18名 | | |

格がおもに想定されていたのだろう。Mk.Ⅳの時速7・4kmに対して、時速12・8kmと勝る路上速度も、それならば活きるともいえる。

最終的に100輌が発注されたA7Vだが、大戦中に完成したのは戦車型が21輌、武装を持たない輸送型が60輌程度だった。そのためドイツ軍の戦車部隊は、ほとんどが鹵獲したイギリス軍の菱形戦車やホイペットなどで構成されるありさまだった。

菱形戦車はMk.Ⅰ～Ⅴまで、大戦中に1600輌以上もが生産されただけでなく、つねに改良され、大戦末期には高い機械的信頼性を獲得していた。できたばかりのA7Vとはその点でも比較にならない。

## 実戦でのA7V

完成したA7Vが姿を現したのは1918年春のカイザー攻勢の戦場だった。歩兵部隊の支援が任務だったが、4月24日、アミアン近郊でイギリス軍の戦車部隊と遭遇、史上初の戦車戦が生起した。

A7V 3輌とMk.Ⅳ(Vとも)3輌の間で行われた戦闘は、機関銃で攻撃するMk.Ⅳ雌型2輌をA7Vの主砲が撃破。しかし駆けつけたMk.Ⅳ雄型の6ポンド砲を食らったA7V 1輌が損傷、乗員5名が戦死した。結果的にドイツ軍部隊が後退したため、戦闘はイギリス軍の勝利とされる。なお、損傷したA7Vの1輌も、乗員が戻って再始動させ、自力で帰還することに成功している。

同じ日に、イギリスの高速の中戦車ホイペットとの間でも戦闘があった。機関銃しか武装のないホイペットは、1輌がA7Vの射撃で破壊されたという(A7Vが撃破されたという資料もあり)。

A7Vは登場するのが遅すぎ、また数も少なすぎた。疲弊しきったドイツの経済力・工業力はこの新兵器を量産できなかった。

A7V最後の戦闘は、1919年1月、降伏したあとのドイツ国内で起こった。革命を鎮圧するため、退役軍人の義勇軍フライコーアがベルリンで使用したのだ。訓練学校にあったシャシーナンバーのない教習車か無線車を武装したものだったと思われる。

1918年9月、ニュージーランド軍に鹵獲された「Schnuck:シュナック」という愛称のA7V

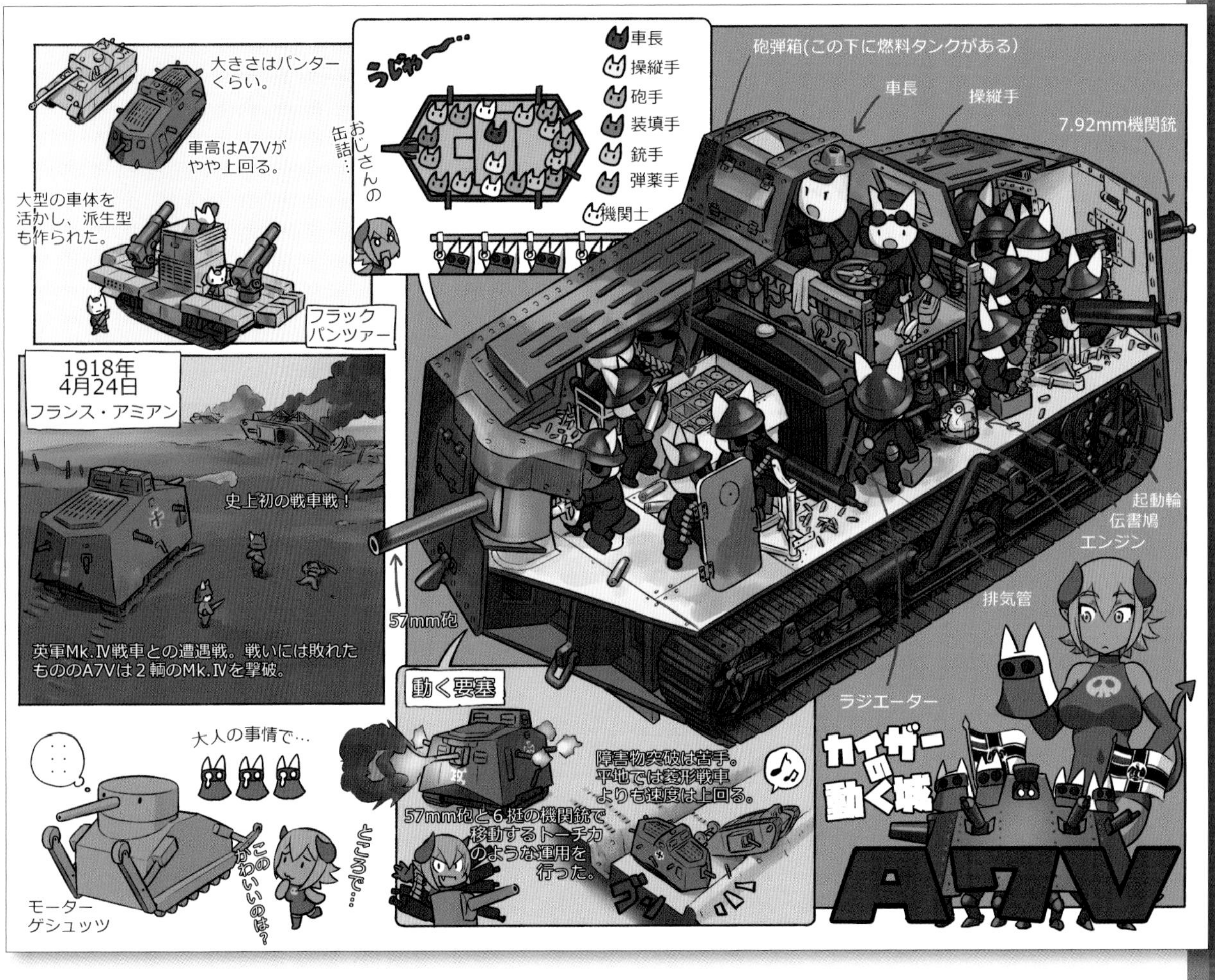

陸戦兵器⑥

# フィアット2000

## 大戦には間に合わなかったイタリア初の国産戦車

イタリア

### 実は車輌、航空機ともに意外に先進的だったイタリア軍

イタリアといえば1912年の伊土戦争、トリポリタニアの戦場で史上初めて装甲車輌を実戦投入したことで知られている。第一次世界大戦(WWI)以前から(装輪式)装甲車の開発が盛んで、最初の装甲車を装備したのは1907年だった。伊土戦争では飛行船からの爆弾投下など、史上初の航空爆撃も行い先進性を見せたイタリア軍だったが、もとより山がちな国土のうえ、WWIの北イタリア戦線は、手ごわいドイツとは中盤まで山岳戦。長く膠着《こうちゃく》した塹壕《ざんごう》戦の相手はオーストリア=ハンガリーだったから、塹壕地帯突破のための新基軸の必要性を感じつつも、軍上層部には、まだ有効かもわからない戦車開発を強く推進するという気運は高くなかった。

それでもイタリア最大の自動車メーカー・フィアットは1916年8月から独自の戦車研究、開発を進めていた。世界初の戦車、イギリスのMk.Iの完成が1916年2月だから、その動きは決して遅くない。開発には、同年9月に完成したフランス初の戦車シュナイダーCA1が参考とされたという。どことなく自動車風な、フィアット2000とはフィアット社における名称である。

設計デザインは、カルロ・カヴァッリとジュリオ・チェザーレ・カッパによる。カッパはもともとエンジンとシャシーの開発設計者で、オートバイの単気筒エンジンから始まり、フィアット社の航空エンジンシリーズなどを設計している。WWI後はフィアット社の多くの乗用車をデザインし、フィアット退社後はフランス、モナコなどのグランプリで勝利したレーシングカーのブガッティ タイプ53も手がけた。

フィアット2000は1917年6月に最初の1輌が完成し、陸軍に提示されるとモデル17の開発名称が与えられた。翌18年にも1輌が完成する。

イタリア陸軍はフィアット社から提示された最初の車輌をトリノ郊外の試験場でテストした。このプロトタイプの天蓋上に設けられた砲塔は、中心に向かって傾斜した装甲板で周囲を囲むオープントップタイプだった。機関銃は4挺。単なる銃眼ともいえる非装甲の大きなスリットが両側面、後面に開けられていた。四隅には設けられていなかった。

これら防御力の低い部分の装甲化が求められ、車体上面の砲塔は密閉式に、機関銃の装備位置の見直しと装甲ターレット化が図られた。

### フィアット2000のメカニズムと構造

フィアット2000は、エンジンや変速機、サスペンションなど、足回りを構成する下部ブロックの上に、操縦席など乗員スペースと武装を装備した上部ブロックを載せた構造となっていた。

箱型の車体下部を覆う装甲板はほぼ垂直、上部はわずかに傾斜して水平の天板に繋がっている。装甲厚は側面15㎜、前面20㎜。すべてリベット留めされていた。車体側面に大きな乗員用ドアがあり、乗員はここから出入りする。車体前部中央、突出した曲面部分が操縦手用の半コンパートメントで、上部が大きく開くハッチになっていた。操縦手はコンパートメント天蓋に設けられたペリスコープで視界を得るが、安全が担保されている場合は前面ハッチを開けて操縦できる。このハッチから出入りもできた。装甲車輌操縦手のペリスコープ使用は世界初だ。

武装は車体上部、全周にわたって7挺の6・5㎜機関銃(フィアット・レベリM1914)を持つ。50発弾倉使用で発射速度は毎分400発。これを四隅に4挺、真横に1挺ずつ、真後ろに1挺だ。天蓋中央には半球形の砲塔を持ち、17口径65㎜砲を装備する。その口径からわかるとおり山砲で、砲塔は全周旋回はもちろん、

半球型の砲塔がユニークなフィアット2000。右側面にはドアはなかった

1917年～1918年に撮影されたフィアット2000の試作車。天井の砲塔は半球形ではなく、オープントップだった

−17〜+75度の俯仰角を得られた。

この主砲の砲手と装填手、7挺の機関銃にそれぞれ1名、さらに操縦手で計10名が搭乗した。これは、WWⅠで生産された戦車の中で、ドイツのA7Vの18名に次いで多い。イギリスのMk.Ⅰ(〜Mk.Ⅴ)は8名だ。またフィアット2000は重量38・78トンと、WWⅠ期の実用戦車としてはもっとも重かった。この重量を、板バネ式のボギー式転輪(2個)が片側4組で支えた。その他、片側2個ずつの補助転輪を持ち、転輪は片側10個。

機関は航空機用のフィアット(航空製造)社製、A12エンジンを車体後下部に搭載した。このA12エンジンもカッパの設計によるものだ。水冷式で車体後面に大きなラジエーターを設置している。直列6気筒、排気量21・2リットル、1400回転で250馬力を絞り出した。燃料タンクの容量は600リットルで、航続距離はおよそ75km。最高速度は時速7・5kmだ。

前輪駆動で、後部のエンジンからドライブシャフトで導かれた動力を前部の変速機へ伝え、最前部の起動輪を動かす。操縦者は変速機のほぼ上に座り、前進6速(4速説もあり)、後進2速の変速装置で駆動を制御した。また操向装置はレバーではなくステアリングで、ステアリングクラッチふたつとチェーンを介して前車軸起動輪のピニオン(ギア)と接続されていた。

全長7・4m、幅3・2mの車体は、3・5mの超壕能力と、40度の登坂能力(垂直の壁なら90cmまで)、1mの渡河能力を持つとされた。履帯幅は45cmだった。

1927年に撮影されたイタリア陸軍の保有戦車。左からフィアット3000、ルノーFT、シュナイダーCA1、フィアット2000。フィアット2000の巨大さが分かる

## WWⅠには間に合わず…フィアット2000の足跡

陸軍の要求で改良された上記仕様の2号車は1918年に完成し納入された。50輌の量産が計画されたが、時間がかかることが予想されたため、イタリア軍は、同盟国フランスからルノーFT戦車100輌、シュナイダーCA1戦車20輌の購入を決める。完成車輌ではなく、部品を輸入してイタリア国内で組み立てる予定だった。

しかしまだ戦争が継続する中、フランスから数輌分の部品が届いたのも1918年8月からで、さらなる遅れも予想される中、フィアット社は自力でFT戦車のコピーバージョンを設計し始める。しかしのちにフィアット3000と名付けられたこの軽戦車も、生産開始は結局戦後になってしまった。

つなぎのつもりで輸入した(するつもりだった)戦車も戦後にずれ込み、肝心のフィアット2000もまた生産は進まず、戦争の終結とともに軍は金のかかる国産戦車の量産に興味を失っていく。結局、完成車輌2輌で、フィアット2000の生産は終了した(4輌説もあり)。WWⅠの戦場に出撃することもなかった。

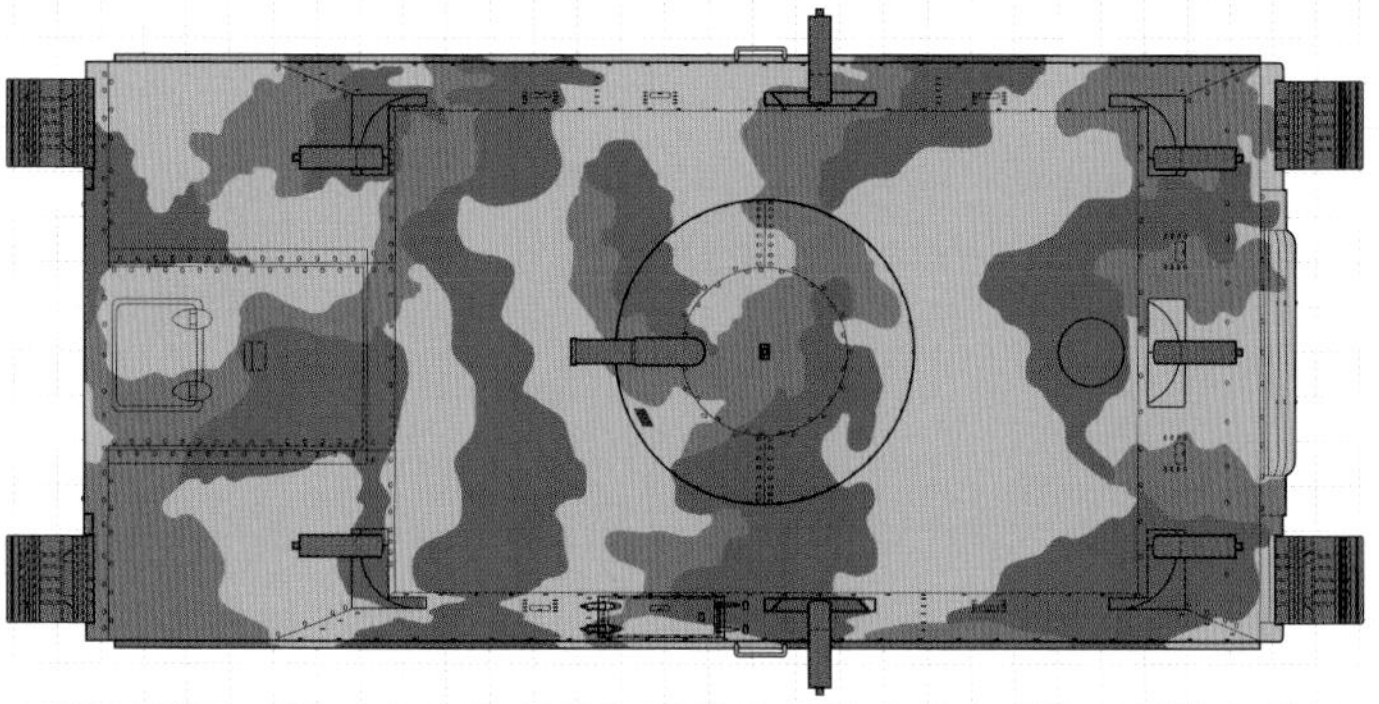

3色迷彩が施されたフィアット2000。各部に機関銃を備えた移動トーチカのような趣だ

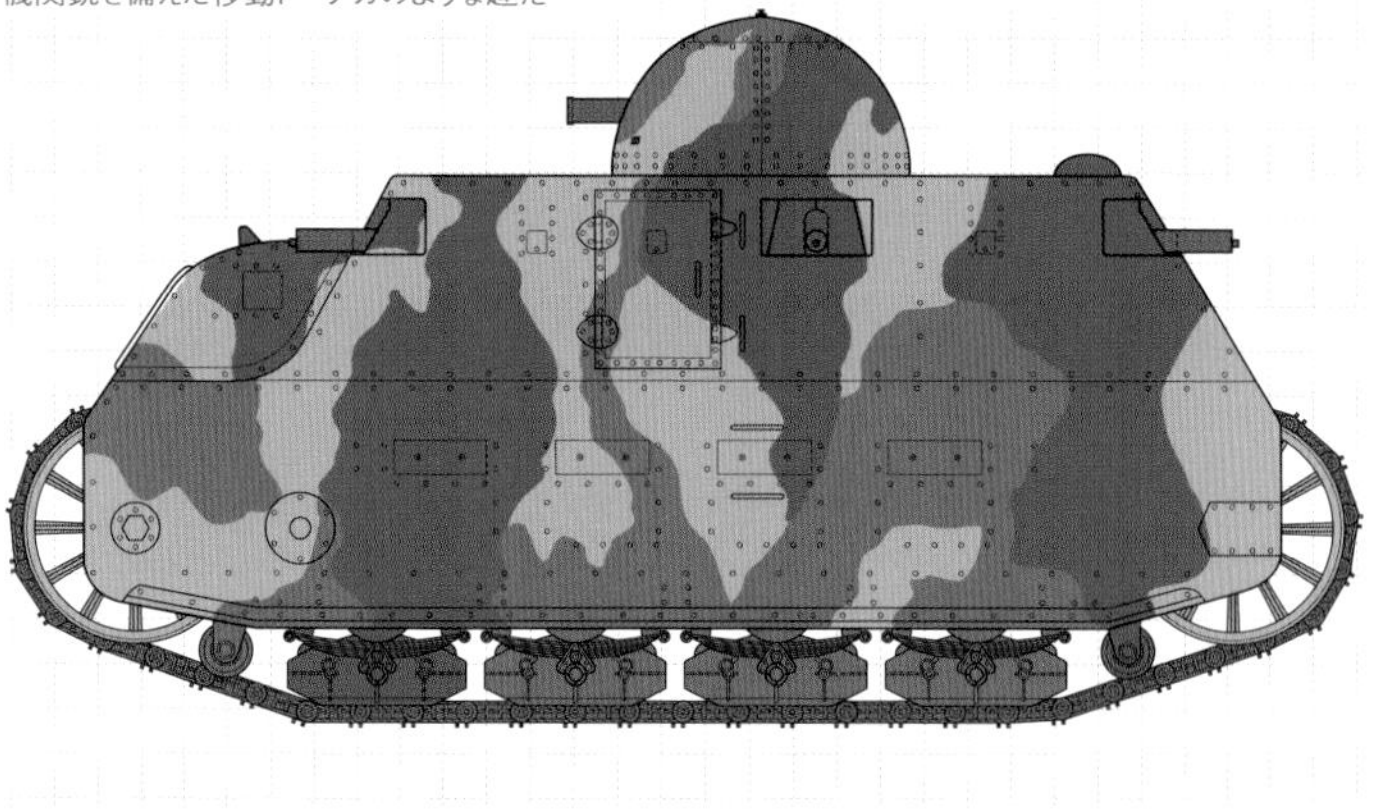

戦後、フィアット2000はイタリアの植民地リビアの治安維持のため、植民地軍に配備されることとなった。1輌のフィアット2000と3輌のルノーFT17で構成された2部隊が、イタリア陸軍第1突撃自動車中隊の一部として1917年、トリポリタニア(リビア北西部)に送られ、ミスラータ地区のオフル・ムフタール率いる反イタリア抵抗組織と戦闘を行った記録がある。

しかし移動トーチカともいえるフィアット2000は、時速6km程度の速度が

2017年、フィアット2000の正確なスケールレプリカを製作するため委員会が設立された。残された技術文書を探し出し、設計図が起こされた。集められた35,000ユーロと地元の実業家の資金提供をもとに、イタリア北部モンテッキオマッジョーレの町で製作が始まり、2020年11月に完成した。こうして再現された走行可能なフィアット2000は現在、同地の軍事博物館に展示されている（Ph/Mauri747）

ネックとなり、軽快な機動のＦＴ17と連携して戦えなかった。大量の燃料を消費し、走行には過度な揺れ、振動が伴った。エンジンが危険なほど過熱し、空調ファンの冷却能力は不十分で車内は高熱にさらされた。高い車高と重心は、スペックどおりの超壕、登坂能力に疑問符が付けられた。結局フィアット2000は、迅速な作戦行動に向かない、と判断を下されて戦線から引き上げられてしまう。わずか2カ月程度の実戦配備だった。

フィアット2000の1輌はそのままトリポリの商工会議所警護に残され、1輌は本国イタリアに戻った。本国の車輌は、4月1日にはローマで、国王の前で障害物踏破などのデモンストレーションを行う。それなりに列席者の興味は惹いたものの、フィアット2000のさらなる戦力化、量産化などは見送られた。

リビアでの運用を通じて、フィアット2000には、重装甲重武装こそ満足いくものだがあまりに重すぎ、遅すぎるという評価が与えられ、山がちなイタリアや南ヨーロッパの戦場での運用は不向き、と判断されて覆ることはなかった。

イタリアに戻った1輌はのちの1924年以降、第8重砲兵連隊に配備された。といっても戦車開発のためのテストにたまに使用されるだけで、おもに資材、予備兵力として保管されていたが、1934年に引っ張り出され、軍事パレードに参加する。すでにファシスト政権下であり、重量感に富んだ大型のフィアット2000はパレードの見栄えに貢献した。このために、四隅の機関銃を40口径37㎜半自動砲に換装するなど近代化、戦力強化がなされている。

1936年には、ボローニャのコッラード・マッツォーニ兵舎で、同地の第3戦車歩兵連隊の記念碑として展示されていたというのが最後の記録である。

**フィアット2000**

| | | | |
|---|---|---|---|
| 重量 | 40トン | 全長 | 7.397m |
| 全幅 | 3.1m | 全高 | 3.798m |
| エンジン | フィアットA.12 直列6気筒水冷ガソリン（240hp） | | |
| 最大速度 | 7km/h（実際は4〜6km/h） | | |
| 行動距離 | 75km | 最大装甲厚 | 20mm |
| 武装 | 17口径65mm砲×1、6.5mm機関銃×7 | | |
| 乗員 | 10名 | | |

車内で一番過酷な場所。
とても狭い
そして密！
前
後方機関銃はエンジンルームの上にあり、空間が狭くなっている。
搭乗員は10人
右側にはハッチがない。
旋回砲塔1基と機関銃7挺を装備しているため乗員は10名となった。
砲や機関銃の弾薬を詰め込むとかなり狭くなる。
おじさんの缶詰
再び…
排気口
65mm山砲
砲塔は360°旋回できる。
A7V
こっちは
18人だぞ
ペリスコープ
フィアット・レベリ
M1914機関銃
操縦手
FIAT S76
最高速度213km/h
(非公式)。S76も
チェーン駆動。
起動輪
チェーン駆動
子供と共に撮影し車体の大きさを誇張したプロパガンダ写真。
フィアット・レベリM1914
水冷式の6.5mm機関銃。
マキシム機関銃と似た外観だが、発射方式は異なる。
遅延ブローバック方式。
箱型弾倉を束ねたような構造の弾倉。
Fiat 2000
でかい・重い・おそい

# ツァーリ戦車

## 帝政ロシアで試作された三輪車のような異形「戦車」

ロシア

### 塹壕を突破するため、各国で様々な「戦車」が開発される

そもそも第一次世界大戦（WWI）で初めて現れた戦車とは、おもに西部戦線の塹壕が果てしなく続く戦場を突破するための兵器だった。

その目的のため、イギリスのMk.Iから始まる菱形戦車という「最適解」を知る現在では信じられないような、さまざまプランが当時提案され、試作された。たとえば、アメリカ製ホルト75型トラクターの車体をただ延長しただけのものや、その前輪を装軌化したもの（キレン・ストライト・小型トラクター）、駆動式の履帯を前後左右に配し、その車台に直方体の装甲ボディーをかぶせた、まるで電車の車輛のような見た目のもの（ペドレイル装軌式陸上軍艦）、しかもこれは2輌を前後に連結して使う予定だったというから、ますます電車っぽい。

そうした装軌車輛のほかに装輪車輛もあり、大型の後輪と小型の前輪を持つ4輪のタイプ（フォスター・ダイムラー・トラクター）など、見た目も現在のトラクターと基本的に変わりない。このトラクター型をまた車体延長し、その前輪を一輪化したもの（トライトン・トレンチ・クローサー）も作られるなど、大型装輪系も一定の可能性を感じられていたのがわかる。

イギリスで試作されたペドレイル装軌式陸上軍艦（ペドレイル・マシン）

大小2輪ずつの写真を備えたフォスター・ダイムラー・トラクター

履帯系が履帯の前後長で橋を架けるように塹壕を超えるのに対し、装輪系は塹壕を一気に踏み越えることが想像された。となれば車輪は大きいほど踏破性、超壕性も高くなる。しかも4輪である必要もなく、もっといえば巨大なその車輪一輪だけでも良いのだが、現実的なバランスを考えると前に巨大2輪、後ろに小さな1輪という、まさに子どもの乗る三輪車のような構成が主流となる。実際、こうしたいわゆるビッグ・ホイール・タンクの巨大三輪車タイプがさまざま発想された。

Mk.I戦車を産んだイギリスの陸上戦艦委員会からも、4インチ（102㎜）連装砲塔を3基持つ、巨大3輪戦車（海軍航空隊の士官、トーマス・ヘッテリントン案）がある。巨大前輪の直径は12mにもなり、本体の装甲厚は80㎜、2基のディーゼルエンジンで最高時速12㎞で走行する計画だった。計算するとこの車輛は重量300トンを超える（一説には1000トン！）可能性があり、我に返ったイギリス人は小型モックアップ（木製模型）を作った時点で計画を放棄した。

また、コンクリート製の本体、車輪を持ち、前車輪の直径12・2mという巨大なサイズに、車輪も本体もコンクリート製のコンクリートランドシップも計画されたというが、定かではない。

同じころ、アメリカでもまた、ホルト150トンフィールドモニターと呼ばれるやはり巨大ホイールタンクが計画されている。ふたつの蒸気エンジンによって駆動する前輪の直径は、賢明にも6mだった。小型の後輪もふたつあり、正確には三輪ではなかったが、やはり計画時点で放棄されている。

ビッグホイール、とまではいかないが、ドイツでも1916年にトレファスワーゲンと呼ばれる三輪戦車が試作された。前輪の直径は3・35mで重量18トン。ブレーメンのハンザ・ロイド社が開発し、2挺の20㎜機関銃、あるいは57㎜砲2門を装備する予定だったという。しかしドイツ軍の制式戦車として採用されたのは、履帯式のA7Vだった。

アメリカで計画されたホルト150トンフィールドモニターの完成予想図。巡洋艦並みの15.2cm砲を2門搭載する、文字通りの「陸上モニター艦」だったが、試作もされなかった（イラスト／峠タカノリ）

## 皇帝に愛された？巨大三輪戦車

プラン段階で各国で放棄されてしまったビッグホイールタンク。だがこれを大真面目に開発し、試作1号機まで実際に制作してしまった国がある。ロシア帝国である。

ツァーリ戦車。

そう呼ばれるこの、紛れもないビッグホイールタンクは、前輪の直径が9m。小さな後輪でも1・5mあった。9mといえば3階建てのビルの高さであり、それが迫って来る圧迫感や迫力は、実際に相当なものとなっただろう。

ツァーリとはロシア皇帝の称号だ。

設計したのはニコライ・ニコラエビッチ・レベデンコ。そのため、レベデンコ戦車とも言われる。この男、じつは生没年不詳。ロシアの軍事技術者で、WWI以前から軍関係の民間企業で砲の部品や爆撃機の爆弾投下システムの開発を行っていた。そうした正業のほかに、自身の研究所をモスクワに持ち、いわば発明家としての顔もあったらしい。

そうして考えられたのがこのツァーリ戦車で、中央アジアのワゴン車（カート）から発想を得たという。レベデンコの与太ではなく、設計と製作に、モスクワ大学の機械科学者N・ジューコフスキー教授と、軍事技術者A・ミクーリンやB・ステーチキンが参加した。じつはレベデンコの甥にあたるミクーリンは後に、ミクーリンAM-34レシプロエンジンや、1950年にはAM-3ターボジェットエンジンを開発、4度のスターリン章を受賞した秀才だ。

まず作られた小型模型は、皇帝ニコライII世にお披露目がかなう。蓄音機のバネを利用した模型はカーペットの上を勢いよく走り、障害物として置かれた本（「ロシア帝国法典」の2、3巻だったと言われる）を乗り越えて見せた。感銘を受けたニコライII世は、軍予算と別に自身の資金から21万ルーブルを拠出して、このプロジェクトを進めるように命じた。そのうえ皇帝は、この木製模型をえらく気に入り、持ち帰ってしまったという。ツァーリ戦車の呼称は、そのあまりの大きさからだが、こうしたニコライII世のエピソードの影響もありそうだ。

実戦ではまったく活躍していないのにも関わらず、あまりのインパクトからマニアックな人気を誇るツァーリ戦車

こうしてツァーリ戦車は、1915年春から翌年にかけて、試作1号車が製作されることになった。モスクワ近郊のカモヴニキの工場で製作され、モスクワの北、ドミトロフ近くの森で密かに組み立てられた。

## 試験で多数の問題点が指摘され制式採用されず

ツァーリ戦車の詳細は不明な部分が多い。ふたつの前輪の直径は9mあり、自転車の車輪のように多くのスポークで車軸と繋がっていた。自転車でいえばフレームに当たる部分が車体本体。中央上部には砲塔のような銃塔を持ち、ここと左右のスポンソン（張り出し）に76・2㎜砲をそれぞれ装備、また車体中央下部にも砲を装備する予定だったという。さらに7・92㎜機関銃を8～10挺装備。乗員は15人から20人ほどとさまざまな説がある。

エンジンは鹵獲したドイツの飛行船から調達した245馬力のマイバッハⅣまたはⅣa直列6気筒エンジンが2基で、これらはそれぞれ、前輪が接続するビームの基部近くに搭載されている。エンジンは、それぞれタイヤのような円盤を駆動し、その円盤が直接、前輪の外縁と接触、連動することで前輪を駆動する構造だ。操舵は直径1・5mの後輪で行う。この後輪も二連、ないしは三連だった説がある。後輪とを繋ぐテイルブームのような部分の背後が階段になっていて、乗員

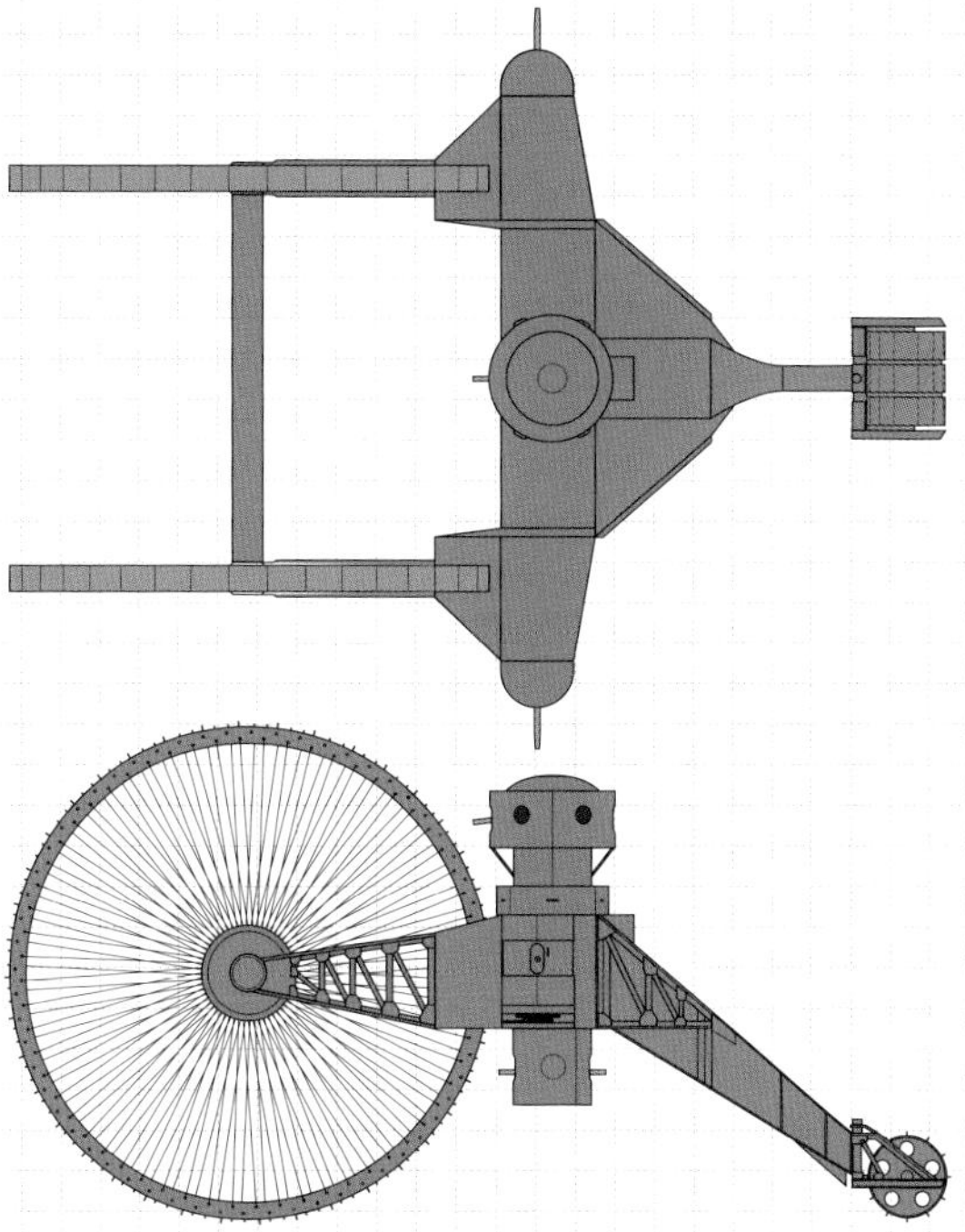

巨大三輪車というイメージがぴったりのツァーリ戦車（レベデンコ戦車）

**ツァーリ戦車**

| | | | |
|---|---|---|---|
| 重量 | 60トン | 全長 | 17.8m |
| 全幅 | 12.0m | 全高 | 9.0m |
| エンジン | マイバッハ航空用エンジン（240hp）×2 | | |
| 最大速度 | 17km/h | 行動距離 | 60km |
| 最大装甲厚 | 10mm | 乗員 | 10～20名 |
| 武装 | 76.2mm砲×2、7.92mm機関銃×8～10 | | |

雪原で撮影されたツァーリ戦車。スポンソンは向かって右側のほうが長くなっている

はそこから上って乗り込んだ。最高速度は時速18km。

レベデンコ自身は、この戦車を「Netopyr.」（コウモリの一種）と呼んだという。背後から見たときの、コウモリが羽を広げたような姿かららしい。

完成したツァーリ戦車の重量は60トン。全長17・8m、全幅12m、全高9m。果たして1915年8月27日、走行試験が行われた。ツァーリ戦車は低木を難なくなぎ倒して進んだが、すぐに軟弱地盤にはまり込んでしまった。ツァーリ戦車のエンジンは2基で500馬力近い。イギリスのMk.I戦車が105馬力だから、出力は余るほどあったが、この大馬力エンジンにも関わらず、大型の車輪はとうとう自力で脱出することはできなかった。

また本体部分の装甲は最大10㎜。上部や下部は8㎜で、小銃弾でも貫通する恐れがあった。そもそも巨大な前輪に、ある程度の口径の砲弾、銃弾が当たって車軸や車輪本体が歪んだら、それだけで機動性が極度に落ちたり動けなくなってしまう。走行試験ではこうしたツァーリ戦車の脆弱性が指摘された。また、小さな後輪への荷重が大きすぎて地面に沈み込んでしまい、操舵がまともに効かなかった。これでは、巨大な車輪で敵戦線や陣地を踏み越えて突破、進撃する、など夢のまた夢だった。

数々の問題が浮かび上がったツァーリ戦車だったが、改良点としてミクーリンらはマイバッハエンジンをさらに強力な新型に換装しようとした。しかし専用の新型エンジンの開発に手間取るうち、1917年のロシア革命が起こる。

たった一度の走行試験ののち試験場に置き去りにされていたツァーリ戦車だったが、秘密新型兵器として警備されてはいた。しかし革命で軍にも混乱が及ぶと、ツァーリ戦車はすっかり忘れ去られ、放置されて錆びるに任された。結局1923年、内戦が終わり、ボリシェヴィキ政権の安定した段階で、ようやく思い出され、スクラップとなった。

なお2018年、モスクワの「T-34戦車博物館」で、このツァーリ戦車の実物大模型が製作・展示された。しかしながら少々正確性に問題があり、学生がスクラップから作ったレベル、などと批判されている。

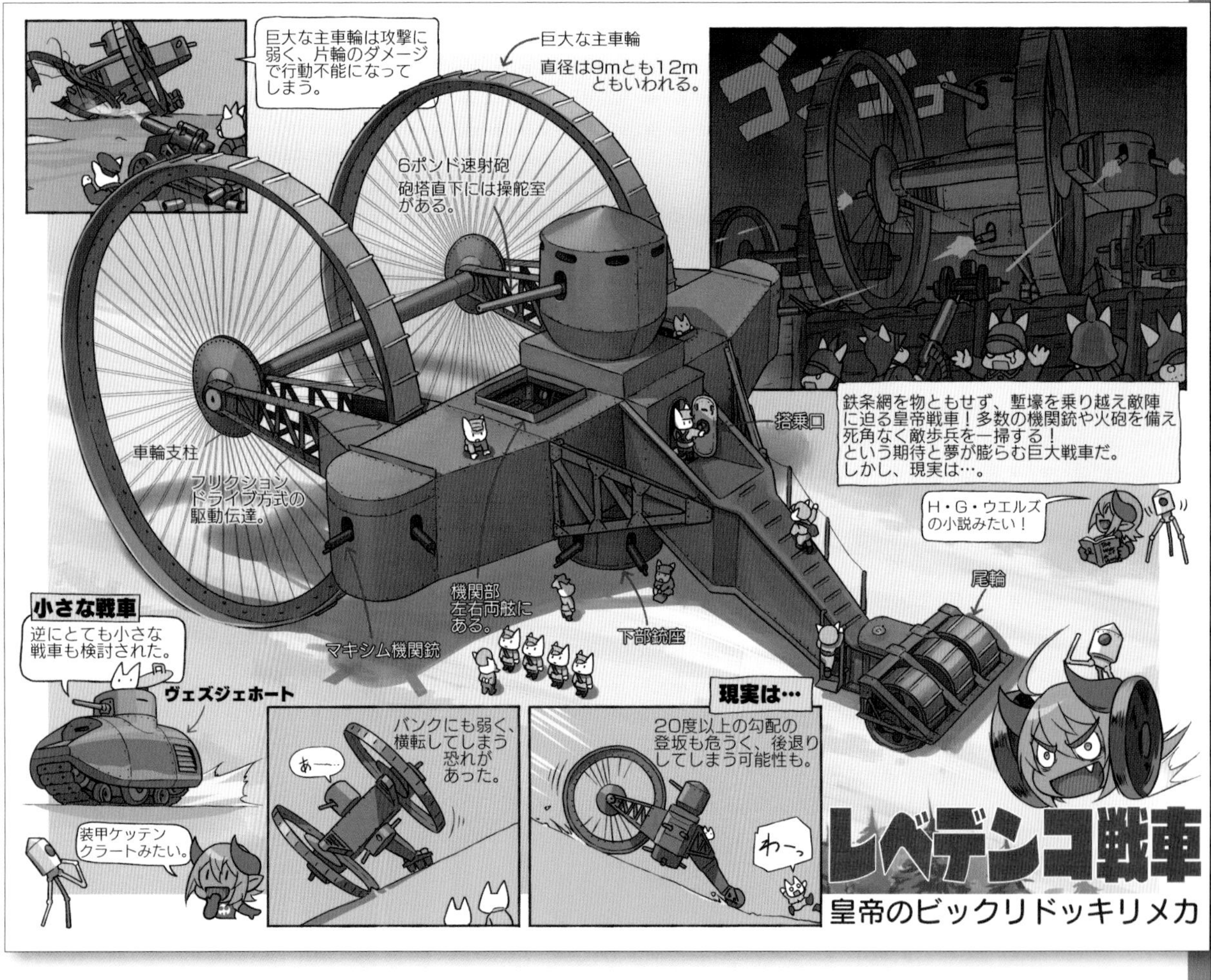

# 陸戦兵器8 列車砲

## 列車に巨砲を載せて砲撃する 現在では絶滅したロマン兵器

### 列車砲のコンセプトとその運用の特徴

戦闘機、戦術・戦略爆撃機、戦車、潜水艦……。第一次世界大戦（WWⅠ）は、今日までも続く兵器のメインストリームがいっせいに本格デビューした戦争といえる。しかし多くが開発され有効に用いられながら、現在ではまったく姿を消した兵器もある。

列車砲がそれだ。

その名のとおり、鉄道列車に大砲を載せるというアイデアは、1853年にイギリスの軍事パンフレットに掲載されたのが最初らしい。

大型化した重砲はそれ自体が数十トンもの重量に膨れ上がり、輸送がとにかく大変。射撃位置まで運んだとしても、そこから砲兵陣地を作り、精密な射撃をするには（重砲になるほど）コンクリートや鉄で砲郭をこしらえる必要があった。ほとんど土木工事だ。

鉄道貨車の上に大砲を載せれば、当時すでに網の目のように発達したヨーロッパの鉄道網をそのまま利用して、迅速に移動、展開ができる。貨車に載せたまま、あるいは多少の追加装備で射撃可能。ふだんはトンネルに隠しておいて、撃つときだけ外に出す、などもできる。これならのちの航空攻撃への防御も万全だ。そこまで行かなくとも、撃ったあとの移動がかんたんだから陣地転換の迅速性や秘匿性は高い。

これだけ見ても、当時、列車砲が画期的な新兵器だったことがわかる。鈍重な野戦重砲が機動兵器に変身したくらいのインパクトだ。移動や集結が容易、という点から、海岸線の防備にも重用された。イギリスなど、長い海岸線のすべてを防衛設備、要塞線で固めるのはとうてい無理。その点列車砲なら極端な話、要所要所に引き込み線さえ設けておけば、敵の襲来地点に対して多数の火砲を迅速に集中できる。

### 第一次大戦で登場したドイツ軍の列車砲

実際に列車砲と言える初めてのものは1865年、アメリカ南北戦争で登場した。北軍が使用した、平貨車の上に13インチ（33㎝）臼砲《きゅうほう》を積んだもので、そのまま南軍の首都リッチモンドを砲撃している。

その後、列車砲はおもにイギリスとフランスで発達し、多くのタイプが開発さ

史上初の列車砲と言われている、南北戦争時の北軍の13インチ列車臼砲「The Dictator」

フランスの320mm Mle1870/93列車砲。砲口径は320mm、砲弾重量は388kg、最大射程は24.8km。フランスは第一次大戦で多種の列車砲を運用した

装甲巡洋艦の主砲を流用した列車砲・21cmSK L/40ペーター・アーダルベルト

24cmSK L/40テオドール・カールは、前ド級戦艦の主砲を流用していた

れた。逆にドイツでは重野砲に重点が置かれ、WWⅠが始まるまでは列車砲そのものがなかった。しかしいざ戦争が始まってみると、重野砲を補完するためにも迅速に展開できる長射程の列車砲の必要性が痛感される。前線からは矢の催促で、ドイツ軍参謀本部はようやく列車砲の開発を決定。手っ取り早く作るため、海軍の備砲を改造、流用することにした。

最初の15㎝SK L/45ネイサンは、ケルン級軽巡(小型巡洋艦)の主砲から作られた。砲自体が小さいため、貨車上にピボット式のマウントを設け、薄い装甲で覆った砲をそのまま旋回できる構造になっていた。SKとはSchnelladekanone＝速射砲、の意味。L/の後の数字は砲の長さ(口径長)を示す。

次の17㎝SK L/40サミュエルは、もともと巡洋艦・戦艦の副砲だったのを野砲にしたものがすでにあり、これを車輪のついた砲座ごとほぼ直接貨車に載せた。これでは砲の俯仰はできたが左右に振ることはできなかった。

装甲巡「ブリュッヒャー」の主砲でもある21㎝SK L/40、L/45砲は、専用開発の台車に載せられ、良好な性能を示す。この列車砲は、ペーター・アーダルベルトと呼ばれ1916年2月、ヴェルダンの戦いでデビューした。オスマン・トルコ軍を支援するため、ガリポリの戦場にも送られている。

ペーター・アーダルベルト以降は、砲座と一体化した本体の前後に、多くの車軸からなる車輪を持つ台車を配置し、ピボット式マウントで接続する基本機構となる。軌条の敷設、本体のみを載せるターレット、全部を載せる転車台、専用プラットフォームの構築などで、数十~360度の射界を得た。

24㎝SK L/30テオドール・オットーは1918年に4輌が製造された。退役した旧式の装甲艦「オルデンブルク」からとった砲を流用している。

同じ24㎝でも24㎝SK L/40テオドール・カールは、やはり退役した前ド級戦艦カイザー・フリードリヒⅢ世級の主砲を流用。テオドール・オットーの約18㎞より長い、20~26㎞の射程を誇っていた。

28㎝SK L/40ブルーノも、ブラウンシュヴァイク級やドイッチュラント級前ド級戦艦の主砲から作られた。22ないし24輌が生産されたとみられる。最大射程27㎞。おもに西部戦線に配備され、後の第二次世界大戦(WWⅡ)でも使われて1944年のノルマンディーの戦いで連合軍を砲撃した。

28㎝SK L/40クルフュルストも、ブランデンブルク級前ド級戦艦の主砲から、6門が作られた列車砲。やはり西部戦線におもに配置され、射程はブルーノよりやや短い最大25・9㎞。クルフュルストとは「選帝侯」の意だ。

WWⅠドイツ軍最大の列車砲が、38㎝SK L/45マックスだ。開戦で建造が中止となったバイエルン級超ド級戦艦の主砲を流用して8輌が作られた。西部戦線で使用され、ヴェルダン要塞攻撃や、1918年のカイザー戦でも用いられた。整備された専用のプラットフォームに据えられた場合の最大射程は47・5㎞にも及ぶ(その場合の最大仰角は70度以上)。これは戦艦の連装砲塔に収められている同じ砲の射程23㎞の倍以上だ。

## 超長砲身列車砲・パリ砲の驚異

もっとも有名な列車砲のひとつが、パリ砲として知られる「カイザー・ヴィルヘルム砲」だろう。遠距離からパリを砲撃するために作られた超長射程砲で、口径は21㎝。砲身の長さは28mにも及ぶ。この長大な主砲が重さで垂れ曲がらないように、支えが取り付けられていた。

パリ砲は重量94㎏の砲弾を秒速1600mで発射し、約40㎞の高空まで撃ち上げる。成層圏(高度11~50㎞)はほとんど空気がないため、抵抗がごく小さく、砲弾を驚くほど遠くまで飛ばすことが可能になる。結果、得られた最大射程は約130㎞。ただしその装薬の圧力はすさまじく、一発発射するごとに砲身内部が削り取られて砲口径が広がってしまう。そのため砲弾は少しずつ大きなものが用意され、順番に射撃しなくてはならなかった。50発が上限とされたが、実際に65発を撃ち終えると、砲の口径は24㎝程度に広がっていたという。砲撃にあたっては、長距離射撃に熟達した海軍兵が操作した。

1918年のカイザー戦で突出したドイツ軍の前線へ進出し、3月21日、構築されたターレット上で射撃を開始した。約120㎞先のパリへは、350発程度が撃ち込まれ、256人のパリ市民が死亡した。負傷者は600名以上。多くの家屋が被害を受けた。

あまりに射程の長いパリ砲は、地球の

前ド級戦艦の主砲を再利用した28cmSK L/40ブルーノ

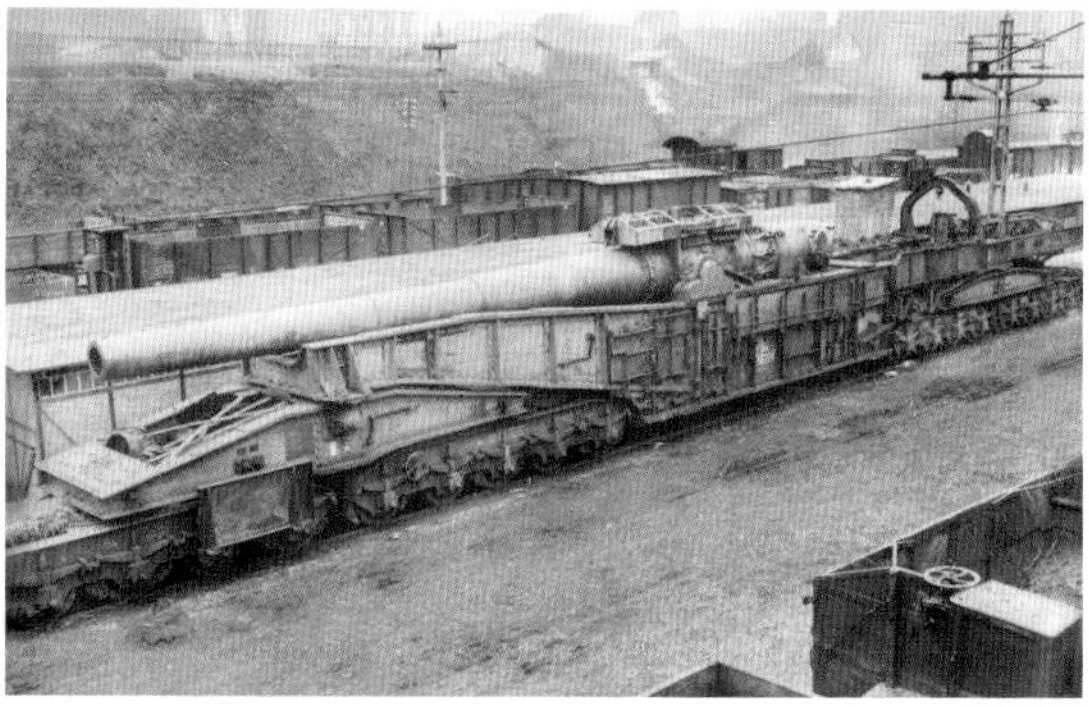

WWⅠドイツ最大の列車砲、38センチSK L/45マックス。バイエルン級戦艦の38cm主砲を流用した

鉄道での移動準備をする「パリ砲」ことカイザー・ヴィルヘルム砲

射撃訓練を行うパリ砲。口径こそ21cmと中口径だが、口径長は130を超える超長砲身で、最大射程130kmと桁違いの射程を有した

自転によって弾道に影響を受けるほどで、弾道計算よりも約400m短く、1300m以上横へ弾着がずれたのも、そのためだった。最終的に、ドイツ軍の撤退とともに破壊され、わずかなパーツしか残らなかった。そのため現在でも全貌は謎が多い。WWⅡ時に、クルップ社が同様の21センチK12(E)列車砲を開発したが、機構は差異が見られる。射程は115kmにとどまった。

また被害を受けたフランスでも、なんと戦後このパリ砲を再現するべく開発が行われた。1929年に完成した340/224 L150 TLP砲は、パリ砲そっくりの外観を持ち、146kgの砲弾を秒速1520mで発射。射程距離は最大127kmだったという。WWⅡ時の1940年、ドイツ軍が侵攻してくると破壊処分された。

フランスの超大口径列車砲520 Mle1916。砲口径は520mm、口径長は16.1口径、射程は14～17km。1門のみが生産された

口径ではフランス軍の520 Mle1916がWWⅠ最大で、その撃ち出す砲弾の口径は52cm、重量は1・6トンにも及ぶ。しかし射程は約17kmと短かった。この列車砲はWWⅠ後もフランス軍に在籍し、WWⅡでは1門がドイツ軍に鹵獲されて使用された。レニングラード包囲戦に投入されたが、腔内爆発で失われたらしい。

より巨大な砲弾を、より遠くへ、と発達した列車砲は、現在ではまったく姿を消し、その役目は弾道ミサイルにとって代わられている。わずかに、ソ連・ロシアの鉄道移動式ICBMなどに、列車砲の面影を感じることができる。

陸戦兵器⑨

# Gew98小銃

## ドイツ歩兵の相棒として戦ったボルトアクション式の名小銃

ドイツ

### 歩兵と小銃こそが軍隊の骨格

現代に至るも、もっとも重要な兵器とはなにか、と問われたら、そこはひねりもネタでもなく「歩兵」である、と答えるほかない。

華やかで強力な戦車や戦闘機も、歩兵がいなくては攻撃後の拠点を確保できない。歩兵との直協、カバーも重要だ。そういえば『大戦略』などのウォーシミュレーションゲームでも、たいてい遅くて攻撃力の低い歩兵ユニットだけが都市を占領できた。

では歩兵のメイン武器といったらなんだろう。

これもいまに至るも、小銃だと言える。そこでこの小銃（歩兵銃）の発達の歴史をかんたんに振り返ると、その始めはやはり「火縄銃」にたどりつく。マッチロックと呼ばれるこの撃発方式、日本では戦国時代に導入され、その後、江戸幕府の鎖国政策で軍事技術の発達がストップしたため、明治維新まで生き残ることになったが、その間ヨーロッパでは、ホイールロック、フリントロック、さらにパーカッションキャップと発達した。

銃身内を施条（ライフリング）するアイデアは16世紀初めからあったが、あまり効果はなかった。弾丸がまだ球形で、うまく施条に食い込まなかったからだ。弾丸は銃身の先から装填する「先込め」式だった。

アメリカで大いに普及したペンシルベニアライフル（１７１０年ごろ〜。いわゆるケンタッキーライフル）は、まだフリントロック式だった。１８４８年、パーカッションキャップ式のシャープスライフル（バッファローガン）が開発される。

同年、ニューヨーク出身のウォルター・ハントは、現在に繋がる先端の尖った「椎の実」型の弾丸を開発。銃身の下に設けたチューブ型の弾倉に複数弾を込めることで後装（元込め）・連発のライフル銃を開発した（ハント・ライフル）。トリガーガードを兼用したレバーを操作することで給弾、排夾できる仕組みで、レバーアクションライフルの嚆矢と言える。これらはすべてアメリカ製で、そもそもヨーロッパから渡ったドイツ系の銃職人たちが作ったものが始まりだ。

### ドライゼ銃の誕生格

ほぼ同じころ（１８３６年）、ヨーロッパでは、プロイセンの銃技師、ヨハン・ニコラス・ドライゼが初めてボルトアクション式の後装ライフル銃を完成させていた。

薬室の後端から、弾丸と装薬（発射薬）が一体となった紙製のカートリッジを装填し、そこへ鋼管のようなボルト・ハンドル（槓桿《こうかん》）先端がかぶさる。ボルトの中には細くて長いニードルがバネとともに仕込まれていて、トリガーを絞ると解き放たれ、カートリッジの中のキャップ（雷管）を突く。あとは従来の銃器と同じく、雷管から伝わった火花で装薬が爆発的に燃焼し、燃焼ガスが弾丸を押しだす。弾丸は、球を前後に伸ばしたような半球形だった。

ドライゼ銃は単発だったが、ボルト操作は非常に素早く行うことができ、紙製カートリッジ弾の発射速度を高めた。また、レバーアクション式と異なり、銃の下側に大きく飛び出すことがない。このため歩兵は伏せたままの姿勢を崩さずに射撃が可能となった。このころのヨーロッパ陸軍歩兵のスタンダードは先込め式のミニエー銃などで、一発撃つごとに銃を手繰り寄せ、銃口から弾丸を装填し、またかまえる、という動作を必要とした。当然照準もやり直しする必要があり時間もかかる。その間にドライゼ銃は4〜5倍の弾を撃つことができた。

初めのうち、保守的なプロイセン陸軍のドライゼ銃に対する反応は鈍かったが、１８４８年から徐々に配備が始まり、プロイセンの対外政策が膨張主義に転じると、その圧倒的な威力を見せつけるようになる。１８６４年の普丁戦争（第二次シュレスヴィヒ＝ホルシュタイン戦争）、１８６６年の普墺戦争（プロイセン・オーストリア戦争）でドライゼ銃の性能はいかんなく発揮され、先込め式銃を使っていたデンマーク、オ

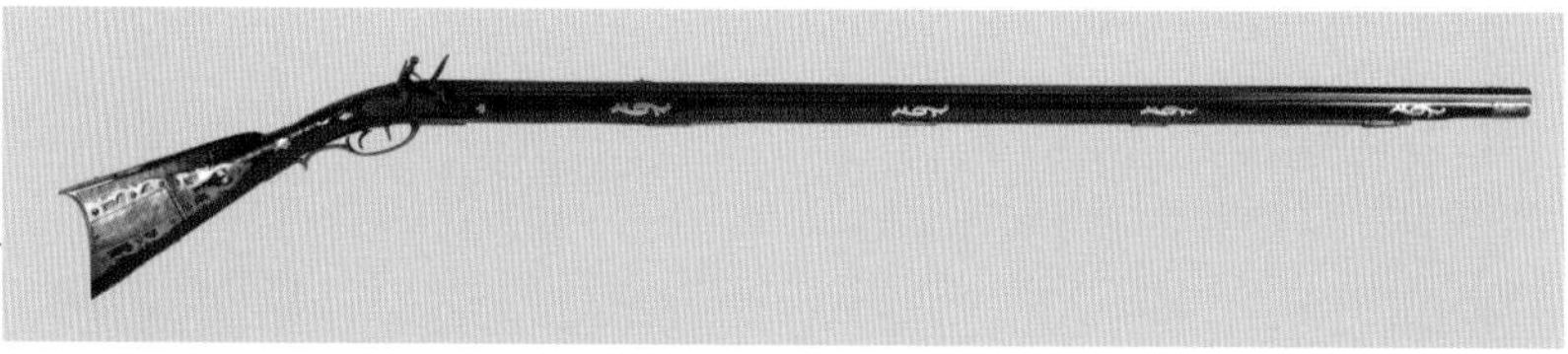

18世紀〜19世紀にかけてアメリカで流行した前装式のケンタッキー・ライフル

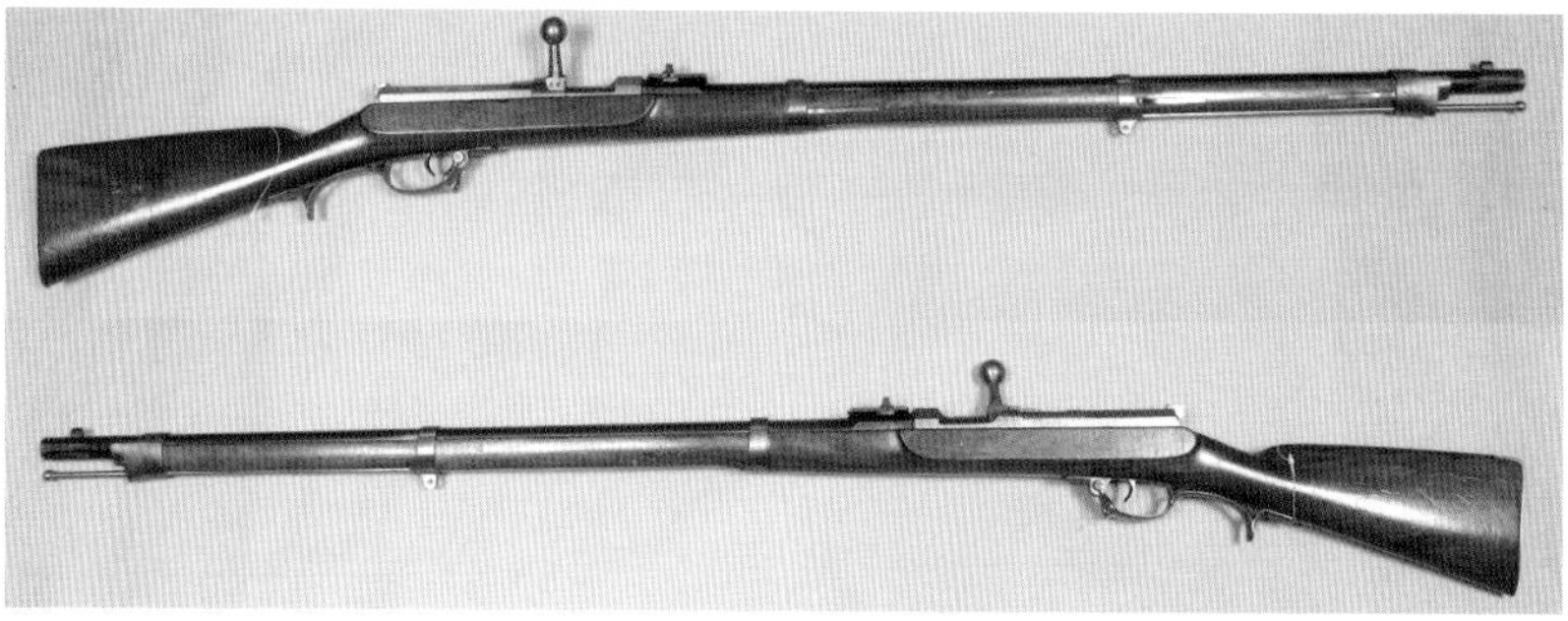

世界初の実用的ボルトアクション式後装ライフル銃であるドライゼ銃（Ph/The Swedish Army Museum）

ーストリアの歩兵を圧倒した。プロイセンがドイツ統一を果たす中、その圧力を受けるフランスではドライゼ銃の改良型にあたるシャスポー銃をいち早く制式化したほどだ。イギリスは、後装式ではまずレバーアクションのマルティニ・ヘンリー銃を採用。1888年からはボルトアクションのリー・メトフォード銃に置き換え、さらに同様のリー・エンフィールド銃に繋がっていく。日本に渡って、十三年式村田銃ともなった(直接のモデルはシャスポー銃改良のグラース銃)。

しかしドライゼ銃にはまだ弱点があった。ボルトによる薬室後端の閉鎖・密閉が完全ではなく、ときに発射ガスが漏れて射撃手の顔面を襲った。このため、発射薬を多くすることができず、15・4㎜の口径で弾丸の初速は300m/sほどにとどまり、有効射程が250~600m程度だったことなどだ。

## WWIドイツの主力小銃、Gew98の登場

1867年、ドイツ(ヴュルテンベルク王国)のモーゼル(ドイツ語の発音だと「マウザー」に近い)兄弟は、新しいボルトアクションの閉鎖機構開発に成功する。はじめ、モーゼル・レミントンライフルとしてアメリカで発売された。続いてM1871(Gew71)(※)モデルがプロイセン王国の制式銃として採用される。単発のM1871を改良した連発式のM1871/84はチューブ型の弾倉だったが、やがて箱型弾倉に改めたM1871/88となった。弾丸が減っていくと銃の重心が変わるチューブ式よりも、箱型弾倉のほうが命中精度で有利なのだ。

モーゼルのボルトアクションはドライゼ銃の欠点をすべて克服して余りある画期的なものだった。

M1871はドライゼ銃やシャスポー銃のように、開放された薬室後端にボルトが被さって塞ぐのではなく、薬室内部まで入り込む。そしてボルト前端部に設けられたフックが、薬室後部の構造とロックする。これで薬室の閉鎖は完全で、発射ガスの漏れもない。強度的にも、むくの金属棒のボルト全部がフタとなっているので問題なかった。これを単に槓桿の前後動と、90度回すだけのかんたんな操作で実現できた(ロテイティング・ボルト)。ボルト前端の中心には撃針が内蔵されていて、引き鉄を絞ることで飛び出し、カートリッジのキャップを叩く。ドライゼ銃で故障の原因となった長くて細い撃針は、通常はボルト内に隙間なく収納されているため操作の信頼性や耐久性も向上した。すでにカートリッジは、紙製から金属製となっていた。

このころ装薬は黒色火薬から無煙火薬へと発達し、数発撃つと発射煙に視界を塞がれたり、ボルトに黒い煤《すす》がべっとりと付着して動作不良やガス漏れを起こすこともなくなる。モーゼルではなくドイツ小銃委員会が設計したM1871/88(Gew88)でボルトアクション機構は完成の域に達し、各国で模倣された。イギリスのリー・エンフィールドMk.Ⅰ、フランスのルベルM1886、ロシアのモシン・ナガンM1891、日本では三十年式歩兵銃となる。

さらにモーゼルが開発したGew98は、WWIでドイツ帝国陸軍歩兵の主力小銃となる。口径7・92㎜。リー・エンフィールドは7・7㎜、モシン・ナガンは7・62㎜だ。日本の三十年式歩兵銃は、小柄な日本人の体格に合わせて、より小径の6・5㎜が選ばれた。イタリアのカルカノM1891も6・5㎜である。どれも、それまでの11~15㎜といった口径に較べて小径化されている。

無煙火薬のおかげで弾丸初速は800~900m/sにも達し、弾道は低伸し、命中率も格段に高い。もはや大口径弾に頼らなくても攻撃力を担保できるというわけだ。もちろん、弾丸が小さいほうが携行弾数も多くなり、歩兵の負担も減る。ただし当時まだ主流だった騎兵突撃を止められなくなる恐れから、これ以上の小口径化はなされなかった。

## 小銃界の革命児・モーゼル兄弟の生涯

こんなふうに回転式ボルトアクションライフルの父とも言えるモーゼル兄弟だが、その生涯は満帆ではなかった。兄ヴィルヘルムは1834年、弟パウルは1838年、銃工廠の部品工だった貧しい父の、十一男と十二男として生まれる。やはり銃工廠に勤めるようになったふたりは、働きながら小銃の遊底(ボルト)閉鎖機構の改良・設計に取り組んだ。ついにモーゼル小銃の機構を生み出すが、最初はプロイセン陸

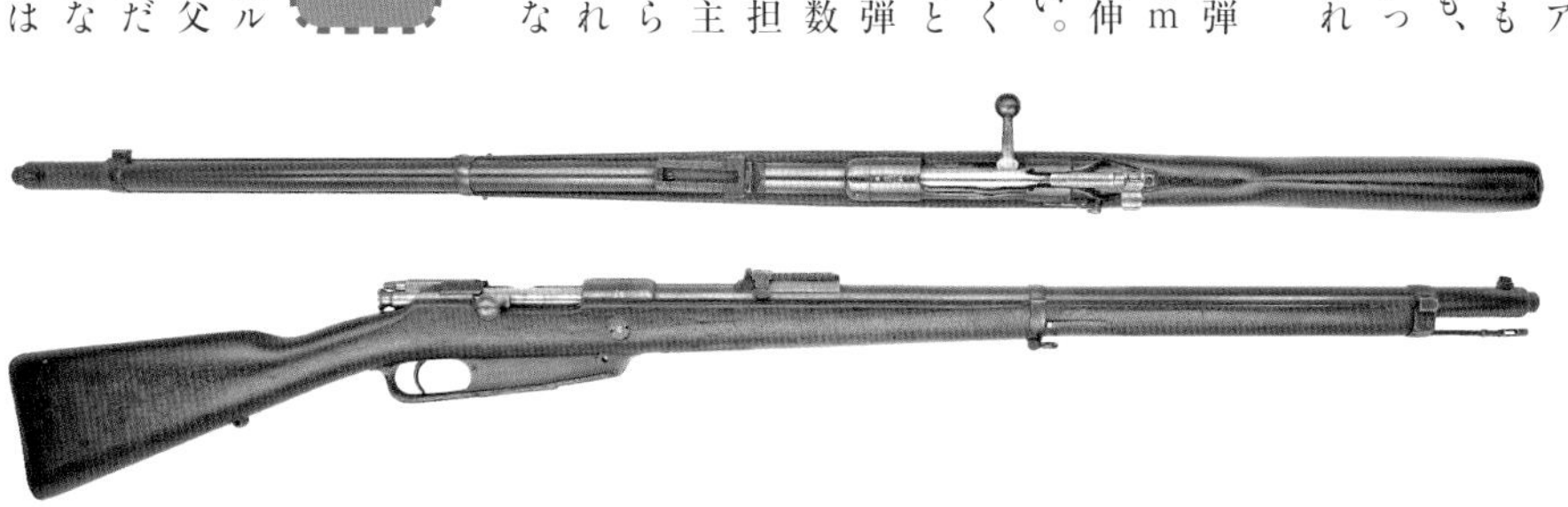

Gew88小銃においてボルトアクション機構は完成の域に達した。写真は改良型のGew88/05。なおモーゼルはGew88の開発には直接は関わっていないので、「モーゼル(マウザー)Gew88」と呼称するのは厳密には誤り

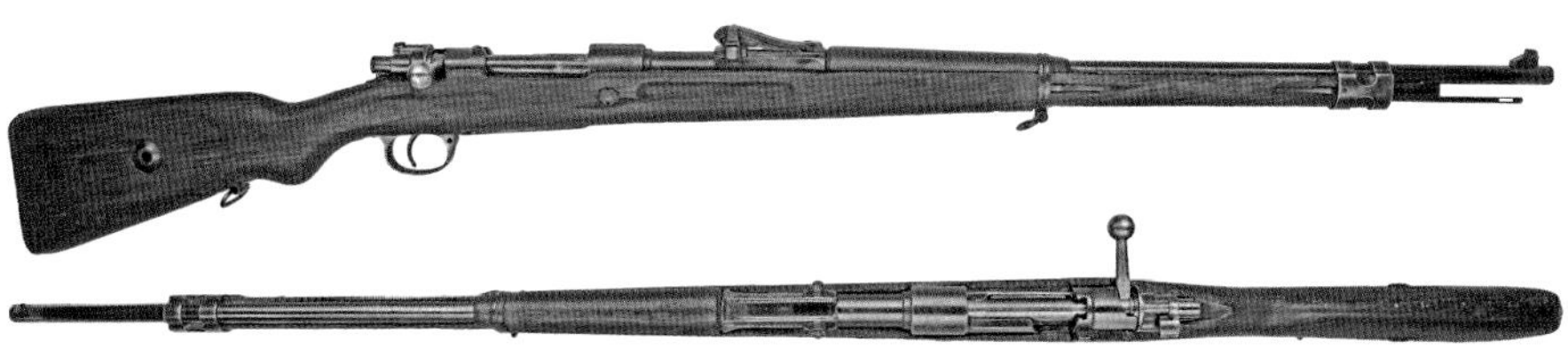

ドイツ小銃委員会がGew88を開発しているのを横目に、モーゼルも独自に新型ライフルを開発しており、まず輸出用にM1893を開発した。そしてその改良型の試作銃M1896をドイツ小銃委員会に提出すると、同委員会はM1896を次期主力小銃Gew98として採用した

(※)Gew=Gewehr/ゲヴェーア。ドイツ語で「銃」の意。

軍に相手にされず、バイエルン王国も不採用で、わずかに興味を示したオーストリア陸軍から紹介され、ベルギーのリエージュで銃の開発を続けることになる。しかし共同経営者は契約を守らず、モーゼル兄弟は利益を得ることができなかった。

それでもリエージュでの5年ほどの間に、ボルトアクションの機構にさらにさまざまな改良を加える。おりしもプロイセン陸軍が新たな歩兵銃の開発を開始。シュパンダウ砲術学校と共同で、モーゼル兄弟はこの課題に取り組み、M1871が完成する。しかし兄弟には特許も契約も認められず、わずかな代償しか支払われなかった。

だが転機が訪れる。1872年、ヴュルテンベルク政府はM1871の製造を一手に兄弟に委ね、国営工廠の売却までも持ちかけてきた。小銃10万挺の受注だ。政府が肝いりとなって銀行が出資し、モーゼル兄弟会社が設立された。モーゼル社は大きく躍進するが、1883年に渉外担当の兄ヴィルヘルムが死去すると、会社はライバルのルドヴィグ・レーベ社に事実上買収される。パウルは一介の技術者として残留を許され、特許などによる利益は株主やオーナーが独占した。

パウルは1897年、プロイセン帝国議会議員となり、1902年にはオーベンドルフの名誉市民の称号を得る。1912年にはヴュルテンベルクの名誉十字章を送られ、1914年、WWI開戦の年に76歳で亡くなった。

銃剣を装着したGew98を携えて写真に写るドイツ兵。第一次世界大戦では主力小銃として使用され、第二次世界大戦初期も一部の師団ではKar98kの配備が間に合わなかったため、いまだにGew98が使用されていた

**Gew98小銃**

| | | | |
|---|---|---|---|
| 全長 | 1,250mm | 銃身長 | 740mm |
| 重量 | 4.09kg（空弾倉状態） | 口径 | 7.92mm |
| 使用弾薬 | 7.92mmモーゼル弾（7.92mm×57） | | |
| 装弾数 | 5発 | 作動方式 | ボルトアクション |
| 銃口初速 | 878m/秒 | 有効射程 | 有効射程 |

# 陸戦兵器⑩ 各国の機関銃

## 塹壕戦において敵歩兵を薙ぎ倒し戦争の姿を大きく変えた兵器

### 本格的機関銃までの道のり

火縄銃など歩兵が携行する小火器が実用化され普及すると、その自動化、連射化が発想されるようになる。

いくつかの発明には、空気圧や蒸気機関を用いるものもあったが試作品にとどまった。1861年からのアメリカ南北戦争では、エイガー銃あるいはユニオンリピーティングガンと呼ばれる銃が北軍・リンカーン大統領の前でプレゼンされ、1挺あたり3000ドルで最終的に54挺が発注されたという。エイガー銃は、一本の銃身の機関部上部に漏斗《ろうと》状の弾倉が取り付けられていて、この弾倉の開放された上部から口径0・58インチ（14・7㎜）の特製金属カートリッジを詰め、基部のハンドルを回して弾丸を発射する仕組みだった。この漏斗型弾倉の形から、コーヒーミルガンなどとも呼ばれたが、実戦では拠点の防御などに配置され、記録に残る大きな戦果はないようだ。

そして1862年、アメリカのリチャード・ジョーダン・ガトリングによるガトリング砲が登場する。銃身同士を並行に、円環状に束ね、ハンドルで回転させながら装弾、発射する。やはり特製の金属カートリッジを用い、それを最初はバラバラと上部から装弾したが、のちに箱型弾倉が取り付けられるようになる。バネなどはなくカートリッジの重みで自然に落下し装弾される仕組み。発射速度は砲手のハンドル回転速度によるが、1分間に200発を発射できたという。

ノルデンフェルト砲は、砲身を横に並べてそれぞれの上部に箱型の弾倉を取り付けたもの。砲尾のレバーを前後に動かすことで発射する。砲身もふたつから最高12門まであり、最初に開発された4砲身のものは1分間で216発を発射したという。口径は1インチ（25・4㎜）。のちにイギリス海軍では、接近する水雷艇への対処のためにこの砲を艦艇に装備している。

1873年にはアメリカ人のベンジャミン・バークレー・ホチキス（フランスではオチキスと発音する）が、やはり多銃身（5銃身）の回転砲を開発、フランス陸軍に採用されている。オチキス回転砲はハンドル1回転で1発を撃発するメカニズムで、ガトリング砲に較べると不発弾や遅発火弾が止まらずに排莢されたり、砲身が過熱して腔発するといった事故が起きにくくなり安全性が高まった。このM1874オチキス・リボルビングカノンは口径37㎜の榴弾砲で、のちに47㎜、57㎜のものも開発、生産された。フランス海軍が購入して、やはり対水雷艇用に艦艇に装備した記録がある。

### 革新的なマキシム機関銃とオチキスMle1897の誕生

1884年、それまでとまったく異なる革新的構造のマキシム機関銃が登場する。アメリカ人の発明家ハイラム・スティーブンス・マキシムが開発したこの銃は、弾丸が発射される際の反動を利用して排莢、次弾を自動的に装填、また撃発、というサイクルを繰り返すもの。マキシムは子どもの頃に撃ったライフルの反動の、倒れるほどの大きさから、この反動力を利用して銃を自動化しようと考えたという。ガトリング砲のようにハンドルなどを動かさない分、照準も正確になった。最初期の口径は11・2㎜。のちにイギリス軍標準の7・7㎜となり発射速度

第一次大戦後のソヴィエト・ウクライナ戦争で、ソ連赤軍の兵士が運用しているPM M1910。防盾が特徴的だ

1917年、訓練でルイス・ガンを射撃するアメリカ海兵隊員。上部の円盤型弾倉が特徴的。一見水冷に見えるが空冷で、太い銃身のカバー（バレル・ジャケット）はアルミ製の冷却筒である。重量は約13kg

も600発／分となる。弾丸は250発の布ベルト給弾。銃身は水冷式で、冷却水のタンクは頻繁に水を補充する必要があった。

1892年には、のちにフランス軍で制式化されMle1897となる機関銃がオチキス社で完成した。口径8㎜、20～30発（口径による）の弾丸を並べた挿弾鈑（保弾板）で装填する。オチキス機関銃はマキシム機関銃とは異なりガス圧作動式だった。銃身の途中に開けた穴から弾薬の発射ガスを銃の機関部へ導いて、ボルト（遊底・薬室を後ろから密閉する部品・構造）等を動かす。発射ガスは弾丸を数kmも飛ばす威力（圧力）があるので、ごく一部を取り出すだけでボルト等を作動させるには充分だった。

オチキスMle1914を運用しているアメリカ兵たち。優れた機関銃だったが、本体重量は24.3kg、銃と三脚を合わせて合計46.8kgと、重いのが欠点だった

ガス圧作動式は構造が単純で部品点数も少なく精度もさほど要求されなかった。代わりに、発射ガスによって金属部品が早く傷んだり、その結果故障の原因ともなった。もっともこれは、のちに火薬精度の向上などによって解消されていく。

発射の反動を利用するマキシム機関銃は部品の多さはもちろん、高い精度が要求された。マキシム機関銃を輸入した日本陸軍では、これをコピー製造したが、作動不良、故障が多く使い物にならなかったという。しかしオチキス機関銃は製造が容易で、つまみひとつで作動のためのガス量を調節できるなど取り扱いも楽だった。1899年にはオチキス社と正式にライセンス契約を結んで、日本はこの機関銃を生産している。以降の日本の機関銃はすべてガス圧作動式となった。

マキシム機関銃をモデルとしたイギリスのヴィッカース機関銃

マキシムとオチキスによって近代機関銃の2大作動方式が確立された。反動（リコイル）を利用する方式はさらに、作動時にボルトがロックされているか否か、ロックしている時間の長さなどから、ショートリコイル、ロングリコイル、ブローバックなどに細かく分けられる。マキシム機関銃はショートリコイル方式だ。

## WWIに投入された各国の機関銃

第一次世界大戦（以下WWI）の陸戦は機関銃と塹壕の戦争だった。各国は各種の機関銃を塹壕陣地に据え付け、また携行して防御・攻撃の要とした。

PM M1910はロシアでライセンス生産されたマキシム機関銃だ。口径7・62㎜。発射速度600発／分。日露戦争で大いに威力を発揮した初代マキシム機関銃を改良したもので、部品精度など多大な労苦の末に国産化された。車輪付きの銃架を含めると64・3kgもの重量があり、移動や取り回しなどに困難があったが、信頼性は高く、この機関銃でロシアは戦争全般を戦った。

マキシム機関銃と似ているが、ベルト給弾ではなく弾倉給弾を採用したフィアット・レベリM1914。重量は17kg

ルイス・ガンはほぼすべての連合国軍で使用された機関銃だ。アメリカ人技師サミュエル・マクリーンによって戦前に考案され、アメリカ陸軍のアイザック・ニュートン・ルイス大佐が開発した。さっそくアメリカ軍に売り込まれたが採用されず、ルイスはベルギーに会社を設立して、ベルギー軍での制式採用にこぎつける。その後イギリスや、参戦が決まったアメリカでも採用された。そのため7・7㎜、7・62㎜など各国の弾丸口径バージョンがあり、なんとドイツの7・92㎜口径版もあった。ガス圧作動方式で、本体上部にセットする円盤型の47発入り弾倉（パン・マガジンと呼ばれた）が特徴的。初の航空機装備機銃ともなったが、弾倉交換が難しいことから、倍以上の97発入りのパン・マガジンが用意された。発射速度500～600発／分。

フランス軍の機関銃はオチキスMle1914が代表的だ。それまでのMle1900を塹壕などでの過酷な使用に耐えるよう改良、発展させたもの。軍工廠製のサン・テティエンヌMle1907が故障続きで、ペタン将軍が強引にMle1914に装備改変させたという逸話からも、その信頼性の高さがうかがえる。口径8㎜で発射速度450〜600発／分。

イギリスのヴィッカース機関銃（ヴィッカース・ガン）はショートリコイル方式で、重量13kgのルイス機関銃に対し、18・1kgのこちらは銃架に据えて使用する「中機関銃」という位置づけだった。こちらも口径は7・7㎜。発射速度450〜500発／分。

イタリアでは独自の銃器開発が遅れており、その危機感から開戦とほぼ同時に同国の技師アビエル・ベテル・レベリが開発した機関銃の採用に踏み切った。フィアット社で生産され、フィアット・レベリM1914と名付けられた同銃は、マキシム機関銃をモデルとしながら、よりシンプルなブローバック方式を採用している。しかしベルト給弾などではなく、5発一組の弾丸クリップを10個、20個と組み込む弾倉が使いにくく、しばしば装弾不良を起こした。またイタリア軍制式ライフルと同じ6・5㎜弾は威力不足を指摘されたが、イタリア軍はこの機関銃で戦い続けるほかなかった。航空機装備型も作られている。発射速度400〜500発／分。

アメリカでは天才銃器技師のジョン・ブローニングが開戦まえに作り上げたコルト・ブローニングM1895を経て、M1917を完成させる。空冷式の冷却が不十分で、加熱されたカートリッジが薬室内で暴発する場合があるなど欠陥のあったM1895から、マキシム機関銃に準じた水冷式となり信頼性は大きく向上した。ただ、制式化と量産が戦争末期だったため、配備は少数の部隊にとどまっている。口径7・62㎜。発射速度450発／分。

対するドイツのMG08は、マキシム機関銃を祖とする水冷式のショートリコイル方式だった。口径7・92㎜の弾丸は世界最強の威力を誇り、ベルト給弾方式で460発／分を発射する。重量もマキシム機関銃レベルで、三脚と冷却水を合わせると69kgのヘビー級だが極めて信頼性は高い。大戦後半には、空冷式とするなど軽量化したMG08／18も開発され、重量はいっきに20・8kgに減量、歩兵部隊の携行火器としても威力を発揮した。またIMG08／15は航空機搭載型だった。

WWIのドイツ軍の主力機関銃であったMG08は、マキシム機関銃の系譜を継ぐ水冷式の重量級機関銃だった。シュパンダウ造兵廠でも生産されたため、シュパンダウ機関銃とも呼ばれる

遊底の前後運動を歯車に伝達し、弾薬を送り込むシンプルな装填機構。
保弾板
分解・整備が容易な構造。
ガス圧作動方式
銃身
遊底
ガスピストン
銃身内の燃焼ガスをピストンに分岐させて遊底を作動させる。
リコイルスプリング
黒色火薬よりも腐食性の低い無煙火薬の弾薬を使用する。
ショートリコイル方式
銃身
遊底
発射反動を利用して遊底を作動させる自動装填方式。
リコイルスプリング
銃身が発射反動で後退し、遊底を玉突きのように後退させる。
反動で後退した遊底を元の閉鎖状態に戻すリコイルスプリング。
ヴィッカース機関銃
マキシム機関銃を元に改良された。
照尺
.303ブリティッシュ弾
布製の弾帯
空冷フィン
ガスピストン
オチキスMle1914機関銃
8×50mmR弾
特徴的な保弾板だが、後にベルト式も登場する。
ウォータージャケット
容量は7.5パイント。(約4.3リットル)
リコイルスプリングカバー
マキシム機関銃のトグル機構。
排莢は下方になった。
ヴィッカース機関銃では、より信頼性の高いトグル機構へと改良された。
機関銃への試行錯誤
1862年ガトリング砲
1873年ノルデンフェルト砲
1851年ミトライユーズ砲
たゆまぬ努力！
エライわねぇ…。
19世紀担当。
復水器(コンデンサー)
銃身加熱により発生した蒸気を水にもどす。
ドドドドドド
マキシム機関銃は日露戦争で活躍。
Non！
これが…新兵器。
Maxim Gun & Hotchkiss Mle1914
マシンガン・ウォー

陸戦兵器⑪

# ドイツの手榴弾

## 塹壕戦で多用された歩兵が投擲する小型爆弾

ドイツ

### 中世からの手榴弾の歴史

ドイツの手榴弾といえばスティック型に分類される長い柄のついた形が有名で、特徴的なヘルメットとともにドイツ兵のアイコンだ。だがWWⅠでドイツ軍はさまざまなタイプの手榴弾を使用していた。

歴史をたどると、戦場で人が投げる爆弾が初めて使用されたのは、8世紀、東ローマ帝国の「ギリシア火」「ギリシア火薬」だと言われる。陶製の小さな甕《かめ》(のような容器にナフサ(原油を蒸留したもの)、酸化マグネシウム、松脂、硫黄、硝石などが混合して充填され、主に火をつけることが主眼だった。

中国では鋳鉄製の容器に火薬を詰めたものが12~13世紀、宋、晋の時代に開発され、「震天雷」と呼ばれた。こちらは爆発することで人や馬を殺傷するもので、元寇で元軍が用いた発展型は「てつはう」と呼ばれ、鎌倉武士を驚かせた。いずれも、鉄砲、つまり火薬の力で一方向へ銃弾を飛ばす兵器がまだない時代から、すでに手榴弾様のものが戦場に現れ、大きな殺傷力を持っていたことがわかる。

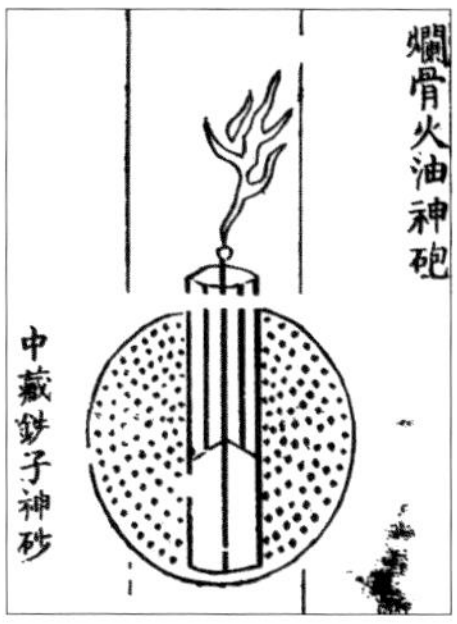


中国の明時代の軍事書「火龍経」に描かれていた手投げ式破片爆弾の図。黒い点は鉄の弾を表している

14世紀ヨーロッパでは、フランス軍が最初の近代手榴弾を開発、使用した。鋳物の容器に黒色火薬を充填し、導火線で着火する。しかし点火↓爆発のタイミングが難しく、事故が多かったことや、輸送段階でも熱や振動で爆発する危険が高く、扱いにくいものだった。そのため、手榴弾(投擲弾)を武器とするのは訓練を積んだ特定の兵とされ、その専門性や勇敢さから歩兵とは別に「擲弾兵《てきだんへい》(部隊)」などと呼ばれて栄誉を与えられていた。

プロイセンの擲弾兵部隊はエリート部隊として名高く、のちにヒトラーがWWⅡドイツ軍の歩兵部隊を、擲弾兵、装甲擲弾兵(師団など)などと改称して戦意を鼓舞したことにも現れている。

### ヘアブラシ型手榴弾や円盤型手榴弾も登場

WWⅠの開戦当初、各国軍は手榴弾に関して使い勝手のいい新型も、まとまった数も持っていなかった。それどころか、危険で扱いにくい手榴弾開発は停滞し、イギリス軍では使用禁止になっていたほどだ。しかし戦いが塹壕戦の様相になると、前線では手榴弾の需要が急迫。空き缶や陶器、ガラスの空き瓶に爆薬を詰め、導火線をつけて投げ合う事態となっていく。

ドイツ軍ではM1913(Kugel handgranate M1913)と呼ばれる球状の手榴弾があった。その名の通り1913年に正式化され、8㎜厚の鋼製外皮には縦横に溝状の凹凸《おうとつ》があり、断片効果を高める。信管はなく、頭部の真鍮《しんちゅう》ワイヤーを引き抜き、本体内部で生じる摩擦熱で点火、5~7秒後に爆発した。この頭部に木製の柄をつけることもできた。クーゲル(球形)手榴弾と分類されるM1913だが不発が多く、表面のパターンを変えたM1915へと次第に切り替えられる。

だがそうしたインターバルを埋めるように、缶詰のような単純な缶に爆薬と金属片を詰め、ヘラ状の木製の柄の端にワイヤーで括りつけたタイプが各国軍で使用され始める。点火装置は摩擦式で、その点火ワイヤーがヘラの握り部分に伸びていた。イギリス軍では12号手榴弾と名付けられ、重量約1500g、うち爆薬の重量は約450gで、各国ほぼ同類のものが生産された。形状から、「ヘアブラシ」「ヘアブラシ手榴弾」と呼ばれた。

ドイツ軍ではこの時期、多くのタイプが試され、最終的に20以上の手榴弾が開発、配備されている。中でもM1915円盤手榴弾(Diskushandgranate M1915)は特徴的だった。球形から一転、上下二枚の鋼板を凸状に成形して張り合わせたもので、ディスク状。連合軍からは「亀の手榴弾」と呼ばれた。

爆発物を満たしたふたつのバッグが詰まっていて、「*」型の中空アルミニウム円管が中心に、そのピンの4つには慣性で作動する信管が備えられる。安全ピンを外し、水を切る小石のように(現代なら

フランス軍が第一次世界大戦で使用した、1916年型F1手榴弾(Ph/Alf van Beem)

M1913(あるいは改良型のM1915NA)球状手榴弾。破片が飛び散りやすいように外皮には凹凸が入っている(Ph/Seanymill)

フリスビーの投射のように)投げると、慣性信管が作動し、数秒後に爆発した。重量は、130gの爆薬を含む約420g。見た目は同じだが外皮の内部形状によって、断片を生成するための溝が縦横に刻まれた「防御」タイプと、溝のない爆風だけの「攻撃」タイプの2種類があった。

攻撃側は、ときに自身の身を隠す場所がない場合でも手榴弾を投げなければならないため、爆薬の量が20gに減らされている。防御側は投擲後に身を隠すことができるため、より殺傷力の大きい破片での殺傷タイプを使用するものとされていた。攻撃、防御、どちらのタイプもブービートラップ(仕掛け爆弾)としても使用されている。その場合、安全装置は取り外され、水平状態にセットされた。M1915円盤手榴弾は全般的に、湿度が高い環境では不発が増えるため、湿度に対して敏感過ぎると評価された。

## ドイツ歩兵の代名詞「ポテトマッシャー」の誕生

有名なM15棒状手榴弾(Stielhandgranate 1915)は1915年、ヘアブラシ手榴弾の投擲しやすさからインスピレーションを得て開発されたと言われる。最初のタイプは、後端が球状に丸められた棒の先端に直径3インチ(約7・62㎝)のブリキ缶状の本体が釘で接合された。この中に直径2インチ(約5・08㎝)の爆薬の缶が入れられ、隙間に金属の破片が詰め込まれていた。

外側、内側の缶とも頭頂部に穴が穿たれ、ここに起爆剤が突き込まれた。本体の後端からは、雷管付きの信管が付けられ、撃針とバネ仕掛けのレバーが木製の柄に沿って付けられていた。レバーを留めている安全ピンを外すとバネでレバーが跳ね上がり、内部の信管機構のロックが解除されて点火する。約5秒後に爆発した。この棒状の柄にレバータイプの機構は、球状手榴弾でも試されている。

しかしレバー型は信管などデリケートな部分が外に剥き出しで安全性に問題があったため、木製の柄を中空にして、その中に信管や作動させるための紐などを内蔵したタイプが開発された。1㎜の鋼板で作られた高さ105~120㎜、直径72㎜の円筒形本体は、防水のため最後に全体がパラフィンに浸される処理が施された。

木製の棒は長さ24~26㎝。この柄の中心に穴が貫通していて、信管が埋め込まれ、本体底部に連結していた。さらに信管の下からはワイヤーが伸びて柄の先(底)から外へ出ており、紙テープで柄の外側に貼り付けてあった。端がループになったこの紐を強く引くことで摩擦信管が作動し、5~7秒後に爆発する。

多数のメーカーで作られたため、細部には多くの違いがある。本体の外側には、軍服のポケットへ引っかけるための、フックが付けられていた。柄付き手榴弾は重い頭部の本体から着地するため、着発信管のM15棒状手榴弾も作られた。

M16棒状手榴弾では、柄の先にスクリューキャップがついた。M15では、兵の携行中などに不意に柄の先から出た紐が引かれてしまうことがあったため、紐を内部に封入したのだ。紐の先には錘《おもり》が取り

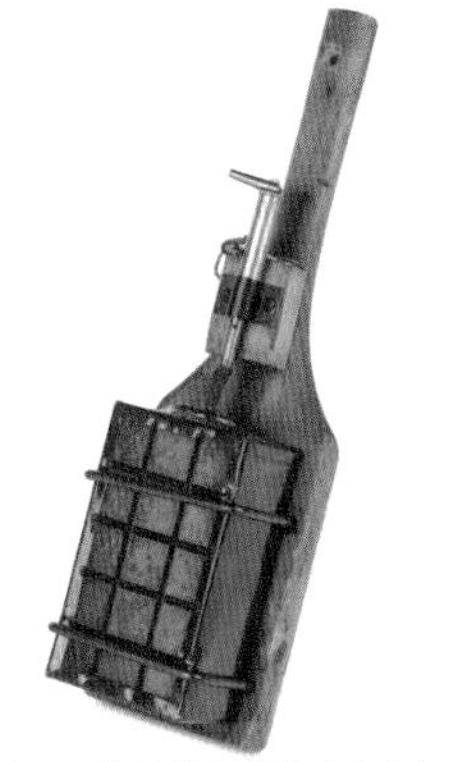
「ヘアブラシ型手榴弾」とあだ名されたイギリス軍の12号手榴弾(Ph/IWM)

塹壕内から手榴弾を投擲するドイツ兵たち。手前の兵と奥の兵(半身だけ見えている)はM1915NA球形手榴弾を、左の兵はM1915棒状手榴弾を投げようとしている

米ミズーリ州カンザスシティにある国立第一次世界大戦博物館に展示されている、ドイツの棒状手榴弾各種。右からM1915、M1915、M1917、M1917、M1916(Ph/Daderot)

付けられており、兵がキャップを外したあと、手榴弾を振るなどして錘を出し、中の紐を下ろす。そののち紐を引き、投擲した。爆発まで4〜5秒。爆薬は硝酸アンモニウムだったが、のちに約170gのトリニトロトルエンとなる。

これらの仕様が整備され、M17棒状手榴弾としてもっとも多く量産された。本体は高さ11cm、直径6cm。本体が少々小型になったのは、トリニトロトルエンで爆発力が増したためだ。重さは柄込みで820g。

ソンム1916博物館で展示されているM1917卵型手榴弾。球形手榴弾より小型で持ち運びが容易で、棒状手榴弾より扱いやすかった
(Ph/Alf van Beem)

ドイツ軍の棒状手榴弾はWWⅠで総計3億個が生産されたという。その形状からイギリス兵は、ポテトマッシャー(じゃがいも潰し器)とあだ名した。最終的に、M24型棒状手榴弾(Stielhandgranate 24)でほぼ完成形を見るが、その生産前にドイツは敗北した。1924年に制式化され、WWⅡでドイツ兵のトレードマークとなっていった。

## 大戦末期には小型のタマゴ型手榴弾も

1917年に制式化されたM1917卵型手榴弾(Eierhandgranate M1917)は、再び柄のないタイプ、しかも真球ではなく上下に長い楕円型だった。初期には全体にツルンとした表面だったが、すぐに握りのために中央部分にだけ、破片形成にも役立つ凸凹の一帯が付けられた。

棒状手榴弾を主力としていた中、なぜわざわざ新たなタイプを開発しなければならなかったのかというと、攻撃型手榴弾として球形手榴弾は重すぎ、また不発が多いなど不安定だったこと、対して棒状手榴弾は敵の塹壕へ飛び込んだ場合、近距離の敵を相手にするには威力が大きすぎ、投擲距離もさほど必要ないことから柄のついた形状を持て余すこととなったからだ。

こうした攻撃対象への空白を埋めるため、重量318g、火薬32gのこの卵型手榴弾が開発された。頭頂部に穿たれた穴に信管をネジ込む。信管は、信管上端から飛び出したループ状の紐を引くこと爆発するもの、落下の衝撃による着発信管など、どちらも遅延は5秒だった。

# 航空機❶ フォッカー アインデッカー

## 史上初めて同調発射装置を搭載し連合軍機に「懲罰」を加えた戦闘機

ドイツ

戦闘機。

### 革新的な発明 プロペラ同調装置

攻撃機、爆撃機などとともに現在定着している軍用機の一ジャンルだ。初の「戦闘機」は1914年4月に初飛行した、イギリス陸軍航空隊のヴィッカースF.B.5とされるが、これは原型となったE.F.B.1に武装を施す際、設計段階から機関銃を搭載したという程度の意味で、搭乗者の後ろにエンジン、プロペラを置く推進式レイアウトの複座機は、運動性の点で元の偵察機と大差なかった。

自機も敵機も三次元の機動をし、速度も変化する空中戦では、操縦士とは別に銃手を乗せ、銃架に据えつけた機関銃で射撃するスタイルでは、銃の狙いを付けにくく、当てるのは至難の業。やがて軽快な単発単座機に機関銃を固定し、機体の機動によって照準するほうが効果的だとわかってくる。

こうして近代的な戦闘機の概念が生まれたが、問題はどこに武装を取り付けるかだった。操縦士の視線の先に機関銃を置くのがもっとも自然で、精度が高い射撃を可能にするものの、牽引式レイアウトの単発機では、銃弾が機首のプロペラを吹き飛ばしてしまう。やむなくプロペラの範囲外、複葉機だと上翼の上などに機関銃を取りつけたが、これだと距離感がつかみにくく、機体の推進線と銃弾の弾道が合わない。そこでプロペラの間を銃弾を通り抜けて撃つことができる同調装置が発想された。

最初の同調装置は、1910年に発明家オイラーによって特許が出願されたものとされている。しかし実際に特許として認められたのは、1913年のスイスのエンジニア、フランツ・シュナイダーによるものだった。プロペラの回転軸からカムを介して機関銃のトリガーを操作するようになっていた。

そもそも同調装置とは、プロペラが回転することで、自ら機関銃のトリガーを操作する、と原理自体は単純なのだが、機関銃のほうも、弾丸発射の反動や発射ガスによって連続して一分間に数百発の射撃を実現しているわけで、しかもプロペラも一分間に何千回転もしており、これらのタイミング調整がなんといっても難しいところだった。

上記ふたつは机上の特許、つまりアイデアレベルだったのが、レイモン・ソルニエの装置は14年、実際に製造されテストされている。カムやロッドを組み合わせた装置はシュナイダーのものよりずっと複雑で、オチキス8㎜機関銃と組み合わされた。しかしこの同調装置はまだ未完成で、たびたびプロペラを傷つけ、吹き飛ばした。

フランス軍は同調装置の実用化に時間がかかると判断し、1915年3月、逆に、弾丸が当たっても壊れないようプロペラに装甲板を取り付けた。また、パイロットのローランド・ギャロスの提案で、弾丸を反らす反射板（デフレクター）もプロペラに取り付けられ、この機体をフランス軍は戦場へ送り出す。

この機体モラーヌ・ソルニエLは、固定機関銃を機首に初めて装備した単発単座機となった。しかしギャロス自身の操縦する機体が鹵獲《ろかく》され、ドイツ軍は同様のデフレクターを造ろうと、フォッカー社とファルツ社にそれらを見せた。しかしフォッカー社の創業者で技師のアンソニー・フォッカーは、軍の意向に反して独創的な同調装置を考案、開発して同年5月19日、テストして見せた。この同調装置は軍関係者に強い印象を与え、採用が決定する。

まずこの同調装置はMG08 7.92㎜機関銃を装備して、フォッカーM.VKに取り付けられた。最初の1機は、オットー・パーシャウ少尉の216号機だった。パーシャウは開戦からまもなくM.Vのパイロットとなり、同機に精通していたためだ。パーシャウはたびたび実戦でのテストを繰り返し、同調装置の完成度アップにも貢献した。また、M.Vでは肩翼配置だったのを、翼取り付け位置を下げ、中翼配置とする助言もした。この改良によって、機関銃と同調装置という重量物を機首に配置したことからもたらされるバランスの不良などを改善している。こうして、M.VK／MGはフォッカーE.Iとして制式採用された。フォッカーE.I

フランスの戦闘機モラーヌ・ソルニエN。モラーヌ・ソルニエLで導入された、機関銃弾を弾き飛ばすデフレクターをプロペラに付けている

クルト・ヴィントゲンス少尉のフォッカーM.VK/MG。E.Iのプロトタイプである

は、初めてプロペラ同調式の機関銃を装備した形で生産された、単発単座「戦闘機」となったのだ。

## 革新のアインデッカー、戦場で連合軍機を懲罰す

アインデッカー（Eindecker：独語で単葉機の意）とひとくくりにされているシリーズの最初の機体E.Ⅰは、既述のとおりフォッカー社のM.V（のちに軍によってA.Ⅲと命名）をベースに設計されている。M.Vは1913年に開発・製造された偵察機で、さらに遡ればフランスのモラーヌ・ソルニエHにたどり着く。戦前、スポーツ機として開発された同機は運動性に優れた単発単座機で、ドイツでもファルツE.Ⅰとしてライセンス生産された。エンジンの強化や機体の改良で、E.Ⅵまで進化している。フォッカー社もまたモラーヌ・ソルニエHを元にM.Vを造り、偵察機として採用され同社の最初の成功作となった。

M.Vシリーズは、M.Ⅷまで改良・進化するが、翼幅の短いM.VKは運動性も高く、これを元に機関銃を機首に取り付けたM.VK／MGは5機造られ、E.Ⅰの生産プロトタイプとなった。

フォッカーE.Ⅰはモラーヌ・ソルニエHと同じく、鋼管をはしごのように接続したラダーフレームに羽布張りの胴体を持ち、木材の桁からなる主翼を接続している。エンジンは80馬力のオーベルウルゼルU.0 7気筒星型エンジンで、これはモラーヌ・ソルニエHのノーム・ラムダエンジンをほぼそのままコピーしたものだった。他に変わったところでは、エンジンカウリングには真珠を思わせる円盤状の模様加工（パールパターン加工）がびっしり施されていたが、1916年には廃止された。

E.Ⅰには現在の航空機の多くが持つ、主翼後縁のエルロン（補助翼）やフラップ（高揚力装置）がない。ライトフライヤーの頃からの、撓《どう》翼（＝たわみ翼）と呼ばれる、主翼の各部に取り付けたワイヤーを引っ張って翼平面の形を変える形式だ。コクピットの前に逆V字に立てられた支柱を介して、主翼の各片側4カ所に接続されたワイヤーが操縦桿に連結している。逆方向に主翼を撓《たわ》ませるために、コクピットの下、主輪の間にも同じくワイヤーの集合箇所があった。

方向舵と昇降舵はどちらも垂直、水平尾翼全体が動く方式で、固定された尾翼はない。そのためE.Ⅰの舵はとても敏感で、まっすぐに飛ばすのはベテランでも気を遣ったという。逆に、独立したエルロンがない撓翼であるためロールは鈍かった。MG08機関銃は機首上面に、ワイヤーの支柱をくぐるように取り付けられた。操縦士からはちょうど目線の延長が銃口であり、機体の推進軸とももちろん合致しており、同調装置のおかげでこの理想的なレイアウトが可能になったのがわかる。

果たして7月1日の初出撃で、ヴィントゲンス少尉のM.VK／MG中隊5機は、モラーヌ・ソルニエL1機を撃墜。その3日後にも1機を撃墜した。翌1916年2月からのヴェルダンの戦いには多数のE.Ⅰが投入され、連合軍機を圧倒する。その一方的な戦果は、連合軍に「フォッカーの懲罰」とまで言わしめるほどだった。オスヴァルト・ベルケ大尉は同年10月に戦死するまでにE.Ⅰで19機の連合軍機を撃墜した。

マックス・インメルマン中尉も同年6月に戦死するまで、17機程度の戦果を上げたと言われている。アインデッカーで5機撃墜以上のエースとなったパイロットは11人にのぼる。

## アインデッカーの各タイプ

E.Ⅰは68機が生産され、1915年6

フォッカーE.Ⅱに搭乗するインメルマン中尉。パイロットの目の前に機関銃が備えられているのが分かる。インメルマン中尉はE.Ⅰで後にインメルマン・ターンと呼ばれる空戦機動を考案した。

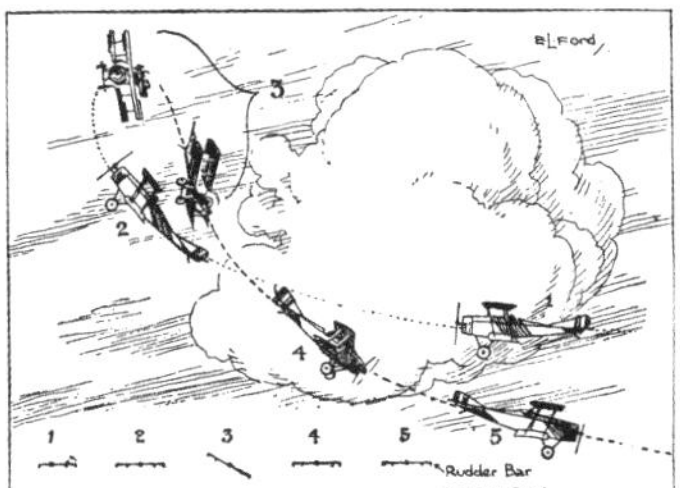


WWⅡ～現在のインメルマン・ターンは、引き起こしながら180度ループし、同時に180度ロールして高度を稼ぎながら方向転換（Uターン）する機動だが、WWⅠ当時のエンジン出力では不可能で、イラストのように引き起こしで失速しながらUターンする機動だったと考えられている

地上で暖機運転を行うフォッカーE.Ⅲ。プロペラの合間を縫って機関銃の銃弾を発射する同調装置は革新的な機構だった

フランス軍の前線後方で不時着して連合軍に鹵獲され、検分を受けるフォッカーE.Ⅲ

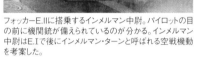

月13日、E.Ⅱが初飛行した。もっとも大きな違いはエンジンが101馬力のオーベルウルゼルU.Ⅰに換装されたことで、機動性を高めるため機体と翼幅は短くなっており、安定性を欠くことにもなった。そのため翼幅を延伸したタイプがすぐに作られた。燃料タンク容量も69リットルから90リットルへ増加。ただ、操縦席の後方に置かれたタンクからエンジン近くのサブタンクへ燃料を送るのは人力でポンプを操作する必要があって、多い時にはその操作は一時間に8回も行わなくてはならなかったという。また、E.Ⅰでは単にボルト留めされていたMG08は、同調装置も含めて最初からそれらを装備した形に整形、設計されていた。E.Ⅱの生産数は49機だった。

決定版はE.Ⅲで、延伸したE.Ⅱの翼幅をわずかに短くし、その代わり翼弦長（翼の前後の長さ）は増えて、より力強い、運動性に優れた翼となった。E.Ⅲはアインデッカーでもっとも多い249機が生産された。

次のE.Ⅳは11月から49機が生産される。MG08機関銃が2挺となり、エンジンはオーベルウルゼルU.Ⅲ 7気筒複列（160馬力）で、最高速度は170km／hとなる。スペック上はシリーズ最強と見えたE.Ⅳだが、2挺の同調装置は故障しがちでしばしばプロペラを吹き飛ばした。また大きく重いエンジンはロータリー効果が強く、撓翼では操縦しにくい機体となっていた。

すでにフランスではエルロンなどをそなえた本格的な戦闘機・ニューポール11が戦場に現れ、あれほどの猛威を振るったアインデッカーも世代交代が迫られていた。1916年12月の配備を最後にE.Ⅳは生産中止。フォッカー社も複葉のDシリーズ、三葉機Dr.Ⅰなどへと開発を移していった。

7.92mm機関銃2挺を機首に装備した重武装型のフォッカーE.Ⅳ

フォッカーE.Ⅳには、機関銃を3挺とした超重武装型もあった

**フォッカーE.Ⅲ**

| | | | |
|---|---|---|---|
| 全幅 | 9.52m | 全長 | 7.2m |
| 全高 | 2.4m | 主翼面積 | 16㎡ |
| 自重 | 399kg | 全備重量 | 610kg |
| エンジン | オーベルウルゼルU.Ⅰ空冷星型9気筒回転式（100hp） | | |
| 最大速度 | 140km/h | 航続距離 | 198km |
| 上昇限度 | 3,600m | 武装 | 7.92mm機関銃×1 |
| 乗員 | 1名 | | |

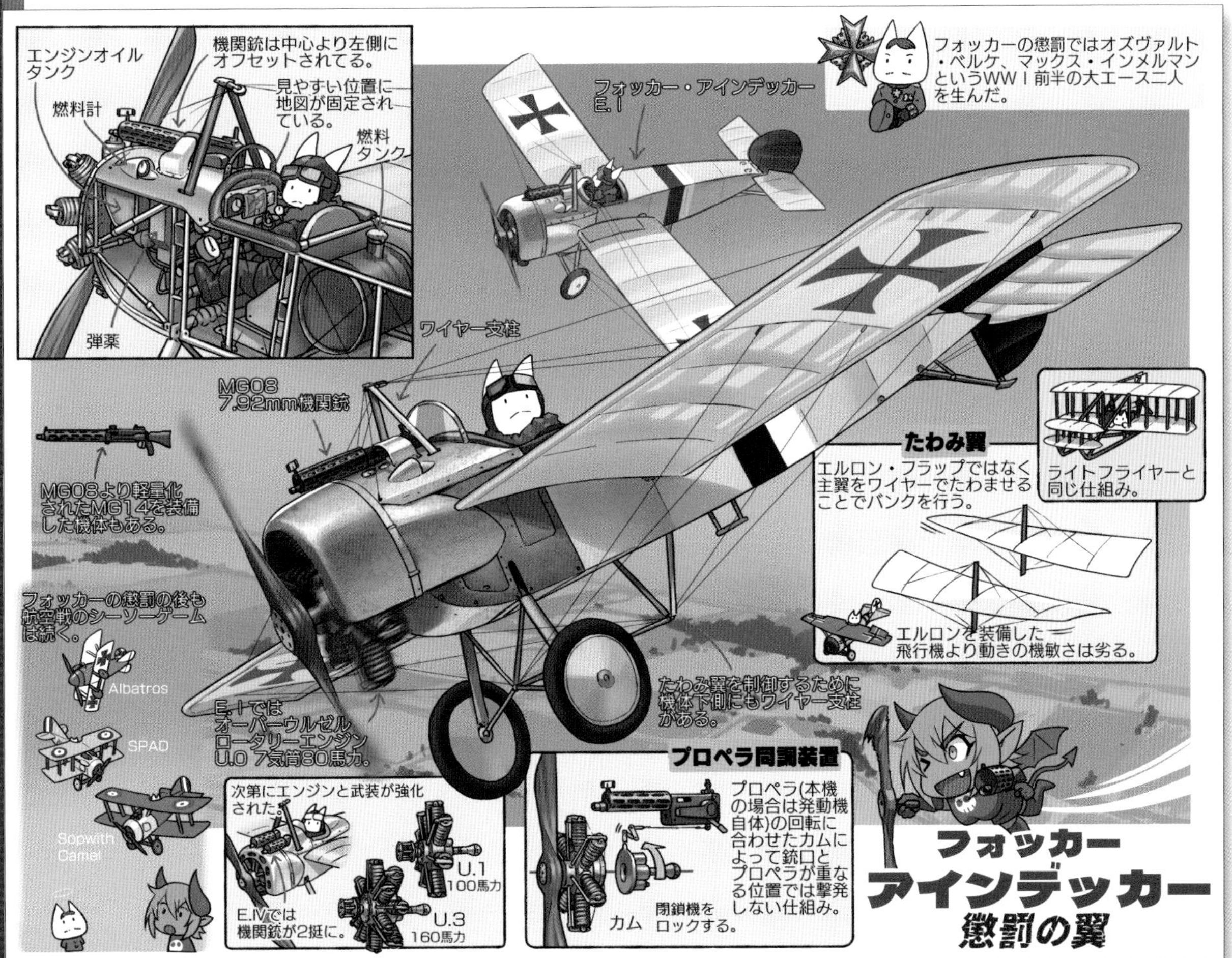

航空機②

# アルバトロスD.Ⅲ／V

## 大戦中期に現れ、ドイツ戦闘機隊の中核となって戦った複葉戦闘機

ドイツ

### アルバトロス社初の戦闘機 D.Iと改良型のD.Ⅱ

ＷＷＩの代表的戦闘機といえば、イギリスのＲＡＦ Ｓ.Ｅ.5a、ソッピース キャメル、フランスのニューポール11やＳＰＡＤ Ⅶ、ドイツならフォッカーDr.ⅠやＤ.Ⅶが浮かぶだろう。が、これらに劣らず、ドイツ戦闘機隊の主力として一時代を築いたのがアルバトロスＤ.Ⅲだ。同機はまた、Ｄ.Ⅰから始まるシリーズの改良・延長にあり、Ｄ.Ｖまで合わせると就役期間は大戦初期から終結までに及ぶ。まさにドイツ戦闘機隊の屋台骨を背負った機体と言えるのだ。

アルバトロス社は１９０９年末、ウォルター・フートとオットー・ウィーンによってベルリンで設立された。フランスのアントワネット単葉機や、エトリッヒ・タウベ単葉機のライセンス生産などを行ったのち、１９１５年にはアルバトロスＦ.Ⅱを開発する。しかしこれも、フランスのファルマン複葉機の改良コピーだった。ＷＷＩ直前の１９１３年には、オリジナル機Ｂ.Ⅰを開発。単発複葉二人乗りの偵察機で、練習機としても使用された。戦争開始後は広く中央同盟諸国内で用いられた。その後も同様の偵察機を作り続けたのち、１９１６年、最初の戦闘機型であるＤ.Ⅰの開発を開始する。

１９１６年春、ドイツ航空隊では、前年の「フォッカーの懲罰」を克服した後勢いを盛り返し、逆に優位に立った連合軍航空兵力に対抗する有力な戦闘機が求められていた。アルバトロス社にとって初めての戦闘機は、主任技師ロベルト・テレン、Ｒ.シューベルトらによって設計される。Ｄ.Ⅰで採用された木製セミモノコック構造は、当時の主流だった鋼管フレームに布張りの胴体構造よりも強固で、形状もなめらかな流線形に成形できるというメリットがあった。

武装の７・92㎜機関銃は、単独でも連合軍の７・７㎜機関銃よりも強力で、これを２挺装備する重武装だ。エンジンはメルセデス製の、ＤⅢ直列６気筒１６０馬力が選ばれた。この結果、当時の連合軍戦闘機、イギリスのエアコＤＨ.２のトップスピードが時速１５０㎞、フランスのニューポール11が時速１５６㎞だったのに対し、時速１７５㎞という優速を得た。Ｄ.Ⅰは８月から部隊に配備され始め、９月までに全62機が生産された。

生産の途中からＤ.Ⅰの視界不良を訴えるパイロットの声が相次ぎ、テレンらは上翼を36㎝胴体に近づけ、位置も前へ、また支柱の構成も変える改良を施した。これによって機体の前上方の視界が改善された。他は変わらず、Ｄ.Ⅱとして生産に移る。Ｄ.Ⅱの生産数は２７５機に上った。

洗練された木製セミモノコックの胴体が特徴的なアルバトロスD.Iの試作機。支柱の形状がD.IIとは異なり、また上翼がD.IIよりやや上に付いている

### 重武装・高速のＤ.Ⅲ登場 「血の四月」の主役となる

Ｄ.Ⅱにもさらなる視界の改良が要求され、その答えとしてニューポール11や17などの、一葉半（セスキプラン）が導入された。要は、アルバトロスＤ.Ⅱの下翼の前後幅を短縮しようというのである。しかし80馬力エンジンの軽戦闘機ニューポール11と、重戦闘機のＤ.Ⅱでは機体の性格は大きく異なり、さほど下翼は小さくならなかった。それでも前下方の視界は多少改善された。上翼はまた少し上に上がっている。また、機体前部両側に設けられていたラジエターは上翼中央へ移された。

下翼が小さくなったことから、並行に設けられていた翼間の支柱は「Ｖ」型となり、この外見の違いから、Ｄ.Ⅲは連合軍パイロットから「Ｖストラッター」と呼ばれた。

こうしてＤ.Ⅲはさっそく４００機もの生産発注を受け、１９１６年12月から部隊に配備されたが、すぐに、ラジエター位置の変更など小改良が要求された。これは被弾時、ラジエター内の熱湯がパイロットの顔面を直撃する恐れが高いためだ。もっとも深刻だったのは、下翼の取

D.Iから上翼の位置を36cm下げ、支柱の形状も変更して前上方の視界を向上させたアルバトロスD.II

り付け強度不足だった。配備された部隊から下翼の破損の報告が相次ぎ、1917年1月27日には、原因究明と改良が施されるまで、すべてのD.Ⅲの飛行停止が命令された。

アルバトロス社は下翼を補強し、2月19日までに作業は終了したが、D.Ⅲの重量はD.Ⅱよりも60kg程度重くなった。それでもパイロットたちは、D.Ⅲの上昇力や素直な操縦性を評価した。

1917年4月、ドイツ戦闘機隊は、307機の敵機と1隻の飛行船、35基の観測気球を撃墜・破壊し、損害は50機に留まった。D.Ⅲは「血の四月」と呼ばれたこの大戦果の立役者とも言える活躍を見せた。ドイツ戦闘機隊のトップエース、JG1指揮官のマンフレート・フォン・リヒトホーフェンも（このころはJasta11の中隊長）、D.Ⅱ、D.Ⅲでの出撃を繰り返し、大きな撃墜戦果を記録している。彼の初めての単独撃墜はD.Ⅱでのものだった。

夏を迎えるころになると、イギリス軍にはソッピース トライプレーン、S.E.5、ブリストルF.2A／B、ソッピース キャメル、フランス軍にはスパッドS.Ⅶが大量に配備され、S.ⅩⅢも加わった。これら優秀な機体によって、ドイツ航空隊の優位は日に日に失われていくこととなる。

アルバトロス社はさらに500機のD.Ⅲを受注した。しかし連合軍機の追い上げに、なおも性能向上が求められる。後継機開発に集中するため、生産は子会社の東ドイツアルバトロス（OAW）社に移管され、同社は840機を受注している。OAW社製のD.Ⅲは、垂直尾翼の方向舵後端がうちわのように丸く成形されているので判別が容易だ。

同盟国オーストリア＝ハンガリーでもD.Ⅲは生産された。エスターライヒッシェ社がライセンス生産権を取得し、1917年春には生産機が早くも前線に現れ始める。同社製D.Ⅲはエンジンが異なり、装備した185馬力～225馬力の3種類のオーストリア・ダイムラー社製エンジンは、オリジナルのメルセデスDⅢa（160馬力）より強力であり、性能向上をもたらした。

エスターライヒッシェ製D.Ⅲは、機首カウルがエンジンのシリンダーヘッドまでをも覆い、D.Ⅲに特徴的な、機首と一体化した半球形のプロペラスピナーもない。スピナーは最初装備されていたが、飛行中しばしば脱落したため、パイロットや整備士によって取り外されることが多かったらしい。112号機からは生産段階でスピナーがなくなり、プロペラ軸の先だけ丸く成形したものとなった。これらの特徴によって、ドイツ製のD.Ⅲとはまったく別の機体のように見える。速度は時速14km向上していた。また、D.Ⅲの下翼構造などの欠陥も改善し、信頼性も増したという。エスターライヒッシェ社は、終戦までに526機のD.Ⅲを生産した。

最終的にD.Ⅲの生産総数は1866機を数える。

## 最終形のD.Ⅴは WWⅠドイツ最多戦闘機に

次のD.Ⅳは実験機で、D.Ⅲに減速ギア付きメルセデスDⅢaエンジンを搭載したもの。このエンジンは背が低くコンパクトで、そのため完全に機首内に収められ、D.Ⅲの流線形がさらに完成されている。排気管は機首右側に露出していた。機体はD.Ⅱの主翼と、このあとのD.Ⅴの胴体を組み合わせたものとなり、方向舵と水平尾翼にも変更が加えられている。1916年末に3機が発注されたが、完成し飛行したのは1機のみだった。何種類かのプロペラを装着し、試験されたが、過剰な振動が収まらず、性能向上も見られなかったため、放棄された。

### アルバトロスD.Ⅲ

| | | | |
|---|---|---|---|
| 全幅 | 9.05m | 全長 | 7.33m |
| 全高 | 2.98m | 主翼面積 | 23.6㎡ |
| 自重 | 661kg | 全備重量 | 886kg |
| エンジン | メルセデスD.Ⅲ液冷直列6気筒（160hp） | | |
| 最大速度 | 175km/h | 航続時間 | 約2時間 |
| 上昇限度 | 5,500m | 武装 | 7.92mm機関銃×2 |
| 乗員 | 1名 | | |

上翼に比べて下翼が細い「一葉半翼」形状となったアルバトロスD.Ⅲ。下翼が脆弱で、配備直後は事故が多発した

後方から見たアルバトロスD.Ⅲ。操縦席上の主翼の切欠きや、上翼中央のラジエターが特徴的だ。胴体側面は平面となっている。「Vストラッター」と呼ばれた上下翼の間の支柱の形状がよく分かる

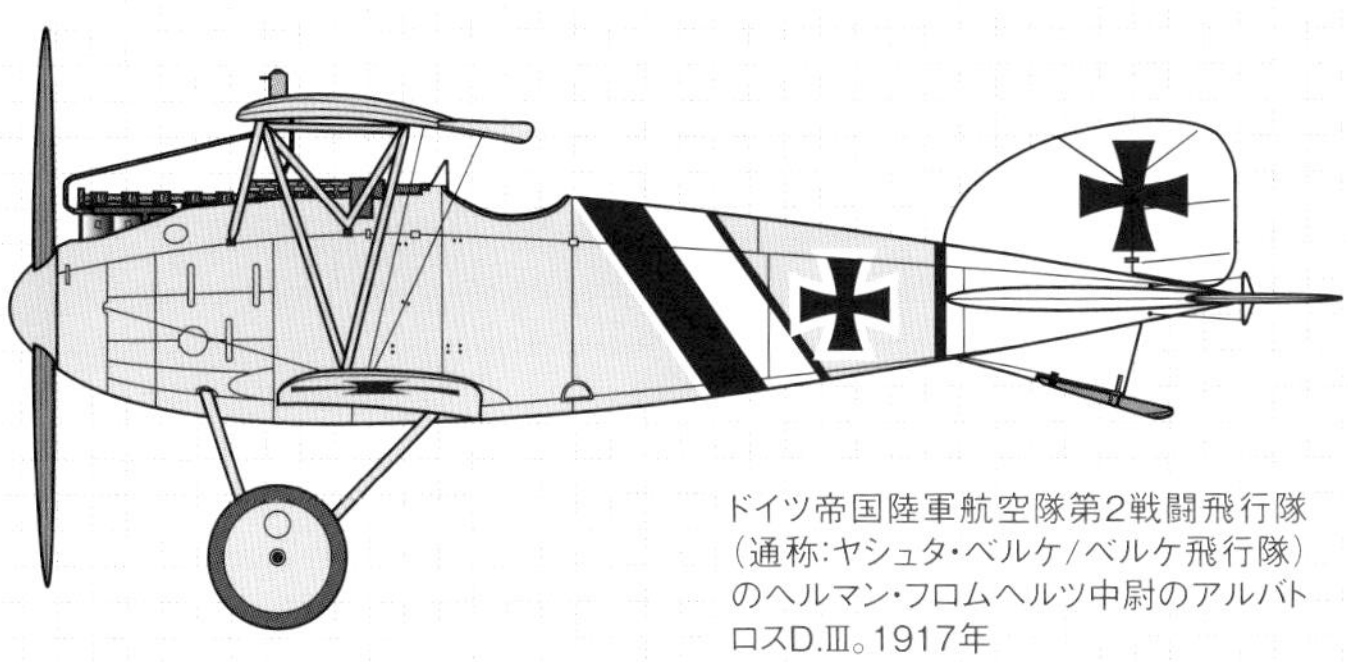
ドイツ帝国陸軍航空隊第2戦闘飛行隊（通称:ヤシュタ・ベルケ/ベルケ飛行隊）のヘルマン・フロムヘルツ中尉のアルバトロスD.Ⅲ。1917年

シリーズの最終形となるD.Vは、1917年4月に初飛行を果たした。D.Ⅲの改良版ではあったが、これまでと異なり胴体も再設計されている。一見、同じ流線形に見えるが、D.Ⅲまでは胴体後半部は角の取れた長方形の断面をしていたのが、より細い楕円の断面形に変わった。上翼はまた12cm下げられ、胴体に近くなった。

初期型は、コクピット後方にヒレのようなヘッドレストを装備し、パイロット保護を向上させたが、後方視界の悪化が嫌われ、現地部隊では取り外されることが多かった。しまいには生産時から省かれてしまう。方向舵は、エスターライヒッシェ社製D.Ⅲの楕円形型が採用されている。パレスチナ戦線で戦うオスマン帝国への機体は、高温への適応のため、上翼のラジエターを2基に増設していた。

早速戦場に投入されたD.Vだが、すぐに深刻な構造欠陥が明らかになる。下翼の強度不足はD.Ⅲ以上で、張線や支柱を追加しても根本的解決はならず、このためD.Ⅲまでの急降下一撃離脱戦法も使えなくなった。胴体を再設計したにもかかわらず性能向上はわずかで、前線部隊で嫌われ、D.ⅢやD.Ⅱに戻るパイロットもいた。

さっそくアルバトロス社は、翼桁や胴体を補強し、支柱も追加したD.Vaを開発、投入した。D.Vに較べて重量は23kg増加しており、180馬力のメルセデスD.Ⅲaüエンジンに換装されたものの、重量と相殺《そうさい》されて目立った性能向上にはつながらなかった。

D.Vは900機、D.Vaは1612機が生産され、合わせるとWWIドイツ戦闘機中の最多機数である。大戦末期になるともはや第一線の戦闘機としては厳しくなっていたが、ドイツの敗戦まで前線にあり、まさにWWIの航空戦を戦い抜いた戦闘機と言えるだろう。

減速ギア付きのエンジンを搭載したが、振動が収まらず試作のみに終わったアルバトロスD.Ⅳ

胴体の断面形が楕円となったアルバトロスD.V。操縦席後ろにヘッドレストが付いているのが分かる。リヒトホーフェンは「イギリス機に比べて時代遅れで劣っているため、この飛行機では何もできない」と酷評した

アルバトロス D.Ⅲ
4月のロケット
エスターライヒッシェ製D.Ⅲ。本家メルセデスよりも性能がよかった。
エンジン両側に長い銃口カバーがある。
上翼の切り欠きで上前方の視界が良い。
翼上のラジエーター
被弾すると熱湯が操縦士に降りかかる。
うしろ見えにくいからねぇ…
D.Vではヘッドレストがつけられたが、パイロットからは不評だった。
一葉半の翼
ニューポール11
一葉と
半分
前下方視界は良いがねじれ変形に弱い構造となった。
ラジエーター
銃口
エンジンを挟む形で7.92mm機関銃を配置。
機体はベニヤと金属の混合構造。
水冷6気筒メルセデスD.Ⅲエンジン。排気管は右側にある。
尾ソリ
「血の4月」の立役者。滑らかな流線型の機体が特徴的。
イギリス軍から「Vストラッター」と呼ばれたV字支柱
ちょくちょく外れてしまう巨大なスピナー
こわっ!
急降下や急旋回では下翼が損傷する恐れがあるので注意だ。
リヒトホーフェン

# 航空機③ フォッカーDr.Ⅰ

## 圧倒的な空戦性能で伝説を作ったエース御用達の三葉戦闘機

ドイツ

### 「戦闘機」の誕生

人類史上初の有人動力飛行が1903年12月のライト兄弟によるものなのは、いまさら説明するまでもないだろう。

しかして第一次世界大戦の勃発は1914年8月。飛行機が発明されてからまだ11年しか経っていなかったのだ。

その間の発達もまた急激だった。

たった1分間弱、250mほどしか飛び続けられなかった飛行機（ライトフライヤー）は、英仏海峡を横断飛行し（ブレリオⅨ）、操縦者以外の人を乗せることができるようになり（アンリ・ファルマンⅢ）、時速200km以上のスピードを記録し（ドペルデュサン・レーサー）、軍艦の甲板からも離発艦を成し遂げ（カーチスゴールデンフライヤー）、舟型の胴体を持つ飛行艇が、定期航路で旅客や貨物を運ぶようにもなった（ベノイストXⅣ（14））。

ここまで性能を高めた航空機が、各国が総力を挙げて戦う世界大戦に投入されたのは必然の流れだった。

最初のうち、偵察や着弾観測に用いられた航空機は、敵の航空機と空で遭遇してもパイロット同士が手やハンカチを振り合っていたという。けれど戦局の激化もあって、すぐにピストルを撃ち合うようになり、射撃のための兵を乗せたり、最初から武器を搭載した機体が作られるようになった。

戦闘機の出現だ。

その後、機関銃を人間が振り回すよりも、機体に固定しておいて、機体のほうを機動させるほうが効果的だとわかった。

紆余《うよ》曲折を経て同調装置が開発されると、機首にエンジンと機関銃を装備して、その後ろにパイロットが乗る、レシプロ戦闘機の基本レイアウトができあがる。

### 複葉機よりも敏捷な三葉機の登場

このころの各国の代表的戦闘機といえば、まずドイツのフォッカーE.Ⅲ、アルバトロスD.Ⅲ～Ⅴ、イギリスのソッピースストラッター、同パップ、フランスのニューポール17、スパッドⅦなどがある。いずれも複葉機（フォッカーE.Ⅲのみ単葉機）で、このころの100馬力程度のエンジンで十分な揚力を得ようとすると、複葉形式となるのが常識だった。

戦闘機ともなれば、速く、運動性能や上昇性能も高くなくてはならない。強力な武装も求められる。エンジンの高出力化は進んでいたものの、他にもさまざまな設計が試みられた。複葉にもう一枚翼を足して三葉（あるいはそれ以上）とするのもそのひとつで、まずソッピース社がトライプレーンとして実用化に成功した。これは同社のパップに、上に一葉を足すような形で試作され、改良を経て1916年7月から実戦に参加し始める。

トライプレーンは俊敏で、反応性が高く、上昇力にも優れていた。たちまち、当時のドイツ航空隊の主力、アルバトロスD.Ⅲを圧倒する。

この事実にショックを受けたドイツ軍指導部は、航空機メーカー各社に三葉機の開発を指示。さまざまな機体が試作される中、もっとも早く、良好な性能を示したのがフォッカー社のDr.Ⅰだった。

三葉機の依頼を受けたフォッカー社のラインハルト・プラッツ技師は、まずフォッカーV.4として仕様をまとめた。V.4は9気筒110馬力のル・ローン空冷星型（前から見て★型（放射状）にシリンダーが配置されているエンジン）エンジンを装備。エンジン自体も回転して冷却に寄与するロータリーエンジン形式だ。中、下主翼は片持ち式（翼を外から支える張線や支柱などがなく、翼内部の構造によって支えられている翼）で、上翼のみがおもに鋼管で保持された。張線もほとんどないすっきりした形だったが、すぐに強度不足が指摘された。そのためV.5では

試作機のフォッカーV.4。翼端側の上中下の翼の間に張線がなく、強度不足が指摘された

後にDr.Iとなるフォッカー F.I（社内名称V.5）を自ら操縦してテストするアンソニー・フォッカー（操縦席内）。飛行機から右から2人目はマンフレート・フォン・リヒトホーフェンその人である

翼端に近い側の左右にそれぞれ支柱が、3つの翼を貫くように配された。

V.5は試作機ながら、1917年8月、ドイツ航空隊エースのマンフレート・フォン・リヒトホーフェンやヴェルナー・フォスに与えられ、実戦での性能評価が試みられた。ベテランパイロットの乗るV.5はいかんなく性能を発揮し、とくにフォスは、25日間で21機の敵機を撃墜する戦果を上げている（9月23日に戦死）。

この結果に、V.5は直ちに300機以上もの生産が指示され、Dr.Iの名称が与えられた。DrはDreidecker（ドライデッカー）＝三葉機の意味だ。ただし、主翼の強度問題が再び発生して解決に時間を要し、生産は1917年11月以降になった。

第12戦闘飛行隊（ヤークトシュタッフェル12:Jasta 12）のフォッカーDr.I

フォッカーDr.Iは、速力にはやや劣り機体構造も脆弱だったが、極めて優れた運動性を持つという、エース御用達の戦闘機であった。上翼の翼端後縁に大きな補助翼が付いているのが分かる

## エースの愛機として活躍したDr.I

Dr.Iは三枚の主翼をコンパクトにまとめ、高い運動性と上昇力を誇った。ロータリーエンジンは、エンジンの回転によって機体をねじるようなモーメントが生じる。この回転モーメントを利用して、鋭いロールを決めるのも得意だった。しかし最大速度は時速160km程度と、英ソッピーストライプレーンの時速185kmより一割以上も遅い。また主翼の強度不足は最後まで付きまとい、急降下に入ると上翼が突如剥がれてしまうこともあった。

三枚の主翼の重なりとコクピット位置の関係で、視界もひどく悪かった。離着陸時、機首を上げると主翼が壁のように立ちはだかり、前がまったく見えなかったと言う。ソッピーストライプレーンでは、コクピットに近い中翼を大きく切り欠くなど配慮されていた。トライプレーンは三枚主翼の重なりの、斜めのズレが大きく、翼と翼の間も広かった。また三枚の主翼には上反角がつけられ、ロール後の収まりもよかったという。

乗り手を選ぶところもあるDr.Iだったが、兄マンフレート、弟ロタールのリヒトホーフェン兄弟などエースの愛機ともなり、マンフレート・フォン・リヒトホーフェン大尉の機体は派手なカラーリングで「赤い男爵（レッド・バロン）」と呼ばれ、Dr.Iは伝説の名機の観を呈した。

しかしリヒトホーフェン（兄）がこ

| フォッカーDr.I | | | |
|---|---|---|---|
| 全長 | 5.77m | 全幅 | 7.18m |
| 全高 | 2.98m | 主翼面積 | 18.7㎡ |
| 自重 | 406kg | 全備重量 | 585kg |
| 最大速度 | 165km/h | 上昇力 | 2,000mまで3分45秒 |
| 実用上昇限度 | 6,000m | 飛行時間 | 約1.5時間 |
| エンジン | オーバーウルゼル Ur.II空冷星型9気筒回転式（110馬力） | | |
| 武装 | 7.92mm機関銃×2 | 乗員 | 1名 |

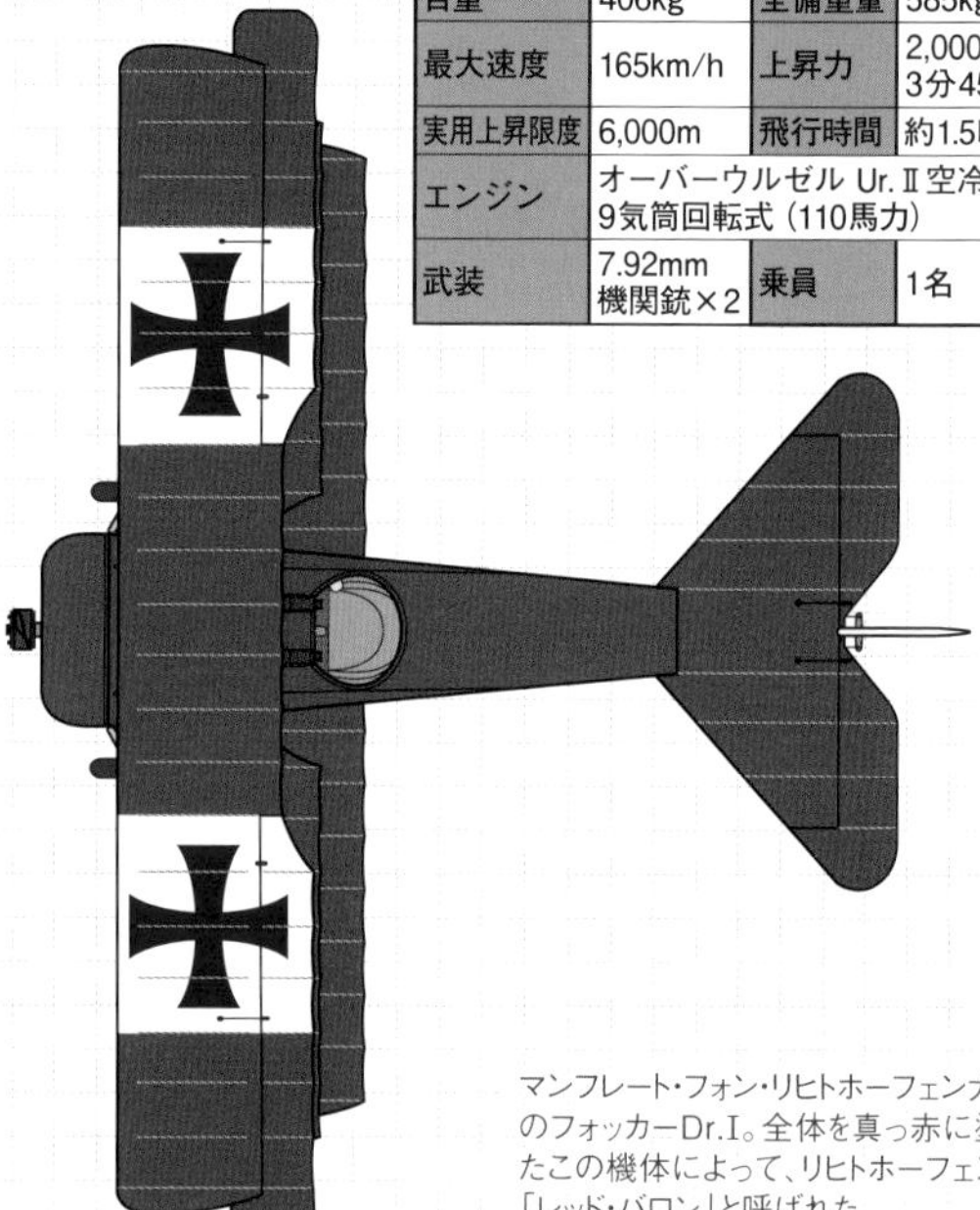

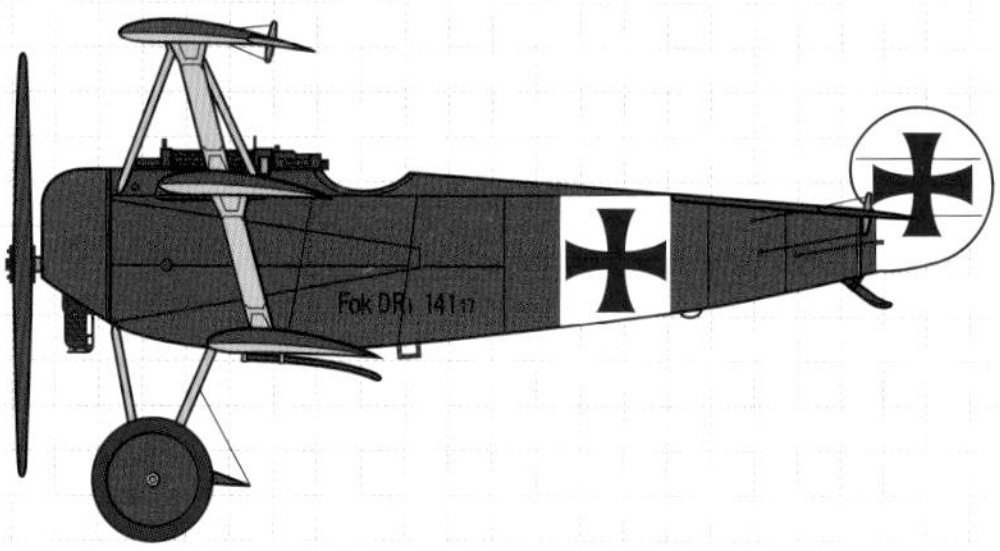


マンフレート・フォン・リヒトホーフェン大尉のフォッカーDr.I。全体を真っ赤に塗ったこの機体によって、リヒトホーフェンは「レッド・バロン」と呼ばれた

80機を撃墜したWWI最高のエース、マンフレート・フォン・リヒトホーフェン大尉（男爵）。卓越した技量、高邁な人格を併せ持つ、騎士道を具現化したような男で、彼が率いた第1戦闘航空団第11戦闘飛行隊は「リヒトホーフェン・サーカス」の愛称で呼ばれた。1918年4月21日に、乗機のフォッカーDr.I 425/17が英の戦闘機、あるいは対空火器に撃墜され、戦死した

強力なジーメンスハルスケSh.Ⅲエンジンを搭載、プロペラも4翅となったV.7

下翼の取り付け位置が後ろに下がったV.6

三葉に加えて複葉を加えた珍機、V.8。見た目通り性能は振るわなかった

のDr.Ⅰで戦死した1918年春ごろ以降、ソッピース キャメルやスパッドS.XIIIなどの連合軍機に性能的に押されはじめる。その後は後継のフォッカーD.Ⅶに道を譲り、WWⅠ終結時には訓練機として運用されていた。総生産数は320機。オーストリア・ハンガリー軍に供給された機体は、現地製の145馬力シュタイアーエンジンを搭載した。

エンジンを水冷のメルセデスD.Ⅱ（120馬力）とした試作機のV.6は、下翼の取りつけ位置が変更されるなど改修箇所も多い。

ジーメンスハルスケSh.Ⅲ（160馬力）に換装したV.7、ノーム・ローン18Eエンジン（160馬力）としたV.7Ⅱ、170馬力のゲーベルGoe.Ⅲに換装したV.7Ⅲも試作された。

V.8はV.6の胴体を延長するなどして、機首最前部に三葉の主翼を、コクピット付近の胴体部にも複葉を持つ、五葉機とも言うべき機体だった。性能不良で試作のみに終わるが、社主アンソニー・フォッカーの指示で作られたこのV.8を、設計者プラッツはひどく嫌っていたのだとか。

ちなみにDr.Ⅰの特徴的な円形の尾翼方向舵は、針金を丸めて作り、そこに布を張ったものだった。

FoKKer Dr.Ⅰ 空の多葉性
実は四葉機！？
①
②
③
④ 車輪の間にも小さな翼があります
シュパンダウ 7.92mm機関銃×2
機関銃の下に燃料タンクと弾薬箱
翼端ガード（脱着式）
座席の下から伸びる操縦索
まわるエンジン
エンジン自体も回転して冷却効果を高めています
←キャブレター吸気口
オーバーウルゼル Ur.Ⅱ
足掛け
取手
キャブレター吸気口
操縦索はここから機外に
赤い男爵ことリヒトホーフェン。名の由来となった赤色は彼の部隊識別色でした。その中でもとりわけ真っ赤なカラーリングをほどこしたのが彼だったのです。
フォッカー V.8
「三葉がイケるなら五翼だともっとスゴイんじゃ…」と、作ったV.8（もちろんダメ機…）
エンジンは液冷メルセデスD.Ⅲ
←作っちゃった人 Anthony Fokker
Manfred Albrecht Freiherr von Richthofen
若さゆえの…ってやつね！
？

航空機④

# ニューポール11／17

## 「フォッカーの懲罰」を終わらせた運動性に優れる軽量小型の戦闘機

フランス

### 「一葉半」の形態を採ったニューポール10

1915年夏の〝フォッカーの懲罰〟は英仏の航空隊に大きな打撃を与えた。運動性に難のあるプッシャー（推進）式レイアウト機や、専門の機関銃手を乗せた複座機、そしてプル（牽引）式レイアウトでも、操縦者とかけ離れた上翼の上に機関銃があるなど照準がルーズな戦闘機は、プロペラ同調装置を備えたフォッカー単葉機（E.Ⅰ、Ⅱ、Ⅲ）の好餌となっていた。そのフォッカー単葉機に最初に対抗し、性能的に上回り、戦局を好転させていったのが本稿のニューポール11戦闘機だ。

1902年、エデュアールとシャルルのニューポール兄弟によって設立されたニューポール有限会社は、もともと自動車の電装部品を製造するために作られた。ニューポール社のスパークプラグやアキュムレータ（蓄圧機）はシトロエンの自動車のエンジンなどに採用される。1907年のアンリ・ファルマンによる、当時のヨーロッパ記録を破る距離の飛行（771m）に成功した航空機にも、ニューポールの部品が使われていた。

1908年、エデュアールは会社を改組し、航空機開発・製造へと乗り出す。スポーツマンだったエデュアールは既存の航空機で操縦を習得し、エアレースへの出場を夢見ていた。09年、初のオリジナル機ニューポール1を開発。わずか20馬力のエンジン、最高時速70㎞の性能の単葉軽飛行機だったが、11年に生産されたニューポール2はエデュアール自身の操縦で当時の速度記録、時速119㎞を達成した。のちに時速133㎞まで記録を伸ばす。

しかし同年9月、エデュアールが事故死。フランス軍への機体納入時に強風でのデモ飛行を求められ、墜落したのだった。弟シャルルも13年にやはり航空機事故で死亡し、以降、ニューポール社は経営者や設計者が何度も変わるなど迷走する。

しかし1914年、ギュスターヴ・ドラージュが主任設計者となると、ゴードン・ベネット賞を目指したレース機、ニューポール10単葉機を設計・開発する。WWⅠの勃発でヴォワザンⅢなどのライセンス生産を命じられるが、ここでベネットは逆に、ニューポール10を改良し、下翼が極端に小さい一葉半＝セスキ翼の軍用機を作り上げ、軍へ売り込んだ。空冷9気筒星型ロータリーエンジン（100馬力）装備だった。

偵察機として提案されたニューポール10は、パイロットの前に銃手が位置する複座とされていた（ニューポール10AV）。この銃手は機首上面に立ったまま、上翼の上に据え付けられたルイス機関銃を自在に操作する。しかしこのレイアウトはすぐに改められ、パイロットの後ろに銃手が後ろを向いて座る形になった（10AR）。

### 宿敵フォッカーを倒せ！ニューポール11の登場

ときはフォッカー単葉機が猛威を振るっていた1916年。ドラージュはこれに対抗するため、ニューポール10を単座にし、上翼の上に固定装備された機関銃を射撃するよう改設計した。この仕様は効果的で、当時フランス軍航空隊のどの機体よりも、シンプルな構造かつその扱いやすさや運動性に優れていた。

この改良型はその性能を買われてイギリス、アメリカ、ロシア、ベルギー軍でも採用された。マッキ社のエンジンを装備してイタリアでも生産され、総生産数は1000機を超える。戦後はフィンランドや日本、タイ、ポルトガル、セルビア、ブラジル、ウルグアイでも輸入されるなどして使われた。しかしエンジンの出力が低いために上昇力が劣り、また最高速付近では機体の横滑りが起きるなどの欠点もあって、徐々に訓練機に転換していく。

ニューポール11は、10を小型化・洗練し、最初から戦闘機専用として設計されたものだ。80馬力のル・ローン9C空冷星型9気筒ロータリーエンジンは、ニューポール10の100馬力より出力は劣るがレスポンスに優れ、10に較べ全長で約1.5m、翼幅で50㎝近くコンパクトになった機体の運動性には遜色がない。1916年1月に最初の90機が前線へ投入されると、フォッカー単葉機から航空優勢を取り戻す大きな原動力となった。ワイヤーで主翼を撓《たわ》めて機動するフォッカーに較べ、ニューポール11（10も）は主翼端の一部が可動するエルロン（補助翼）を持つ。ロールなどの運動性の違いは明らかだった。プロペラ同調装置を持たないニューポール11は10同様、上翼の上に機関銃を備えていた。照準はルーズながら、運動性で圧倒した。

構造的な弱点といえば、小さな下翼が

ル・プリエールロケット弾8発を搭載したニューポール11。主翼上にはルイス機関銃を装備している。上翼の翼弦（翼の前縁と後縁の間の長さ）は1.2m、下翼の翼弦は0.7mという一葉半機だった

強い力がかかると歪み、ねじれて破損しやすいこと。上翼と下翼を繋げ、支える「V」字型支柱は空力に配慮するなどして細く、この弱点は、シリーズすべての機体に共通した。

前線で好評を博したニューポール11はフランス軍以外にも、イギリス、オランダ、ベルギー、ロシア、イタリアの各航空隊に供給、運用された。10同様、伊ではマッキ社のエンジンに換装されるなどしたライセンス生産分が646機を数えた。

## ヴェルダン上空でフォッカーを圧倒

1916年2月のヴェルダンの戦いで、部隊に充足したニューポール11はドイツ軍機を圧倒した。ドイツ軍航空隊と航空メーカーは急速に機体や戦術の転換を迫られることとなった。またV型支柱の外側にル・プリエールロケット各4発を装備した対観測気球、対飛行船タイプのニューポール11も配備され、戦果を上げた。

11のエンジンを110馬力のル・ローン9Jに換装した改良型もニューポール16として同年、開発されている。大きくなったエンジンの分、機首のカウリングが大きく切り欠かれていた。この16の後期から待望のプロペラ同調機関銃を装備することとなったが、重いエンジンと機関銃のためにバランスが変化し、操縦性を損ねる結果となってしまった。このため16は少量生産に留まる。

ドラージュはすぐにル・ローン9Jエンジンを最初から組み込んだ改良型を新規に設計した。もちろんプロペラ同調ヴィッカース機関銃を、機首に装備していた。これはニューポール17として同年3月、早くも生産が開始される。やはり多くの国で配備されたが、イギリス航空隊装備機では、それまでのフォスター銃架で上翼上に機関銃を装備したものが用いられた。のちに同調機関銃装備機も配備され、フォスター銃架を併用する重装備機も作られる。しかし重量過大から多くはなく、パイロットは1挺のみの軽い機体を好んだという。11同様のロケット弾装備機も少数生産されて運用された。

1917年になると、ニューポール17はドイツの新鋭機アルバトロスD.Ⅲなどに優位を奪われていった。そこでドラージュは17を改良したニューポール24を開発する。初飛行は17年初頭、夏には部隊配備された。エンジンは130馬力にパワーアップされたル・ローン9Cである。しかし新たに設計された尾翼などが不安定で、17の尾部に戻した24bisの生産へと移行する。24bisは性能的に向上したが、このころにはすでにSPAD.SⅦなど被弾に強い装甲を施した重戦闘機が主役になりつつあり、イギリスでも同様の頑丈なS.E.5aが登場していた。

ニューポール27はシリーズ最後のセスキ翼機となった。24で問題だった尾翼は改

1917年、アメリカ・ヴァージニア州のラングレー基地で撮影されたニューポール17。操縦席前には同調機関銃が見える

ニューポール17を元に三葉機版も試作されたが、制式採用はされなかった

**ニューポール11**

| | | | |
|---|---|---|---|
| 全幅 | 7.52m | 全長 | 5.50m |
| 全高 | 2.40m | 主翼面積 | 13.3㎡ |
| 自重 | 344kg | 全備重量 | 480kg |
| エンジン | ル・ローン9C空冷星型 9気筒ロータリー（80hp） | | |
| 最大速度 | 162km/h | 航続距離 | 250km |
| 上昇限度 | 5,000m | 固定武装 | 7.7mm機関銃×1 |
| 乗員 | 1名 | | |

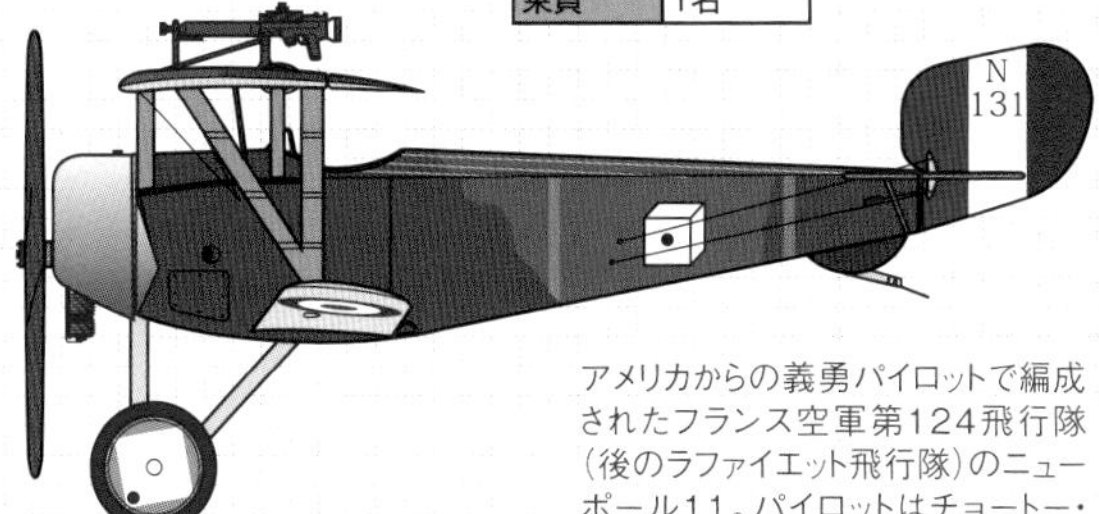


アメリカからの義勇パイロットで編成されたフランス空軍第124飛行隊（後のラファイエット飛行隊）のニューポール11。パイロットはチョートー・ジョンソン。1916年夏

良され、1917年末～18年初頭には、24bisに変わって配備された。

しかし脆弱な「V」型支柱やセスキ翼形式、被弾に弱い、といった10から続く欠点はそのままで、前線部隊はこの軽快な戦闘機をもはや求めておらず、やがて前線から引き上げられ、訓練機として使われた。イタリアでも例によってマッキ社で生産され、アメリカは120機のニューポール27を購入するが、練習機としての用途が主になっていた。

ニューポール27（一番手前）と24（手前から二機目以降）。尾翼の形状が異なるのが分かる

## ニューポールを駆ったアス(エース)たち

ドイツ戦闘機に対する明確な優位性を得たニューポール11は、数々のエースパイロットを生み出している。もっとも有名なジョルジュ・ギンヌメールの初戦果は単葉パラソル翼のモラーヌ・ソルニエLを駆ってのものだったが、1915年12月、ニューポール10に機種変更になったことからスコアを伸ばし始める。翌16年2月には5機を撃墜しエースに。このころからニューポール11に、さらに17に乗り換えていた。16年中には撃墜スコアは25機に伸び、新鋭のスパッドS.Ⅶ戦闘機が優先的に与えられた。最終的にギンヌメールは54機の撃墜数を記録するも、17年9月11日、空中戦で戦死。最後の乗機はスパッドS.Ⅻだった。スコアは戦死の時点で連合軍トップ。その後ルネ・フォンクに抜かれ、2位となっている。

43機の撃墜記録を持つシャルル・ナンジェッセもまた、1915年11月、ニューポール11で初めて、ドイツ軍のアルバトロス複座機を撃墜している。それまではヴォワザンⅢ爆撃機を操縦していた。ヴェルダンの戦いで10機を、ソンムの戦いでも5機を撃墜。ナンジャッセのニューポール17にはハートの外枠に囲まれた髑髏と骨、燭台と棺桶が描かれていた。何度も負傷しながらニューポール機で戦い抜いたナンジェッセは終戦後の1927年、大西洋無着陸横断を目指して行方不明となる。それはリンドバーグの成功のわずか2週間まえだった。

ニューポール11/17で多数の撃墜戦果を挙げたフランス第3のエース、シャルル・ナンジェッセ

ニューポール25に描かれていたナンジェッセのパーソナルマーク

航空機5

# スパッドS.Ⅶ／Ⅻ／ⅩⅢ

## WWⅠ重戦闘機の代名詞である大戦後半のフランス陸軍主力戦闘機

フランス

### 流麗なレース機を生み出したルイ・ベシュローによって設計

第一次世界大戦（WWⅠ）開戦当初からしばらく、戦闘機といえば「軽戦闘機」だった。そもそも100馬力にも満たないエンジンでは、可能な限り軽い機体で運動性を高めるほかない。パイロットも格闘戦を好んだ。45ページから紹介したドイツのフォッカーDr.Ⅰも、鋭いロールや高い上昇性を武器に戦う軽戦闘機だった。

ところがイギリスやフランスで200馬力級のエンジンが開発・生産されるようになると、この大馬力を用いた新しい設計思想、空戦ドクトリンが生まれてくる。高速、重武装を活かした一撃離脱戦法と、その担い手、「重戦闘機」だ。

スパッド社のSPADは、Societe Pour Aviation et ses Derivesの頭文字。訳すると、航空機及び関連製品会社となる。ところがこの社名、一度変更されていて、けど以前も略称はSPAD。ただし、Societe Provisoire des Appareils Deperdussin:ドペルデュサン航空機生産会社だった。

同社は1910年、ドペルデュサン・モノコック・レーサーを生み出す。創業者ドペルデュサンの名を冠した、ルイ・ベシュローの設計による本機は、その名のとおり、画期的なモノコック構造を持ち、機首部分から流れるような美しいラインのボディ、薄い主翼は単葉で、じつに先進的な機体だった。その機能美を実証するように数々のレースで優勝。また、時速200kmを超えた世界初の航空機としても記録されている。

ところがスパッド社、WWⅠの直前には経営難に陥って倒産。が、それを買い取り、再建したのがドーバー海峡横断飛行などで知られるルイ・ブレリオだった。こうしてドペルデュサンの名前のないほうのスパッド社として再出発し、やはりベシュローの設計によって完成した軍用機の傑作が、スパッドS.Ⅶ（SPAD S.Ⅶ）だったのだ。

### 頑丈な機体と強力なエンジンで高速一撃離脱戦法を確立

スパッドS.Ⅶで目を惹くのは、機首から尾翼にいたる胴体部分の、骨太だが滑らかな仕上がりとデザインだろう。複雑な3D曲面を持つカウリングはアルミ製の薄板で作られている。また、機首の形状から一見空冷エンジン機に見えるが、V型エンジンの前部にほぼ円形のラジエーターを配しているためで、のちの第二次世界大戦のフォッケウルフFw190D戦闘機や、ユンカースJu88爆撃機のエンジンの環状冷却器のようだ。S.Ⅶと同時期の、やはり200馬力級エンジンを積んだイギリスのS.E.5が、同じくV型エンジンの前にラジエーターを置いているが、同機の角形そのままの武骨な外観に対して、スパッドS.Ⅶはいかにも流麗で洗練されている。

逆に主翼は、片側4本もの垂直な支柱と張線で支えられているのが、フォッカーDr.Ⅰの、支柱は片側1本で張線のほとんどない主翼などと較べて少々古めかしい。しかしフォッカーDr.Ⅰが主翼強度の問題を最後まで抱えていたのに対し、コンサバ（保守的）な設計で安全性を確保している。急降下時にもビクともしなかった。

スパッドS.Ⅶの高速を実現したのが液冷V型8気筒イスパノ・スイザエンジンで、1916年4月の初飛行から最初の量産型で150馬力、次期生産型では180馬力の8Ac型に換装された。また若干主翼も増積されている。

ニューポールやアンリオなどの軽戦闘機に慣れたパイロットに、スパッドS.Ⅶは当初、扱いにくい機体と映った。速度と高速安定性には優れるものの、運動性は当然軽戦闘機には及ばない。

流麗な胴体と先進的な単葉を持つドペルデュサン・モノコック・レーサー。矢羽根形のシャープな尾翼はSPAD S.Ⅶ以降と共通している

イギリス王立陸軍航空隊のスパッドS.Ⅶ。優れた性能を誇るS.Ⅶはイギリス以外にもベルギー、イタリア、アメリカ、ロシアなどでも運用されている。また、フランス軍に志願し、日本人唯一のエースとなった滋野清武男爵大尉もS.Ⅶ「WAKATORI号」に搭乗していた

また低速時の安定性に欠け、とくに離着陸は難しかったようだ。複葉戦闘機ならおよそすべて、エンジンを切っても滑空できたのに対し、スパッドS.Ⅶは翼面荷重の高さから滑空能力が低く、ために高いエンジン回転数を保ったまま、かなりの高速で着陸しなくてはならなかった。また、下翼が上翼と同じ大きさで、下方視界が極端に悪かったのも着陸の障害となった。

オランダ軍に売却されたS.Ⅶ。液冷エンジン機だが円形の冷却器をエンジンの前に備えているため、空冷エンジン機のようにも見える

離陸時には、高出力エンジンのせいで強い回転トルクがかかり、操縦桿の微妙なコントロールを誤ると、滑走路上でふらつくどころか容易に反対を向いてしまうほど。ただし尾部が重いので、逆立ちすることはあまりなかったようだ。

けれどスパッドS.Ⅶの特性をつかんだパイロットが操るや、高速性を活かした一撃離脱戦法で大いに優位性を高めた。いったん急降下に入ったスパッドS.Ⅶには、どんな敵戦闘機も追いすがることができなかった。

## 37㎜砲装備のS.Ⅻ、全般を強化したⅩⅢも登場

スパッドS.Ⅶの高性能に目を付けたフランス陸軍航空隊のトップエース、ジョルジュ・ギンヌメール大尉の発案で、37㎜モーターカノン（弾数12発）を装備したⅫが開発される。ギンヌメールとベシュローは個人的に親しかったらしい。

モーターカノンとは液冷V型（倒立V型）エンジンのVバンク内に機関部、銃身を置き、プロペラ軸先端の砲口から弾を発射する機関銃／砲のことで、第二次大戦のメッサーシュミットBf１０９Ｆ／Ｇが有名だ。大口径弾をプロペラ圏内から発射すると同調が難しいうえ、事故時には大きな被害をもたらす。そのため、プロペラ軸内からの発射が考えられたのだ。また、エンジンも２２０馬力にパワーアップしたイスパノ・スイザ８Ｃｂを装備した。

Ⅻは１９１７年７月に初飛行し、約３００機（約１００機説もあり）が製造された。37㎜砲は強力だが、照準は難しく、反動は強く、ギンヌメールのようなエースパイロットでなければ使いこなすのは難しかったとみえる。37㎜砲の砲尾はパイロットの股下あたりにあって、一発ごとに手動で排莢、また砲弾を装填する必要があった。また発射後に垂直式の閉鎖器を

**スパッド S.Ⅶ (SPAD S.Ⅶ)**

| | | | |
|---|---|---|---|
| 全幅 | 6.08m | 全幅 | 7.82m |
| 全高 | 2.20m | 主翼面積 | 17.85㎡ |
| 自重 | 500kg | 全備重量 | 705kg |
| エンジン | イスパノ・スイザ8Ab/Ac 液冷V型8気筒（180馬力） | | |
| 最大速度 | 212km/h | 実用上昇限度 | 5,500m |
| 航続時間 | 約1.5時間 | 武装 | 7.7mm機関銃×1 |
| 乗員 | 1名 | | |

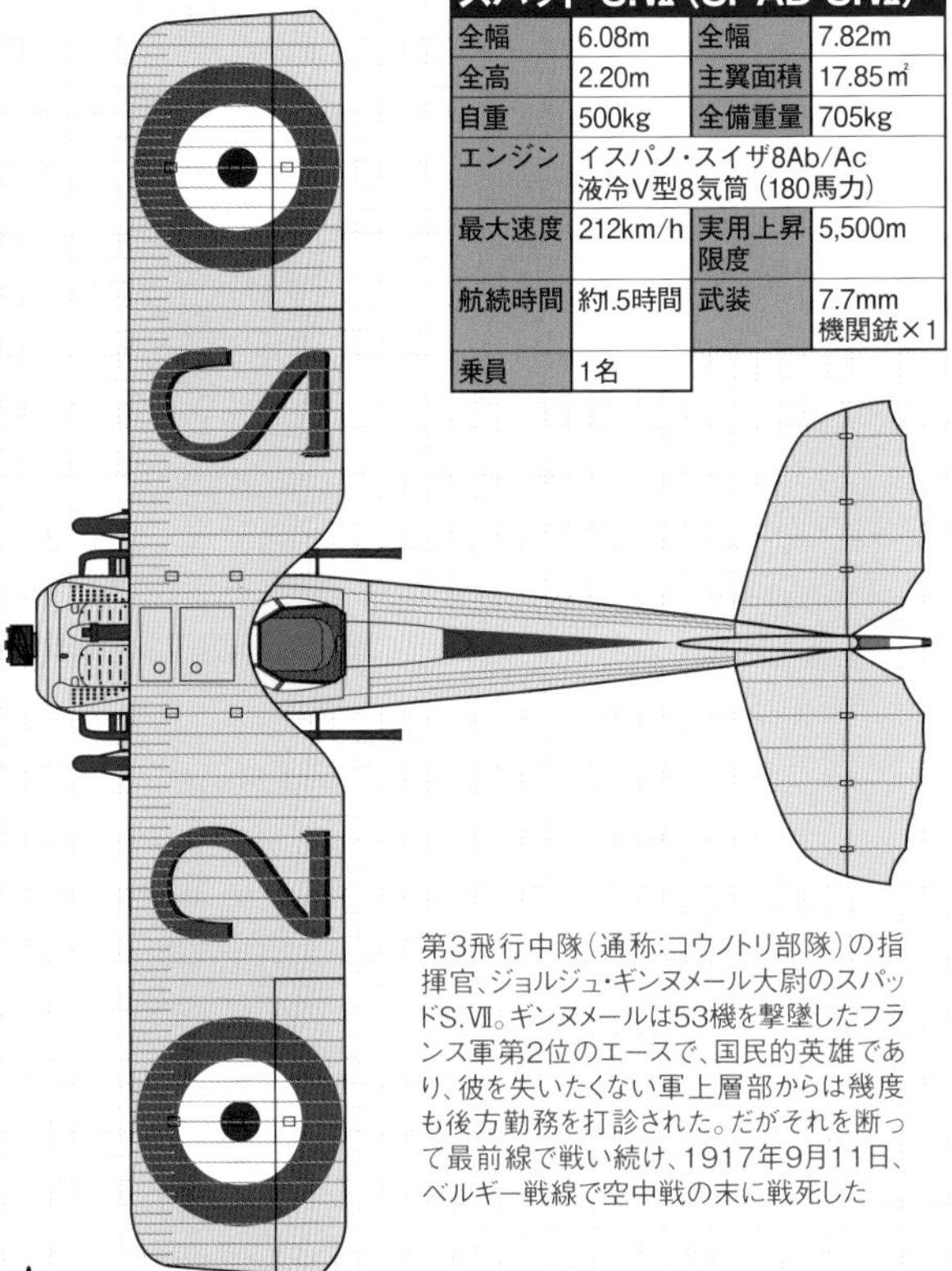



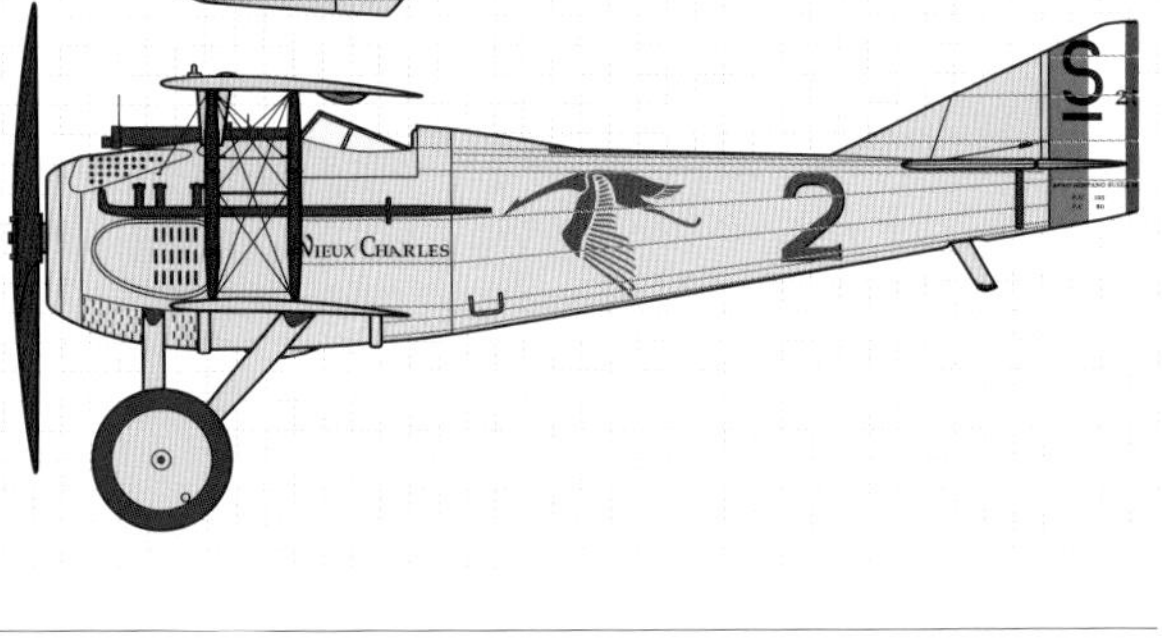



第3飛行中隊（通称:コウノトリ部隊）の指揮官、ジョルジュ・ギンヌメール大尉のスパッドS.Ⅶ。ギンヌメールは53機を撃墜したフランス軍第2位のエースで、国民的英雄であり、彼を失いたくない軍上層部からは幾度も後方勤務を打診された。だがそれを断って最前線で戦い続け、1917年9月11日、ベルギー戦線で空中戦の末に戦死した

SPADを愛機として敵機53機を撃墜したジョルジュ・ギンヌメール。気性が激しく正面攻撃を得意とする、情熱と大胆さに溢れた人物であったが、エルンスト・ウーデットとの一騎打ちでは、ウーデットの機関銃が故障したのを見て、敬礼して手を引いた（ギンヌメール機も故障していたとの説もある）というエピソードもある

開くと発射煙がコクピット内に流れ込むので、パイロットは機体を機動させるなどして煙を排除しなくてはならなかった。

このXIIから37㎜砲を省き、他にも手を加えたXIIIが生まれた。XIIIはVIIの正統な発展形で、機首の7・7㎜機関銃は1挺から2挺に増やされた。主翼もやや大きくなり、断面形状も変わって、低速域での飛行性能が改善されている。

スパッドS.VIIは約5600機が生産され、フランス以外でもイギリス、ベルギー、イタリア、ロシアや、アメリカの派遣飛行隊でも使用された。その高い性能から、敵のドイツやオーストリア＝ハンガリーも捕獲機を好んで使ったという。変わったところでは、複座タイプのXI型も少数作られた。全長だけでなく主翼も大きく伸ばされている。後部の乗組員は旋回機関銃を担当した。

スパッドS.XIIIに至っては、生産数8472機を誇る。先進的な設計の同機は戦後も長く各国で使われ、1930年近くまで訓練機、練習機などで現役を保った。日本でもWWI後に100機以上が輸入され、丙式十三型戦闘機、のちに丙式一型戦闘機と改称されて制式採用された。

37mm砲をプロペラ軸内に搭載したS.XII

26機（内5は気球）を撃墜したアメリカ軍のトップエース、エドワード・リッケンバッカー大尉とスパッドS.XIII。リッケンバッカーはS.XIIIで20機を撃墜した。S.VIIで1挺だった7.7mm機関銃はS.XIIIで2挺に増え、弱点だった火力の貧弱さも克服できた

航空機⑥

# RAF F.E.2b

## プロペラを胴体の後ろに取りつけた推進(プル)式戦闘機の代表的存在

イギリス

### プロペラが後ろにある推進式航空機の特徴

WWI初の「戦闘機」はヴィッカースF.B.5(F.B.は「Fighting Biplane」＝戦闘複葉機の意)だった。といってもこれは、原型機のF.B.1を改良発展させる際、設計段階から機関銃の装備を盛り込んだ程度の意味で、推進式配置のエンジンを組み込んだ胴体に、前から銃手、操縦手と配置し、銃手の前に7・7㎜ルイス機関銃1挺を搭載した。機関銃は自在に動く銃架に取り付けられていて、固定ではない。「ガン・バス」の愛称で、224機が生産される。

プロペラが機体の前にある牽引式配置の航空機に慣れた目には、推進式航空機は一見奇妙に映るが、このころの航空界では牽引式と推進式が相半ばしていた。航空機の始祖ライト・フライヤーIからして推進式配置だし、フランスのファルマン社など、単発機はすべて推進式だった。

推進式配置は機体の前方がクリアーなので機関銃の搭載が容易となる。牽引式だとプロペラが邪魔になるため、機関銃をプロペラ圏外の上翼の上などに固定するほかなかった。これだと正確な照準はほとんど不可能だ。なおフランスでは、モラーヌ・ソルニエLやNなど、牽引式単座戦闘機の機首に機関銃を取り付け、プロペラに銃弾が当たっても跳ね返すデフレクターを取り付ける、という力技で対応していた。

### 「フォッカーの懲罰」により開発された推進式戦闘機の雄

1915年7月、事態は一変する。ドイツ航空隊の新型機、フォッカーE.Iが配備されたのだ。E.Iは世界初のプロペラ同調装置を備えた牽引式単座戦闘機。操縦者の視線の先に機関銃を固定装備し、プロペラの間から銃弾が飛び出す。照準が極めて容易。軽快な単座戦闘機は、機関銃を振り回すのではなく機体そのものを機動させて照準するのが空中戦自体を有利にする、というセオリーが確立された。

フォッカーE.I～IIIの猛威は、連合軍に「フォッカーの懲罰」と言わせるほどの損害を与えた。危機感を強めたイギリス航空隊は新型機の投入を待望する。しかし連合軍は同調装置の実用化に遅れ、有効な牽引式戦闘機の早期投入は無理。これまでの推進式戦闘機で場をしのぐしかない。

そこで開発されたのが今回の主役、RAF F.E.2b(※)だった。のちにデ・ハヴィランド社を創設するジェフリー・デ・ハヴィランドの設計となる。ヴィッカースF.B.5より小型軽量で高速だが、銃手(偵察員)と操縦手の複座で、機関銃は銃手が動かして照準する、いわば古典的レイアウト。操縦手も扱うことのできる銃手後方のふたつ目の機関銃は、本来後上方を撃つためのものだが、実際に銃手が構えて狙おうとすると、シートから立ち上がって後ろ向きに身を乗り出さなくてはならなかった。シートベルトや、身を繋ぎとめる安全索などはなく、つねに機体から墜落する危険にさらされていた。

側面から見たF.E.2複座戦闘機。プロペラが推進式に胴体の後ろについており、垂直尾翼は水平尾翼の下にあるなど独特の形態が印象的だ

最初に作られた原型機は1911年8月に試験飛行に成功していたが、搭載したノームエンジンが50馬力と非力なため全体的に低性能で、70馬力のエンジンに換装される。1913年にはさらに70馬力のルノーエンジンを搭載したタイプが作られた。

1914年には機体設計を一新。120馬力のグリーンエンジンを与えられ、12機が生産されたが、のちに120馬力のビアドモアエンジン、さらに160馬力の同エンジンに換装される。これらのエンジンはいずれも6気筒の列型エンジンだ。

性能向上を果たしたこのタイプはF.E.2bの名称が与えられ、G&Jウィアー、ボールトンポールなど複数の会社で合計1939機もが生産された。2bは235kgの爆弾を搭載することも可能な、戦闘爆撃機でもあった。やはり推進式のエアコDH.2とともに、「フォッカーの懲罰」

機首の銃手(偵察員)が、後部機関銃を後上方に向けて撃つポーズをとっている写真。命綱やベルトなどはないため落下の危険が大きく、銃手は命がけであった

(※)…RAFはRoyal Aircraft Factoryは王立航空機工場の意。F.E.は「Farman Experimental」の略で、「ファルマン式実験機」の意。推進式航空機を多く製作していたファルマン社に由来する。

に対抗し、数で押し返した。ドイツ航空隊のエースで、インメルマンターンを考案したことで有名なマックス・インメルマンの機を撃墜し、マンフレート・フォン・リヒトホーフェンを負傷させたのも本機と言われている。
　F.E.2bは自軍の牽引式プロペラ同調装置付き機体が開発されるまでの中継ぎとして貴重な時間を稼いだ。エアコDH.2もまたデ・ハヴィランドの設計で、こっちは単座であり、より軽快だった。

1916年5月16日、ドイツ軍の戦闘機に攻撃され強制着陸させられたF.E.2b“Zanzibar No.1号”。胴体のディテールが良く分かる

## F.E.2の後も推進式機を長く開発したイギリス空軍

　改良型2cでは2bまでの、前に銃手、後ろに操縦手というレイアウトが入れ替わって配置された。機体の鼻先には7・7㎜機関銃が装備され、操縦手が遠隔操作する構造だったが、2bに比べて目立った性能向上がなかったため、量産は見送られた。製作された2機はサーチライトを装備して、夜間戦闘機として部隊に配置されたという。

　生産モデルとしての最終型2dは、排気量20・32リットルの、60度V型12気筒、250馬力のロールスロイス・イーグル液冷エンジンに換装したタイプ。速度も向上し、操縦手が操作する機関銃が追加され、386機が作られた。銃手、操縦手の配置は2bタイプに戻っている。

　2hはシドレー・プーマエンジンに換装したタイプだ。このエンジンは6気筒列型で、排気量18・832リットル、230馬力を発揮した。1918年2月に3機が試作され、テストされたが性能向上は見込めなかった。6ポンドのデイビス無反動砲（口径57㎜）が装備され、地上射撃のため下方に発射できるよう据え付けられていた。

　プロペラ同調装置を装備した牽引式のブリストルF.2戦闘機が1916年9月に配備されると、F.E.2bは旧式となって、一部は夜間戦闘機に改造された。以降イギリス航空隊は、ソッピースキャメルやRAF S.E.5など、牽引式の傑作機を多数配備していく。しかしRAFは推進式航空機もまだ、長く開発し続ける。
　F.E.3は1913年に試作されたタイプで、機首にまるでジェット戦闘機のような冷却用空気取り入れ口を持ち、直後にエンジンを配置。シャフトを通じて機体後部の推進式プロペラを回した。さらに特徴的なのは、機体後部のテイルブームで、プロペラ軸から伸びる長いパイプ状のパーツの後端に垂直、水平尾翼が設けられていた。
　F.E.4はRAF5aないしロールスロイス・イーグルエンジンを2機搭載した大型攻撃機。推進式に配置された2基のプロペラを回す。搭乗員はさらに砲手を加えて3人になり、37㎜COW自動砲が追加された。1915年に試作のみで終わる。
　F.E.5はF.E.4の改造型で、2基の140馬力エンジンを機首に搭載し牽引式プロペラを、1基を下翼中央に搭載して推進式プロペラを動かす3発爆撃機だった。1916～17年に風洞実験に供されたらしいが、実機は作られなかった。
　F.E.6はF.E.3の発展型。デイビス6ポンド無反動砲かCOW砲を搭載予定だったが、試験飛行で着陸に失敗し破壊され、修理されなかった。
　F.E.7は同体内にロールスロイス・イーグルエンジン2基を搭載した双発機。ギアとシャフトで2基の推進式プロペラ

**RAF F.E.2b**

| | | | |
|---|---|---|---|
| 全幅 | 14.55m | 全長 | 9.83m |
| 全高 | 3.85m | 主翼面積 | 45.9㎡ |
| 自重 | 935kg | 全備重量 | 1,380kg |
| エンジン | ビアドモア液冷6気筒列型（160hp） | | |
| 最大速度 | 147km/h | 上昇力 | 3,048mまで 39分44秒 |
| 実用上昇限度 | 3,353m | 飛行時間 | 3時間 |
| 武装 | 7.7mm機関銃×2、爆弾235kg | | |
| 乗員 | 2名 | | |

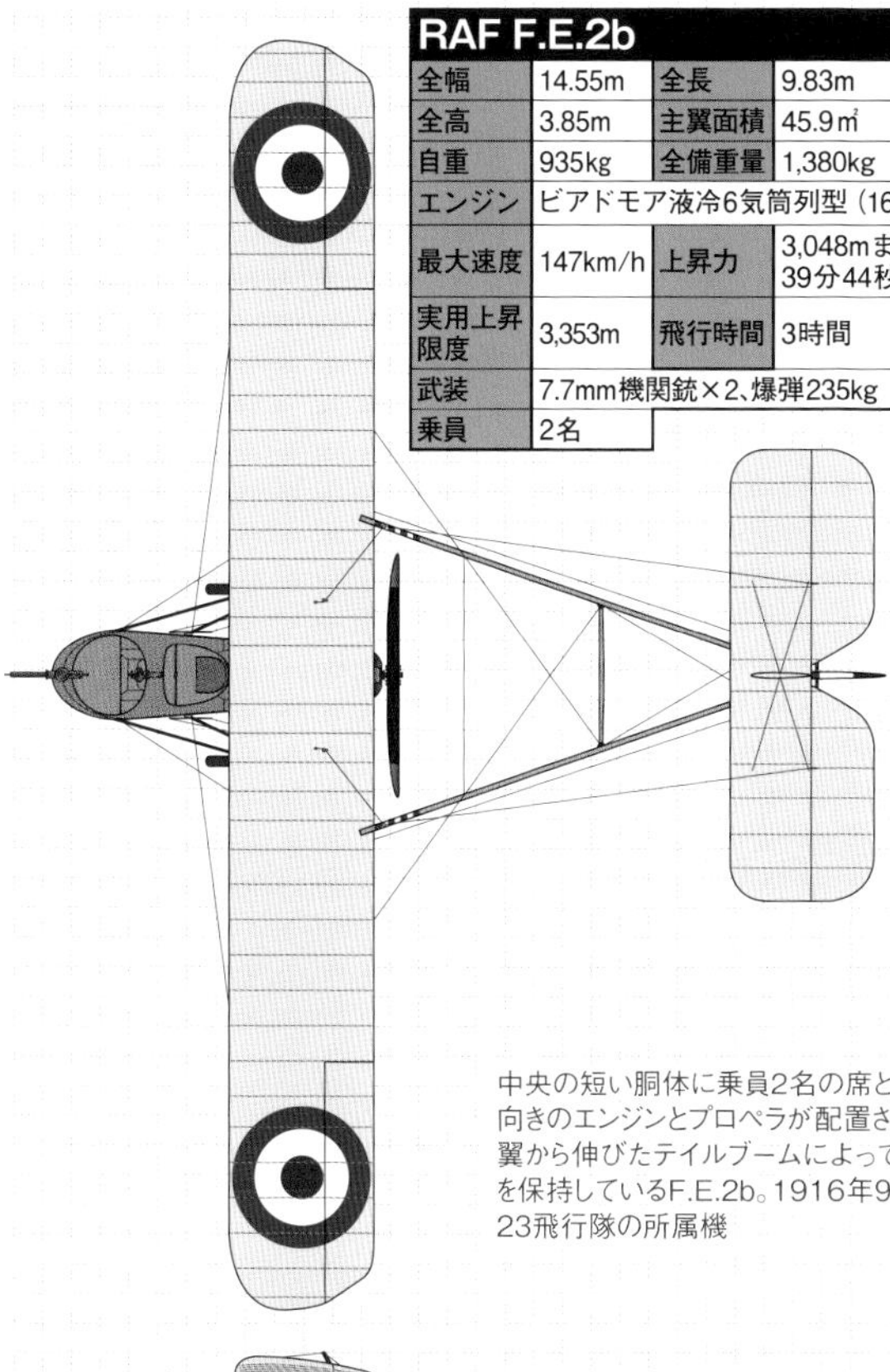
中央の短い胴体に乗員2名の席と、後ろ向きのエンジンとプロペラが配置され、主翼から伸びたテイルブームによって尾翼を保持しているF.E.2b。1916年9月、第23飛行隊の所属機

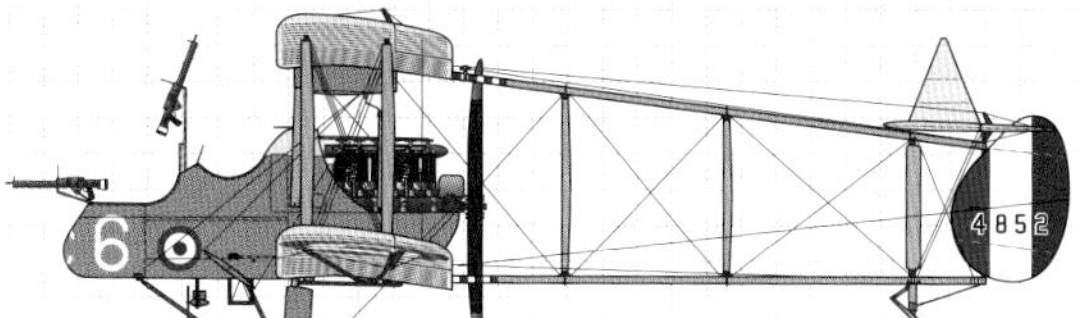

を動かす設計だった。2挺のルイス機関銃と1基のCOW砲を搭載予定だったが、計画のみで放棄された。

F.E.8は単座戦闘機。F.E.2を小型にしたような堅実な設計で、エアコDH.2にもよく似ている。110馬力のノームローン9気筒回転エンジンを装備し、最高速度は時速151kmに達した。ルイス機関銃1挺を固定装備している。1916年8月から295機が生産された。

F.E.9はまたふたり乗りとなり、イスパノ・スイザV型8気筒エンジンを装備した。思ったほど性能向上が見られず、3機が試作されて終わる。

F.E.10も同じく150馬力のイスパノ・スイザV型8気筒エンジンを装備。

F.E.12はNE1とも呼ばれ、イスパノ・スイザV型8気筒200馬力エンジンで時速153kmを記録した。ふたり乗りで1917年9月までに6機が試作される。機首にサーチライトが装備され、夜間戦闘機として期待されたが、思ったほどの性能は出ず、量産はされていない。40mm砲を装備予定だった。

他にも1917年配備のヴィッカースヴァンパイアや、ペンバートン・ビリングPB25など、イギリスは推進式機を大戦末期までも作り続けた。ドイツでは基本的に推進式の量産機はなかったし、フランスでも牽引式戦闘機の本格化とともに姿を消している。イギリスは最後まで推進式の可能性を信じたのだろうか。そんなところも英国式なのかもしれない。

機首にジェット戦闘機のような空気取り入れ口が空いたF.E.3

プロペラを推進式に2基搭載したF.E.4双発爆撃機

F.E.2を小型化したようなF.E.8単座戦闘機。尾翼部分がF.E.2より洗練されている

●英国の様々な推進式機
F.E.4
双発エンジンの地上攻撃型。
2挺のルイス機関銃と37mm
自動砲を搭載し、地上の敵を
一掃する・・・はずだったが
量産にはいたらず。
F.E.8
単発・単座の戦闘機。
護衛任務などをおこなった。
機首の機関銃は固定された。
F.E.3
機首にジェット戦闘機の
ような大きな空気取入口
を設け、エンジンの冷却
効率をあげようとした。
すごーい！
飛ぶのか？
大砲をのっけて
みました～
40mm砲搭載型も計画だけはあった。
●恐怖の脱出
推進式は脱出時にプロペラが大変危険な
存在となる。
F.E.2
Farman
Experimental
F.B.5
Fighter
Biplane
尾橇
ビアドモア
直列型6気筒エンジン
ラジエーター
7.7mm
ルイス機関銃
操縦手
銃手
予備燃料タンク
<牽引式>
<推進式>
推進式はプロペラ効率がよく、機関銃弾の邪魔に
ならないので同調装置も不要。しかし、エンジン
の冷却には難があった。また、機首から墜落した
場合はエンジンに押しつぶされる危険も…
冷却用
空気取入口
ラジエーターが
操縦手席の背もたれ
の奥にあるので機体の
両側に空気取入口が設け
られている。
●頭上の敵機
後方の敵機に対応するために前後
2挺の機関銃を装備している。
身を乗り出して射撃を行う銃手に
安全ベルトはない。
まさに2挺拳銃ねっ！
F.E.2b
英国流背水の陣！

# 航空機⑦ RAF S.E.5a

## 大戦後半のイギリスの主力戦闘機として大きな戦果を挙げた無骨な高速戦闘機

イギリス

### S.E.1からS.E.4までの苦難

S.E.5aを開発したRAF＝ロイヤル・エアクラフト・ファクトリー（王立航空工廠）の前身は、もともと1904年ごろ、陸軍気球学校の一部、陸軍気球工場として設置された飛行船・気球の研究機関だった。1912年、RAFに改組され、のちにデ・ハヴィランド社を設立するジェフリー・デ・ハヴィランドをチーフデザイナー・エンジニアとして迎える。

RAFとしての最初の開発機S.E.1は、1910年、墜落したブレリオⅫの残骸を「再建」したものだった。S.E.は、Santos（アルベルト・サントス・デュモン＝飛行船を多く開発したブラジルの設計者）、Experimental（試作）の略。航空機の研究が目的のRAFには当時、まるまる新規の開発は許可されていなかった。抜け道的に作られたS.E.1は、もとのブレリオⅫとは正反対のプッシャー（推進）式複葉単座機で、明白な流用パーツはそのENVエンジンだけ。デ・ハヴィランド自身による何度かの飛行ののち、経験の浅いパイロットが操縦し墜落した。

このような経緯からか、ようやく新規開発が正式に許可されたRAFでデ・ハヴィランドは、ライトフライヤーⅠに車輪を付けたようなF.E.2や、3500機が生産された単発複葉複座の多目的機B.E.2などを設計し、1913年、S.E.2を生み出す。このころにはS.E.のSはScout（偵察）の頭文字に変わっていた。オーソドックスなトラクター（牽引）式エンジン・プロペラ配置の単発複葉単座のS.E.2は時速150km近くを出す高速機として歓迎され、1914年2月、部隊に送られて3カ月ほどテストされたのち、損傷で失われた。

デ・ハヴィランドが去ったのち、主任設計技師となったヘンリー・P・フォランドがS.E.2をさらに高速にしたS.E.3の設計を開始するも、速度記録の挑戦機S.E.4に集約されて放棄。時速214kmを出したS.E.4は1914年の最速機と記録されたが墜落事故で破壊された。S.E.4aは、名前だけ似たまったくの別機で、操縦性などの実験を兼ねて開発されたが、出力不足で4機の製作に留まった。

### 安定性に優れた高速戦闘機 F.E.5の登場

すでにWWⅠが中期に差し掛かった1916年、それまでの経験や知見をもとに開発されたS.E.5が11月22日、初飛行に成功した。フォランドとJ・ケンワーシーによる機体は、大出力を発揮するスペインのイスパノ・スイザ（HS）8エンジンを使用することで高速を狙った設計だった。150馬力のHS8Aaは排気量11・76リットルの90度V型8気筒。アルミのシリンダーブロックを用いたエンジンの総重量は185kgと、同出力の星形ロータリーエンジンより約40％も軽量だったが、初期には信頼性不足に悩まされた。

初飛行から約2カ月後の1917年1月28日には、設計にも大きくかかわっていたテストパイロットのフランク・グッデン少佐が墜落死する。原因は脆弱な翼構造で、試作3号機では補強が施された。これによってS.E.5の機体強度は高まり、高速度での急降下に不安がなくなった。

1917年春は、初のプロペラ同調機関銃を備えたドイツのフォッカーE.Ⅰシリーズの猛威がまだ続いていた。ソッピース キャメルにやや遅れて航空部隊に配備され始めたS.E.5だったが、RAF機の特徴ともいえる機体の堅牢さに加えて、上反角のついた四角い主翼は安定性も抜群。低速での横方向の操縦性にも優れていた。そのうえ最高時速222kmはイギリス機ではもちろん、WWⅠ中の航空機中でもトップクラスの快速で、フランスのSPAD S.ⅩⅢにも退けは取らなかった。

V8エンジンの直後に燃料タンクを置くというレイアウトのため、S.E.5の機首は異様に長く、星形エンジンがパイロットの直前に位置するソッピース キャメルの極端に短い機首と対照的だった。そのせいもあって、ロータリーエンジンの強い回転トルクを活かした切り裂くようなロールと敏捷性が売りのキャメルに対し、激しい機動の空中戦には向いていなかった。

しかしキャメルが勲章か棺桶か、というようなじゃじゃ馬だとすれば、S.E.5

列線に並んだイギリス第32飛行隊のS.E.5a。防諜のため機体番号は消されているが、長い機首や、主翼上のルイス機関銃などの形がよく分かる

右斜め前方から見たS.E.5a。角ばった機首が印象的だ

S.E.5aのコクピット。機首が長いためコクピットの脚下のスペースが広かった

は初心者パイロットでもはるかに安全で、得意の高速ダイブではドイツ機を振り切るのも容易。最初の生産タイプでは、のちの戦闘機の密閉型コクピットを思わせる大型のガラスキャノピー（の前半分）が取り付けられていたが、視界を遮られるのを嫌ったパイロットから「温室のようだ」と不評で、すぐに小さなガラス板だけに変えられた。

キャメルが2挺を装備するヴィッカース7・7㎜（プロペラ同調）機関銃はS.E.5では1挺で、パイロットから見て左側の機首上部に装備されている。長すぎる機首のせいで、先端部のラジエーターとコクピットの中間くらいに銃口が位置しているのも特徴だ。武装はほかに、上翼中央上にルイス7・7㎜機関銃が1挺、フォスター銃架に取り付けられていた。曲線レールのこの銃架のおかげで、飛行中でもパイロットはルイス機関銃を手元に引き寄せて、97発入りパンマガジン（皿型弾倉）を交換できたほか、機関銃の角度によっては斜め上方向などを撃つこともできた。コクピット正面のコンソール上部には専用の凹みが設けられ、パンマガジンの予備をはめ込んでおけた。

S.E.5aのコクピットに収まるオーストラリア軍のジョン・ラザフォード・ゴードン大尉。ブリストルF.2複座戦闘機で15機を撃墜したが、S.E.5aでは戦果を挙げることはなかった

やはり長い機首のおかげでパイロットの足下は広く、その前部にはエンジン冷却のため気流を流す大きな穴が開けられていた。コクピットの左右には、V8エンジンの左右バンクから機体側面に沿って長い排気管が伸びる。

## 改良型 F.E.5aは多くのエースを生む名機に

S.E.5は、キャメルとともに「フォッカーの懲罰」「血の四月」を跳ね返し、イギリス航空隊の優位を取り戻していく。しかしやはりエンジンの不調や生産の遅れのためキャメルよりも配備数で劣っていた。そこで、エンジンを200馬力のイスパノ・スイザ8Bに換装し、最高速度をさらに向上させたのがS.E.5aだ。大馬力を活かすのに、従来の2枚プロペラに代わって4枚プロペラを装備する機体も作られた。HS8Bは、同8Ba、同8Bbと改良されたが減速ギアの問題は解決されないうえ、イスパノ・スイザエンジンの供給も戦時の増産に追いつかなかった。そこで、イギリスのウォルズリー社がライセンスを取得し、独自の改良を施したウォルズリー・バイパーの開発と生産が始まって、ようやくエンジン難は解消された。

上翼上のルイス機関銃をレール上をスライドさせて構えているS.E.5aのパイロット。コクピット直前にはヴィッカース固定機関銃が見える

S.E.5の77機に対して、S.E.5aの生産数は5265機に及ぶ。生産は多くの民間企業に託され、オースティン・モーターズ1650機、エア・ナビゲーション・アンド・エンジニアリング560機、カーティス1機、マーティンサイド258機、ヴィッカース2164機、（エンジン生産の）ウォルズリー・モーター社431機、そしてRAF自身が200機だった。アメリカのカーティス社がS.E.5aを1000機生産する計画が持ち上がったが、大戦終結に伴って、前述の1機に留まっている。アメリカ海外派遣軍に配備された38機のS.E.5aはオースティン社製造分だったが、武装は機首のヴィッカース機関銃1挺のみだった。

また、戦後になってアメリカのエバーハート社が契約し、購入したS.E.5aの部品から60機を生産したS.E.5eがある。エンジンはアメリカ製のライト・イスパノEに置き換えられ、複座の練習機となっていた。

S.E.5bは改良型で、プロペラに被せたスピナーから機首前部へ、なめらかな

機首のデザインを一新し、流線形となったS.E.5bだったが、目だった性能向上はなく、量産には至らなかった

ラインで空力改善を図った。エンジン直前に置かれた垂直の壁のようなラジエーターは小型化のうえ、機首前部下面に移され、可動の折り畳み式とされた。主翼も下翼が小型化され、全体的に空力が見直されたモデルだったが、最高速度などに大きな差はなく、開発が中止されて1機のみに留まった。

1917年3月、最初にS.E.5が配属されたのはイギリスRFC（Royal Flying Corps：王立航空隊。のちのRAF＝Royal Air Force：王立空軍）第56飛行隊だった。最初期モデルに付けられていた前述の「温室」キャノピーを小さなガラススクリーンに変えたのは、指揮官ブロムフィールド少佐の強い要望によるもの。S.E.5の平凡な機動性に失望したパイロットもいたが、すぐにその高速性や機体の強靭さに気づいた。

6月にS.E.5aが就役を始めると、その気づきは確信に変わる。21のイギリス航空隊、ふたつのアメリカ航空隊でS.E.5シリーズは使用され、多くのエースを生み出した。72機撃墜のビリー・ビショップ、同54機のアンドリュー・ビーチャン-プロクター、同60機のエドワード・コリンガム・マノック、同45～50機のジェームズ・マッカデン、同44機のアルバート・ボールなどがS.E.5シリーズを駆って戦った。

第84飛行隊のショルト・ダグラスはS.E.5aの快適な居住性や良好な視界、高いレベルの操縦性や安心して速度を上げられる機体強度を挙げたうえで「（速いだけでなく）ダイブでは非常にコントローラブルなズーム（上昇）が可能で、攻撃・防御にも役立つうえ、エンジンの信頼性も高い」とS.E.5aを絶賛した。

WWI後、イギリス軍から除籍されたS.E.5aの一部がオーストラリアやカナダ軍にわたり、1921年にはカナダから輸入されて日本でも使用・研究された。

アメリカのエバーハート社がS.E.5aを元に、複座の練習機に改造したS.E.5e。アメリカ製のライト・イスパノEエンジンを搭載した。50機が改造された

**RAF S.E.5a**

| | | | | | |
|---|---|---|---|---|---|
| 全長 | 6.38m | 全幅 | 8.12m | 全高 | 2.90m |
| 主翼面積 | 22.7㎡ | 自重 | 640kg | 全備重量 | 890kg |
| エンジン | イスパノスイザ液冷V8列型（200hp） | | | | |
| 最大速度 | 212km/h | 上昇限度 | 6,700m | | |
| 武装 | ヴィッカーズ7.7mm機関銃×1、ルイス7.7mm機関銃×1 | | | 乗員 | 1名 |

ヴィッカース
7.7mm機関銃
ルイス7.7mm機関銃
ラジエーター
イスパノ・スイザ
液冷V型8気筒
エンジン
燃料タンク
潤滑油タンク
排熱穴
弾倉
機首は長く
コクピットは
機体のほぼ
中心にある。
主翼は上反角がとってあり
安定性が高い。
ビリー・ビショップ乗機。
S.E.5aを愛機とした。
プロペラは後に
4翅となり、スピナー
も取り付けられた。
両翼下に25lb(11.34kg)
爆弾を4発搭載できる。
全備重量は878kgと重量級。
ソッピース・キャメルは660kg。
SPAD VIIは705kg。
頑丈な機体
機体が頑丈で
足が速く、高速
ダイブが得意だった。
しかし、格闘戦は
苦手。
ビリー・ビショップ
カナダ軍のNo.1エース。
元々騎兵隊隊員だったが、
パイロットに転身。
ビリー！
役者やのぅ
押忍！
Royal Aircraft Factory
S.E.5a
質実剛健の翼

航空機8

# ソッピース キャメル

## 運動性、高速力を兼ね備える WWIイギリスを代表する戦闘機

イギリス

### 鋭い運動性と高速力、危険な操縦性を併せ持つ名機

ドイツのフォッカーDr.Iと並んで、第一次世界大戦(以下WWI)でもっとも有名な戦闘機とも言えるのがこのソッピースキャメルだろう。世界的人気コミック『ピーナッツ』のキャラクター、スヌーピーが犬小屋に跨り、WWIの撃墜王を演じて空想しているときの愛機でもある。

キャメルを開発したソッピース航空会社は、当時まだ24歳のトーマス・ソッピースらによって1912年6月、ロンドン南西部のキングストン・アポン・テムズに設立された。

WWIが勃発するとソッピース社の軍用機開発・生産はいや増し、1916年2月、複葉単座の戦闘機ソッピース スカウトが完成する。スカウトは軽量軽快な運動性でイギリス陸海軍航空隊に好評をもって迎えられ、1770機もの大量生産機となった。パップ(子犬)の愛称で呼ばれ、そのまま定着した。初めて空母「フューリアス」に発着艦したのもパップだった。さらに三葉機のソッピース トライプレーンを経て、同じく1916年12月に初飛行したのが、ソッピース キャメルだ。

ストライプの塗装が施されたソッピース パップ(スカウト)。キャメルと比べるとスマートな胴体がよく分かる

軽戦闘機のパップの代替として開発されたキャメルは重戦闘機として構想されており、開発初期には「ビッグパップ」と呼ばれていた。エンジンはパップの80馬力に対して130馬力のクレジェ9B。機関銃も7・7㎜1挺から、機首に2挺が並ぶようになった。キャメルの名は、高空での凍結からこの2挺の機関銃を保護するためのフェアリング(覆い)がコブのように出っ張っていたことから呼ばれたもので、ソッピース社はこれを当初は禁じたものの、定着したため採用した。以降、ソッピース社の航空機には動物の名が与えられるようになる。

安定性には欠けたキャメルF.1だが運動性は高く、61機を撃墜した英海軍トップエースのレイモンド・コリショー少佐や、53機を撃墜したカナダ出身のウィリアム・バーカー少佐ら数多くのエースがキャメルを愛機としていた

キャメルはエンジン自体がプロペラと一緒に回転するロータリーエンジン式で、もっとも重い質量物が回転する構造は、機体に強いジャイロ効果をもたらした。パイロットから見て時計回りにプロペラが回転するキャメルは、エンジンもまた同方向に回転するため、機体につねに右回転の力がかかる。このため、右へのロールは切り裂くように鋭いものとなり、左へはエンジン回転に逆らうためどうしても鈍くなる。左へ90度ロールするより右へほぼ270度ロールしたほうが早い、と言われるほどだった。

キャメルの機体構造に取り立てて新味などはないが、エンジンのほか、2挺の機関銃、プロペラが機首に集中した、他の空冷エンジン戦闘機などと較べても異様に短い機首は、優れた運動性をもたらしている。が、ときにそれは安定性を欠くこととなった。パップの、速度はもうひとつだが軽快で素直な操縦性と較べ、キャメルは足が速いうえ、ともすれば真っすぐ飛ぶことも難しいという、気難しい機体となったのだ。

過敏な機体反応は、不意の機首上げ、機首下げを引き起こすことも多く、飛行事故が絶えなかった。とくに着陸時の事故が多く、いわく、キャメル乗りはヴィクトリアクロス=イギリス(連邦)最高勲章、レッドクロス=赤十字(病院)、ウドゥンクロス=墓標(死亡)、の三つのクロスを授けられる、とまで言われた。

アメリカ軍でも使用され、事故率の多さからパイロットキラーとも呼ばれた。ともすると欠陥機の特徴のような印象を受けるが、逆にこうした機体特性を好むパイロットには最高の武器となる。キャメルを悠々と乗りこなすベテランパイロットは、その性能と特性を最大限に活かしてスコアを重ねていった。事実、多くのエースを輩出し、キャメルが撃墜した敵機の総数は約3000機と、連合軍機中最高を誇る。撃墜王・リヒトホーフェンのフォッカーDr.Iも、アーサー・ロイ・ブラウン大尉のキャメルが撃墜した、とされている(異説あり)。

### 大戦後半に登場したキャメルの戦歴

1917年6月、キャメルは初めてフラ

ンスはダンケルクにあったイギリス海軍航空隊第4飛行隊に配備された。最初の戦闘と敵機の撃墜は7月4日だったという。その月の間に、やはり海軍の第3、第9飛行隊もキャメルを受領し、18年の2月までには、13の飛行隊がキャメルを装備するに至った。

イギリス本国に配備されたキャメルの役割は、襲来するドイツの爆撃機への迎撃だった。1917年7月、第44飛行隊は夜間戦闘用に改造されたキャメルを装備。翌18年8月までに7つの航空隊がこの夜間戦闘型キャメルで構成された。

夜戦型キャメルは1918年のドイツ爆撃機隊の夜間爆撃を何度も迎撃し、とくに5月20日夜の爆撃では夜戦型キャメルとS.E.5、74機が28機のゴータG.V爆撃機とツェッペリン シュターケンR.VIを迎え撃つ激しい戦いとなった。イギリス夜戦隊は3機を撃墜し、2機を対空砲火で撃墜。

飛行中のキャメルF.1。短い機首は、安定性の欠如と引き換えに高い運動性を生み出した

さらにエンジン故障などにも見舞われて、ドイツ爆撃機隊が被った損害は、それまでで最悪のものとなった。

西部戦線でも、第151航空団は夜間、ドイツ軍の飛行場上空へ侵入して攻撃を繰り返すなどし、ドイツ爆撃機の26機を撃墜・撃破した。

1918年半ばになると、速度や上昇力、高空性能などでドイツのフォッカーD.VIIなどに後《おく》れを取るようになったキャメルは、地上攻撃に活躍の場を移した。25ポンド(11kg)のクーパー爆弾を懸吊し、爆撃と超低空からの機銃掃射で戦果を挙げる。もともと地上攻撃機として構想されていたソッピース スナイプの開発が長引いたため、結局WWIの残り全期間をキャメルは最前線で戦い抜くこととなった。

WWIの終結後も、ロシア内戦への連合国の干渉軍としてキャメルは派遣され、ソ連赤軍の基地や地上部隊を攻撃する任にあたった。一部はロシア白軍(反革命軍閥)にも供与されたようだ。この戦いは1920年3月まで続いた。

## 様々な派生型や特殊タイプが登場

キャメルの量産型はF.1と名付けられていた。2挺のヴィッカース7.7mm機関銃は、ソッピース社オリジナルのプロペラ同調装置と結合されていたが、1917年11月以降には、イギリス戦争省軍需品発明武門の最高責任者コリー少佐の発案、開発による、さらに正確で整備も簡単な油圧式のコンテスタンティネスコ同調装置に換装された。

初の全通甲板空母である空母「アーガス」から発艦するキャメル2F.1。キャメルは史上初の実用空母艦上機としても知られる

愛機のキャメルF.1の前に立つ、オーストラリア航空隊の第4飛行隊の指揮官、ウィルフレッド・アシュトン・マクローリー少佐

2F.1は空母での運用のための艦上戦闘機型。翼幅がわずかに短く、もっとも強力な150馬力のベントレーBR1エンジンを装備していた。実際に空母「フューリアス」から発着艦し、ドイツ軍のトンデルン飛行船基地を空襲している。

ヴィッカース機関銃の1挺が外されて、上翼上にルイス機関銃1挺を装備。このルイス機関銃は仰角をつけることができ、焼夷弾を発射して飛行中の飛行船を攻撃するのに威力を発揮した。「comic」とあだ名されたキャメルの夜間戦闘タイプは、機首上のヴィッカース機関銃が完全に廃止されて、替わりに上翼上にルイス軽機関銃2挺が設置された。パイロットが飛行中に弾倉の再装填などができるようレールがつけられ、操縦席も後方に移動している。夜間の戦闘は昼間のような急激な機動や一瞬で勝敗が決するような大火力を求められることはない。その代わり、長時間の安定した飛行と根気強い射撃が必要となる。またパイロットの視線の先に置かれた機首上の機銃が撤去されたのは、発砲炎がパイロットの目を眩ませてしまうためだ。

comicとは文字通り「マンガ」「滑稽な」といった意味だが、イ

**ソッピース キャメルF.1**

| | | | | | |
|---|---|---|---|---|---|
| 全長 | 5.72m | 全幅 | 8.53m | 全高 | 2.59m |
| 主翼面積 | 21.46㎡ | 自重 | 420kg | 全備重量 | 659kg |
| エンジン | クレルジェ9B空冷星型9気筒回転式 (130hp) | | | | |
| 最大速度 | 182km/h | 航続距離 | 480km | 上昇限度 | 5,800m |
| 武装 | 7.7mm機関銃×2 | | | 乗員 | 1名 |

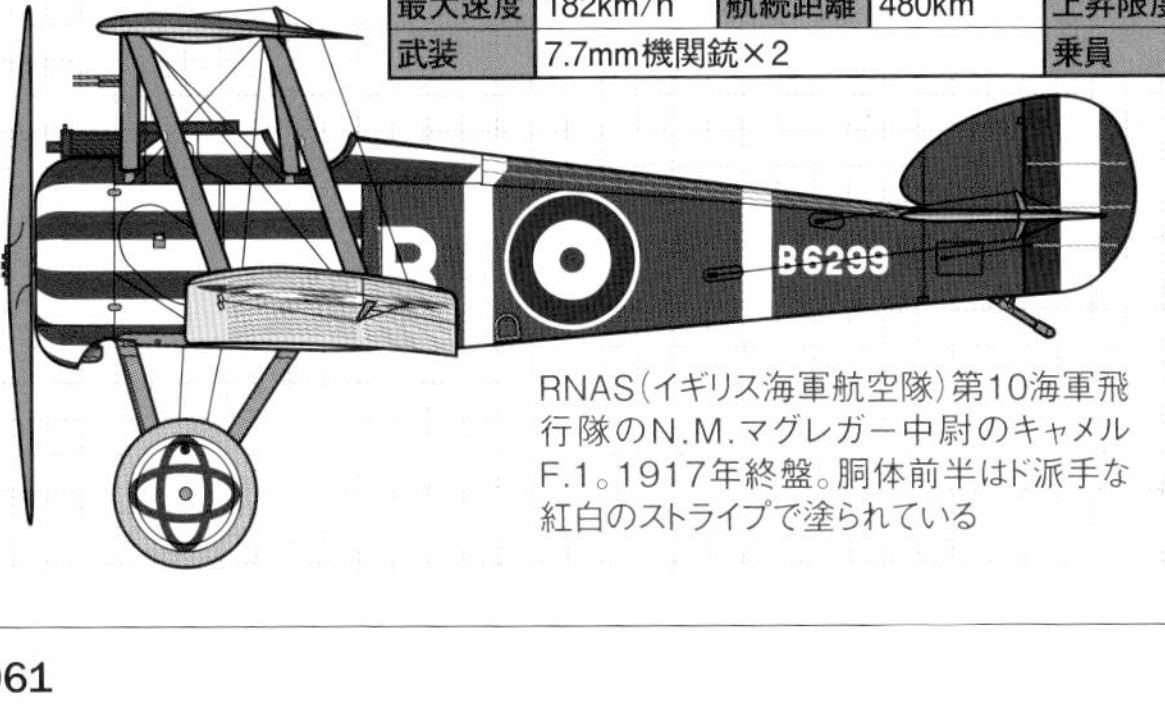

RNAS(イギリス海軍航空隊)第10海軍飛行隊のN.M.マグレガー中尉のキャメルF.1。1917年終盤。胴体前半はド派手な紅白のストライプで塗られている

ギリス航空隊では人気の言い方で、有名なレッドバロン(リヒトホーフェン)を、コミックバロンと一部で呼ぶなど、「派手な」とか「どうかしてる」「くだらない」「ヘンテコな」くらいの意味で使っていたようだ。

F.1/1は翼端にテーパーを付けたタイプ。

TF1は地上攻撃機というより塹壕掃射用の機体で、コクピットの床の前後に下向きに角度をつけた機関銃2挺を装備した。これはやはり地上攻撃機として開発されていたソッピースサラマンダーと同じ装備で、サラマンダーの開発遅れから、キャメルへの装備が検討されたもの。

練習機型は、通常のコクピットの後ろに教官用のシートを設けたもの。武装は取り外されていた。

約5490機が作られたキャメルだが、肝心のソッピース社が生産したのはその10分の1程度に過ぎない。他の開発機体でもそうで、おもにフェアリー、クレイトンなどの別会社に外注生産されていた。

ソッピース社は戦後、民間機製造などの事業が振るわず、バイク製造などを行ったが結局事業を清算することとなった。最終的に、同社テストパイロットだったハリー・ホーカーのHGホーカー社にその特許権や製造権は受け継がれる。

のちに傑作機ホーカー・ハリケーンなどを生み出すHGホーカー社は、ソッピース社立ち上げのメンバーであるホーカーとソッピース、それにシグリストがそのままトップとして手を携えた、第二のソッピース社と言うべき会社だった。

「comic」とあだ名された夜戦用のキャメル。上翼上に機関銃2挺を搭載した

ソッピース航空会社を設立したトーマス・オクターヴ・マードック・ソッピース。バイクレースやヨット、アイススケートなどで活躍していたトーマスは、熱気球に乗って開眼し、パイロットの資格を取得すると、長距離飛行の記録で賞金を得る。すでに自動車販売業を営んでいたトーマスだったが、この賞金でソッピース社を設立するに至った

キャメルTF.1の下向き斜め機関銃。TFはTrench Fighter:塹壕(掃射)戦闘機の意味

夜間戦闘機型
発砲炎に眩惑されないように主翼上に機関銃を配置。
操縦席がやや後方に。
フォスター銃架
海軍型の機関銃配置。
名手はその機敏な運動性を生かし活躍した。
連合軍機では最高の約3000機を撃墜。
回転するロータリーエンジンのトルクの影響もあり、安定性は悪く、操縦が難しい機体だった。
つんのめった姿の写真が多く残されている。
ヴィッカース7.7mm機関銃
燃料ポンプ
副燃料タンク
背の低い方向舵
キャメルのあだ名は機関銃フェアリングのコブに由来する。
機首は短くエンジンをはじめ機関銃や燃料タンクを機首に集中させた極端なレイアウト。
クレルジュ9Bエンジン 130馬力のエンジン自体が回転するロータリー・エンジン
主燃料タンク
吸気口
排莢口
哨戒滞空時間を延ばすために飛行船に搭載することも試みられた。
夢の空中空母!
艦上機
ソッピース パップと共に艦上機としても運用された。
HMS フューリアス
省スペースのために分割できる機体。
操縦しやすい ソッピース パップ
きみのラクダが ずきゅんどきゅん♡
Sopwith Camel

航空機⑨

# マッキM.5

## 戦闘、爆撃、偵察、船団護衛など多任務に従事したイタリアの戦闘飛行艇

イタリア

### マッキ社がオーストリアの飛行艇ローナーLを元にM.3を開発

飛行艇。水に降りられる飛行機が水上機なら、飛行艇は空も飛べる船だ。数え方も(ときによって)～隻、となる。現在の軍隊では哨戒や救助任務がメインで、荒事はせいぜい対潜戦闘くらいしか担当しない飛行艇だが、第一次世界大戦(WWI)では敵の航空機と正面切って戦っていた。それも、複座(以上)のガンシップタイプなどではない、単座の戦闘飛行艇である。

オーストリア＝ハンガリーのローナーL複葉飛行艇。偵察機として活躍した。全備重量1,700kg、最大速度105km/h、航続時間4時間、乗員2名

マッキM.5を開発したマッキ社は、イタリア北部のヴァレーゼでジョヴァンニとアゴスティーノのマッキ兄弟によって19世紀に設立された。馬車から始まり、20世紀にはオートバイや自動車を開発、生産している。最も成功したのは鉄道車輌関係で、軍からも多くの発注を得ていた。

スイスの航空会社アド・アストラ・エアロで運用されていたM.3飛行艇

伊土戦争のあとの1913年、車輌や航空機によるこれからの戦争を確信した当時の社主ジュリオ・マッキは、フランスの航空会社ニューポールとの合弁でニューポール・マッキを設立する。WWIが勃発すると、ニューポール11戦闘機をライセンス生産していたニューポール・マッキ社だったが、イタリア軍から、鹵獲したオーストリア＝ハンガリーのローナーL飛行艇を生産する命令を受ける。

ローナーLはローナーEの強化版で、単座の複葉飛行艇。細長くシャープな艇体の前部に操縦席を設け、その直後に複葉の主翼下翼を、その上にトラス状に組み上げた支柱で上翼を接合している。上翼は大きく、緩やかな後退角がつけられて、大きな「V」の字を描いていた。半面、下翼は直線的で小さく、複葉というより厳密には一葉半(セスキプラン)に近い。上下の主翼間、中央かなり高い位置にエンジンが、プロペラは後ろ向きの推進式に搭載される。下翼左右には小型のフロートが取り付けられていた。

水上を離発着する飛行艇ならではの特性を活かし、ローナーLは波の比較的穏やかなアドリア海で多様な任務に就いた。戦闘機としての任務も大きく、この種の機体を持たなかったイタリア海軍は同種の機体を望み、マッキ社によってほぼそっくりコピーされた機はマッキL.1と名付けられて140機が生産される。改良型のマッキL.2も生産された。L.1の1機には、潜水艦を砲撃するための40㎜砲が試験的に搭載されている。

さらに改良された機体マッキL.3は、のちにマッキM.3として軍の登録を受ける。コピー機も3代目ともなれば国内開発モデルナンバーというわけか。江戸っ子みたいなもんである。M.3は200機以上が生産され、多くの任務に成果をあげた。複座とした民間型も作られる。開発は継続され、M.4はエンジンを245馬力のフィアットA.12直列6気筒に換装したものの、量産は見送られた。

結果、M.3の正統な改良進化型となったM.5は、カルロ・プチオとルイージ・カラバザールの設計による機体で、1917年初飛行。イタリア戦闘飛行艇の決定版となった。

### 決定版マッキM.5と米海軍のハムマン中尉

M.5は爆撃、偵察、哨戒、船団護衛など、幅広い用途で用いられた。4発の小型爆弾を搭載することもでき、爆撃任務も行った。これまでのタイプと同じく、イソッタ・フラスキーニV.4B直列4気筒エンジンだった

高い格闘性能を持ち、オーストリア・ハンガリー軍の陸上戦闘機とも互角に戦えたM.5戦闘飛行艇

が、後期型では同じくイソッタ・フラスキーニのV.6に換装されてM.5modと呼ばれた。このエンジン、名称はV.6だがV型ではなく直列6気筒である。また、翼端フロートも再設計された。M.5は200機がマッキ社で、44機はソシエタ・アエロノーティカ・イタリアーナで、計244機が生産された。

　有名なマッキM.5のパイロットの一人に、米海軍のチャールズ・ハムマン少尉がいる。1918年8月、アメリカ海軍からイタリアに派遣されてM.5に搭乗していた彼は、オーストリア＝ハンガリー軍の航空機に撃墜された僚友のラドローを、クロアチアのアドリア海岸に発見。敵機が飛ぶ下、着水してラドローを救出した。ひとり乗りのM.5のこと、ラドローはエンジン支柱になんとかしがみつくほかなかった。

　離水したあともオーストリア＝ハンガリー機に執拗に追われて攻撃されたが、ハムマンはそれを振り切り、イタリアのポルトコルシーニ基地に無事帰還を果たした。ハムマンもだが、支柱にしがみついていたラドローもそうとう大変だったし恐怖だったろう。この英雄的行動により、ハムマンは名誉勲章を受勲している。ハムマンは戦後、戻ったアメリカで軍の勤務中に殉職したが、その名はアメリカ海軍の2隻の駆逐艦に受け継がれた。

　話は逸れるが、初代「ハムマン」(DD-412)は1942年のミッドウェー海戦で大破した空母「ヨークタウン」を救援していたところ、日本海軍の伊168潜水艦の雷撃によって「ヨークタウン」共々撃沈されたことで、日本の艦艇ファンにもなじみ深い。

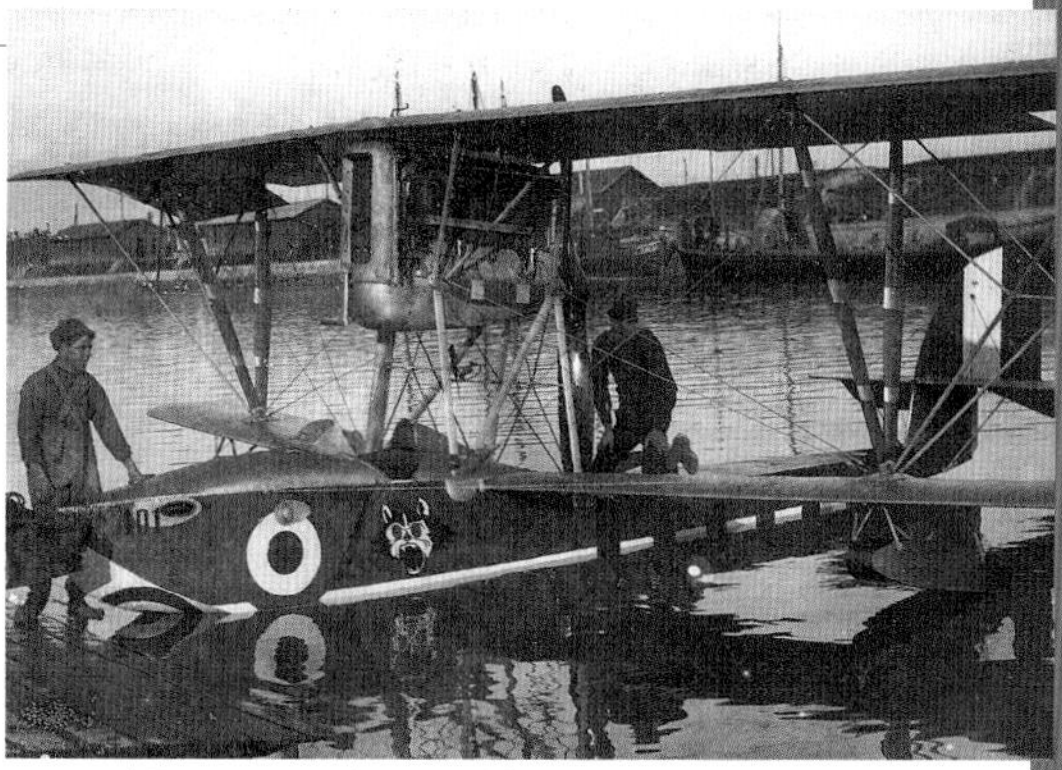
イタリア海軍のルイージ・ボローニャ少佐のM.5。M.5が登場する作品として有名なのは、ジブリ映画『紅の豚』だろう。主人公ポルコ・ロッソの親友、フェラーリン大尉の乗機として、また幻想的に無数の飛行艇が現れる場面で登場する

1918年、ヴェネツィアの水路を航行するM.5

戦後の1923年に登場したM.7bisの改良型M.7ter。主翼面積は23.50㎡、自重805kg、全備重量1,098kg、最大速度200km/h

## M.5以降も続いたマッキ飛行艇シリーズ

　続いて1917年にはM.6が作られた。M.5との違いは翼形状で、上翼の後退角がなくなり、ほとんど真っすぐな翼となった。また、支柱も変更されている。プロトタイプ1機が製作され、M.5と性能比較されたが、明確な性能向上がみられなかったため、それ以上の開発は行われず、製作も1機で終わった。

　M.6の開発中止によって後継となったM.7は、アレッサンドロ・トニーニの設計。艇体が変更され、イソッタ・フラスキーニV.6エンジンが標準装備となった。WWI中にイタリア軍に納入された機体は17機に過ぎず、大戦にはほぼ間に合わなかったが、その後、さらに高速型に改造・チューニングされたM.7bisが1921年の水上機レース、シュナイダー・トロフィーに出場し優勝した。これはM.7bisレーサーと呼ばれ、軽量化され、高速のため翼幅が狭くされていた。パイロットはジョバンニ・ディ・ブリガンティ。22年の大会でも4位に入った。

　1923年にはM.7terにさらに進化し、艇体が再設計され、尾翼形状も変更。最高時速は200kmにも達した。100機以上が生産され、水上機母艦「ジュゼッペ・ミラーリア」にも搭載されたタイプはM.7ter ARと呼ばれ、翼を折りたためる構造だ。M.7はイタリア海軍の6つの飛行中隊に配備されて使用された。1940年ごろまで、民間の航空学校でも使われたという。1919年には、湖の多いスウェーデンにもM.7が2機輸出された。アルゼンチンにも2機、21年にはブラジルに3機が輸出されている。

　1917年に開発されたM.8は、コクピットに座席が並列にふたつあり、増えた座席は偵察・爆撃手のためのもので、その前にさらに銃手席が設けられている3人乗り。50kg爆弾4発を懸吊し、おもに対潜戦闘に

1918年春、サン・アンドレア基地に展開していたイタリア海軍航空隊第260飛行隊所属のフェデリコ・マルティネンゴ大尉(5機撃墜)が搭乗していたマッキM.5 M7242号機。胴体には、翼のあるネズミの個人マークが描かれている(イラスト／吉川和篤)

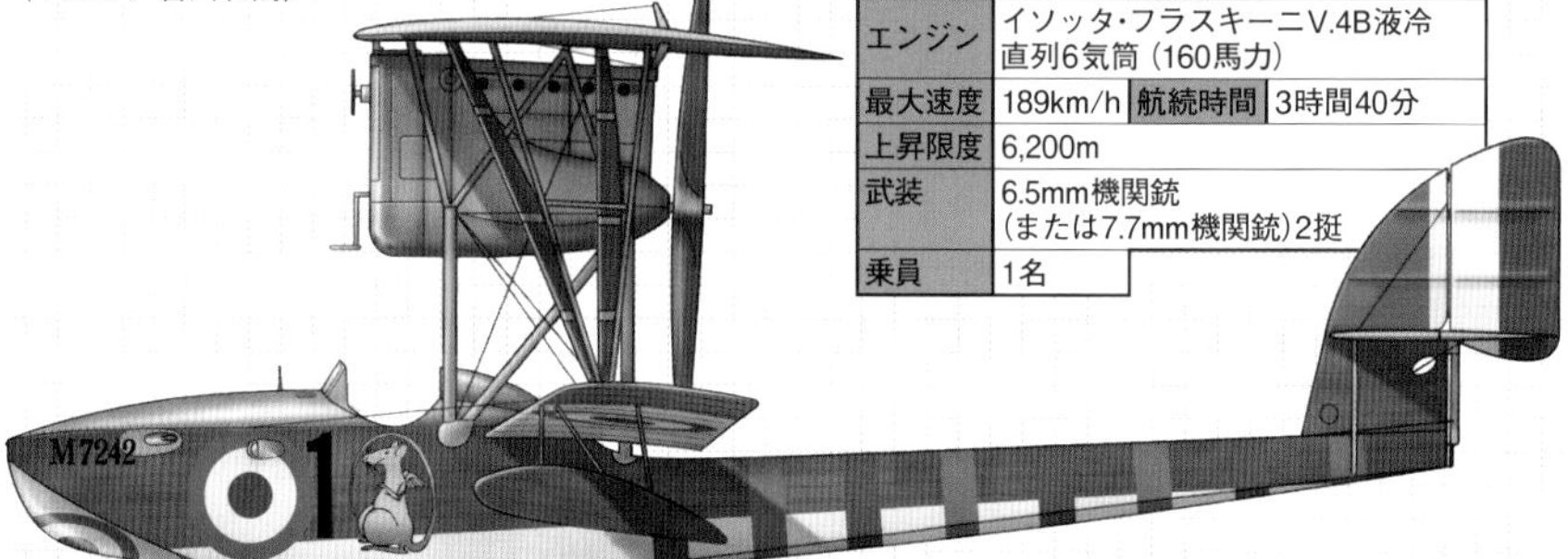


**マッキM.5**

| | | | |
|---|---|---|---|
| 全長 | 8.08m | 全幅 | 11.90m |
| 全高 | 2.85m | 主翼面積 | 28㎡ |
| 自重 | 720kg | 全備重量 | 990kg |
| エンジン | イソッタ・フラスキーニV.4B液冷直列6気筒(160馬力) | | |
| 最大速度 | 189km/h | 航続時間 | 3時間40分 |
| 上昇限度 | 6,200m | | |
| 武装 | 6.5mm機関銃(または7.7mm機関銃)2挺 | | |
| 乗員 | 1名 | | |

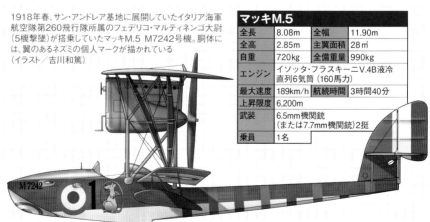

用いられた。エンジンはまたイソッタ・フラスキーニV.4Bに戻っている。また翼形状は直線的な形状に、翼間支柱も変更された。

M.8は57機が生産され、イタリア海軍の第251a、252a、259a、263飛行中隊に配備された。複座（以上）の特性を活かして飛行訓練機としても使われ、アメリカ遠征軍（AEF）パイロットの訓練機にもなった。

M.9は、M.4で試みられたフィアットA.12エンジンを装備した爆撃機型で、WWI末期の1918年に初飛行した。M.8と同じくパイロットと爆撃手は幅広のコクピットに並んで座るが、前方の銃手席はない。翼間の支柱はトラス型となって、正面から見るとジグザグを描き、M.8同様爆弾4発を下翼下に懸吊できた。30機が作られたが、WWI終結までにイタリア軍に納入されたのは14機にとどまった。戦後の1921年、ポーランドに9機が輸出され、新設されたポーランド海軍でも運用された。26年に全機が退役。M.9には、さらに座席をふたつ増やしたM.9bisが作られ、おもに戦後、民間で旅客用に使用された。

M.8からの拡大版は、1918年にツインテールブームのM.12を生む。ローナーLからのM.3シリーズの発展形ではあるが、こうなるともう完全に別機体と言っていい。また三座の爆撃機に戻り、エンジンは強力なアンサルド4E.28（450馬力）となり、最大時速190kmを実現している。M.12は10機が作られ、さらに5席の客室を持つ旅客機型・郵便機型のM.12bisも作られた。

マッキは戦後も、M.8を彷彿とさせる並列複座のM.18やM.24、M.26を開発した。1927年に開発したM.41や、1930年のM.71は、M.7をより洗練させたような単座で推進式の戦闘飛行艇だ。プロトタイプだけでなく、少数が生産までされている。こうした事実も、L.1から始まるシリーズの基本設計の良さを物語っている。とはいえ、もとはといえばローナーLが優れていた、ということかもしれないが…。

座席が左右並列の複座となり、銃手席も設けられたM.8

双ブーム、双尾翼となったM.12三座水上爆撃機

様々な派生型
※カラーリングは想像です。
爆弾の重量に耐えるため支柱はウォーレン・トラスとなり、強化された。
●M.9爆撃機型
乗員は2人となり機首に銃座を追加。
●M.12
3人の乗員を横並びに配置。胴体幅を拡げ、尾翼も双ブーム型となった。
イソッタ・フラスキーニV.4B（160馬力）エンジン。
波がかからないように胴体上に配置されている。
シュナイダー・トロフィー
●M.7bis
水上機のレースであるシュナイダー・トロフィーで1921年に優勝。
シュナイダー・トロフィー
薄く小さな下翼。
小さなフロート。
胴体の底面は凹断面。
7.7mm機関銃。機首側面の左右に2挺装備。
チャールズ・ハムマン
たすかったー
勇敢な行動により名誉勲章を授与された。
DD-412
412
USS HAMMANN
こんな小さな飛行機で…。
プッシャー式レイアウト
プロペラ旋回に干渉しないように胴体上面に凹みが設けられている。
ラジエーター
クランク
M.7は胴体上面は金属製になる。
アニメで観たことある。
Macchi M.5
格好いいとは、こういうことさ。

航空機⑩

# ゴータG.Ⅳ

## 飛行船に代わってロンドンへの戦略爆撃を敢行した双発爆撃機

ドイツ

### WWⅠ初期から始まった戦略爆撃

戦略爆撃もまた、第一次世界大戦(以下WWⅠ)で本格的に始まった攻撃方法だ。

一般的に、前線の敵を直接攻撃するのが戦術爆撃、敵地の奥にある生産設備や都市を叩いて、継戦能力や士気を失わせるのが戦略爆撃と呼ばれるが、WWⅠ劈頭《へきとう》の1914年には、早くもドイツ軍航空隊によるパリ爆撃が行われている。15年からは飛行船による爆撃が始まり、攻撃対象はイギリス本土に及んだ。飛行船による英本土爆撃は50回以上、5000発以上の爆弾が投下され、2000人近くが死傷した。もちろん英仏軍も報復のためにドイツ本土へ爆撃を行った。ドイツ飛行船による攻撃をイギリス側は、代表的なツェッペリン飛行船から「ツェッペリンの襲撃」と呼んだ。

戦略爆撃の効果は、けっきょく爆弾の量に比例する。また敵地深く侵入するための航続力も必要だ。当初は飛行船が用いられたのも、このふたつを満たしていたためだが、敵の戦闘機から身を守っていた高度のアドバンテージはすぐになくなり、鈍重で巨大な機体は大きな損害を出すこととなった。飛行船の喪失は84隻に上る。当然次に求められたのは、大量の爆弾を携行し、大きな航続力を持つ大型の航空機だ。

### ゴータ爆撃機の系譜 G.Ⅰ～G.Ⅳ

ゴータ車輌製造の前身は錠前や遊園地の遊具を作っていた会社と言われており、その後の買収や再編によって、1893年には鉄道車輌製造をメインとするようになる。1910年には飛行船格納庫の建設、12年には航空機製造に乗り出した。13年、早くもエトリッヒ・タウベ単葉機の製造会社のひとつとなり、ゴータ製タウベはLE.Ⅰと呼ばれた。訓練・偵察機のLDシリーズを経て、15年には初の双発複葉爆撃機、G.Ⅰを開発する。

オスカー・ウルジヌスの設計によるG.Ⅰは、下翼の中央に2基のエンジンを並列に配置。胴体はその上に独立して、上翼を備えて乗っているようなデザインだ。当時としてもかなり奇妙なこの形は、双発エンジンの片方が止まっても、非対称的な推力の影響を最小限にするためだったらしい。大きな胴体から生じる乱流の影響を軽減する、とも言われる。

G.Ⅰは1915年1月30日、初飛行した。20機が製造されたが、その運用記録はほとんど残っていない。わずかに、15年にロシア戦線で偵察機として1機が使用されたとか、1機は水上機に改造された、などだ。

ウルジヌスから変わってハンス・ブルクハルト技師は、G.Ⅰのエキセントリックなデザインを改め、G.Ⅱをオーソドックスな構成の双発複葉機とした。1916年3月に初飛行。エンジンは胴体の左右に配置され、G.Ⅰでは牽引式だった飛行形式は推進式とされた。3名の乗員は変わらず中央の胴体内に配置され、前から前方機関銃手、操縦手、後方機関銃手。速度は時速148kmに向上。爆弾450kgを搭載できた。このG.Ⅱは11機が製造され、G.Ⅴまで続くゴータ重爆撃機の原型となった。

G.Ⅲは故障の多かったG.Ⅱのメルセデス D.Ⅳ 直列8気筒エンジンを、同D.ⅣA直列6気筒エンジンに換装したもの。25機が製造され、バルカン半島戦線で橋梁破壊などの攻撃に従事した。より高性能のG.Ⅳが配備されると、17年9月には全機が前線から引き上げられ、訓練用などとされたらしい。

1916年に初飛行したG.ⅣはG.Ⅲの改良型で、強化された合板製の機体は不時着水時にもしばらく浮いていられる構造だった。着陸時の機体安定性を増すため、補助翼が増設されたが、これはあまり寄与しなかったようだ。

変わったところで、G.Ⅳの後部機関銃は機体の中央部上面に後ろを向いて装備されたが、後下面も撃てるよう機体に穴が開けられていた。後部機関銃手から見て△形の穴に機関銃の先を突っ込んで射撃する。機体の後下面は、上面の△に対応して切り欠かれ、機関銃の射界をじゃましないよう大きく湾曲した板で塞がれていた。この特徴的な装備は、「ゴータのトンネル」と呼ばれた。

G.Ⅳは16年11月に35機、17年2月には50機を軍から受注。最終的に230機が生産された。ゴータ社だけでなく、ジーメンス・シュッケルト、LVG社でも多くが生産され、これらライセンス生産分は、さらに機体を強化したり、翼のスパンを増す、エンジンの変更などの一部改造・改良が加えられている。

### ゴータ爆撃機の系譜 G.Ⅴ～G.Ⅹ

1917年9月には、さらに強力なG.Ⅴ

下翼に牽引式エンジン2基を備え、上翼と一体化した胴体が上に載っているゴータG.Ⅰ

G.ⅡとG.Ⅲは推進式エンジン2基となり、胴体は下翼の上に載る形状となった。写真はG.Ⅲ

が開発される。搭載爆弾量は1トンに増加した。エンジンに付属していた燃料タンクを機体の胴体に移して、加熱から来る発火、爆発等を防いだ。G.Ⅴa、同b、同cなど細部に違いのあるサブタイプでは、着陸時の転倒事故防止のため機首に鼻輪が装備されたり、主脚に補助輪が追加されたり、G.Ⅳで特徴的だった後部機関銃のためのトンネルが、後部機関銃を上と下に1挺ずつ装備することで無くなり、後下方機関銃のための開口部と凹みが独立して設けられるなどした。G.Ⅴは、総計325機が生産された。

ブルクハルト技師は大型爆撃機のさらなる革新的レイアウトを求めて、G.Ⅵを開発する。G.Ⅵはまったく奇妙な非対称機だった。胴体は機首にメルセデスD.Ⅵaエンジンとプロペラを持つ、というと一見普通の牽引式複葉機のようだが、この胴体は二枚の翼の中央やや左にオフセットして取りつけられ、その右に小舟のような副胴体を持っていた。

この副胴体後部にはやはりD.Ⅵaエンジンが搭載され、直後にプロペラという推進式構造を持つ。つまりはエンジンナセルなのだが、その前部に全周式の機関銃と機関銃手席を置いた。

これら左右非対称デザインの結果、機体(胴体)尾部の振動が問題となる。1918年夏ごろから試験飛行が開始されたが、プロトタイプ1号機が事故で失われた結果、開発は放棄された。振動解消のため、2号機の尾部にはこれまた左右非対称の尾翼を追加する予定だったらしい。

G.Ⅵの失敗に反省したのか、G.Ⅶはオーソドックスな双発複葉爆撃機となった。それも、G.Ⅱ～Ⅴまでの推進式が牽引式となり、機首も両側のエンジンナセルも尖った流線形に成形され、かなり未来的、と

G.Ⅲを改良し、第一次大戦のドイツを代表する重爆撃機となったゴータG.Ⅳ

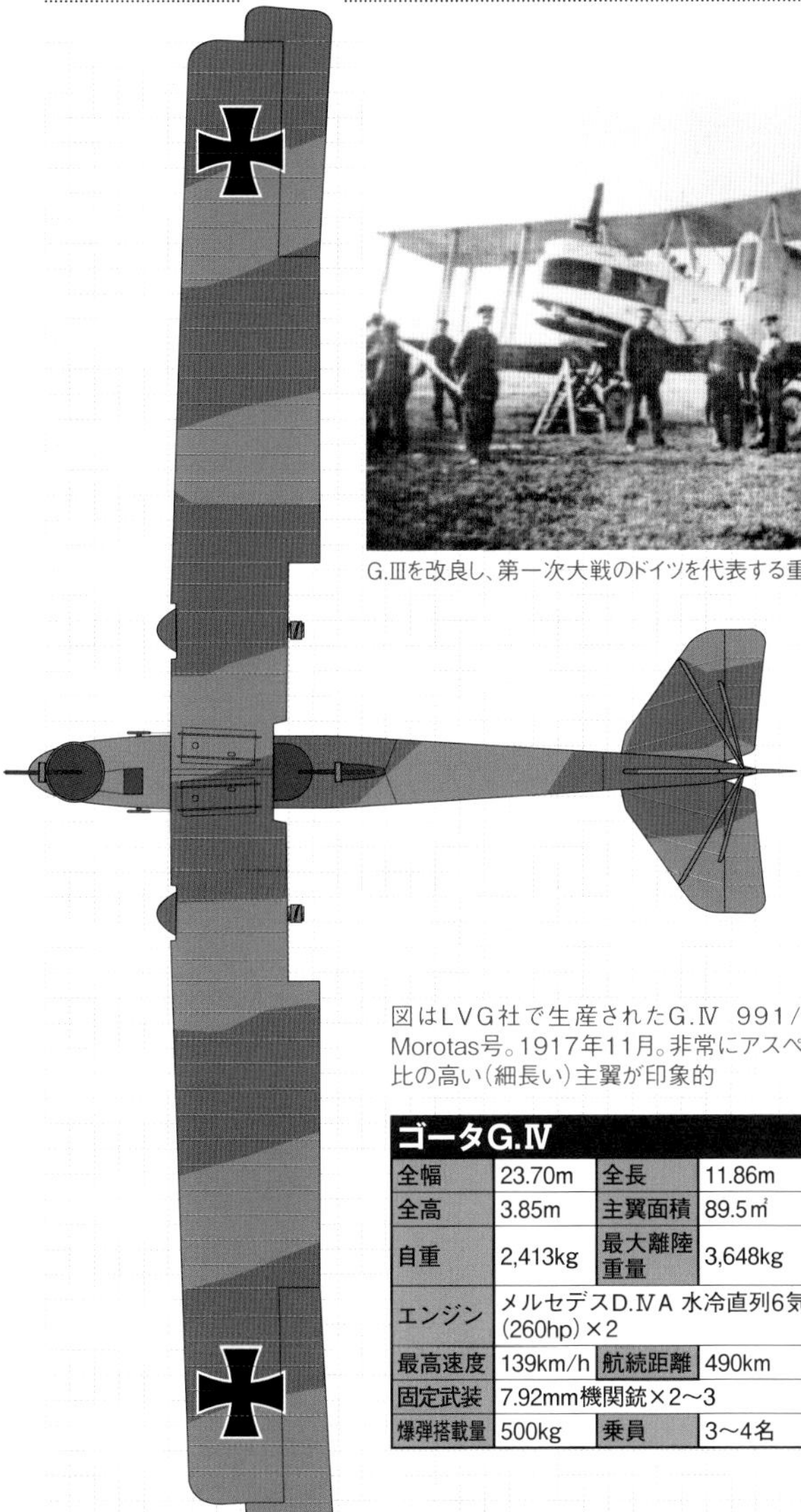

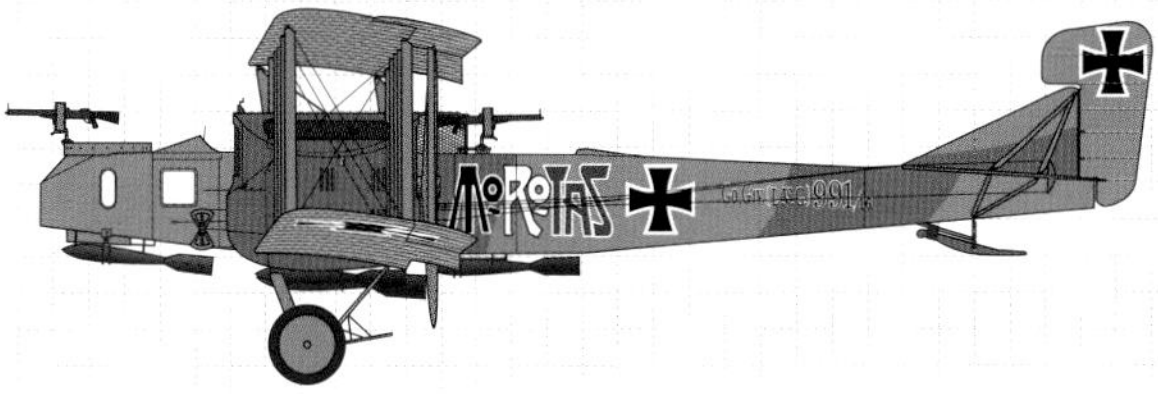

図はLVG社で生産されたG.Ⅳ 991/16 Morotas号。1917年11月。非常にアスペクト比の高い(細長い)主翼が印象的

| ゴータG.Ⅳ | | | |
|---|---|---|---|
| 全幅 | 23.70m | 全長 | 11.86m |
| 全高 | 3.85m | 主翼面積 | 89.5㎡ |
| 自重 | 2,413kg | 最大離陸重量 | 3,648kg |
| エンジン | メルセデスD.ⅣA 水冷直列6気筒(260hp)×2 | | |
| 最高速度 | 139km/h | 航続距離 | 490km |
| 固定武装 | 7.92mm機関銃×2～3 | | |
| 爆弾搭載量 | 500kg | 乗員 | 3～4名 |

夜間爆撃機として活躍したゴータG.Ⅴ 901/16の機首や左エンジン部分。自重2,740kgとG.Ⅳより増加しており、最大速度は140km/hとG.Ⅳと変わらなかった

左右非対称機となったゴータG.Ⅵ。胴体右の短胴には推進式プロペラを、左の長胴には牽引式プロペラを搭載していた

胴体、カウリング共に流線形のスマートな形状となった高速偵察爆撃機型のゴータG.Ⅶ

いうよりもう完全に別の機体だ。全長、翼幅ともに小さくなり、速度は時速180kmと大幅に向上。それもそのはず、初飛行した18年中盤には、すでに戦況の変化からイギリスやフランスの中枢への戦略爆撃が事実上不可能となっていたため、G.Ⅶは高速の戦術爆撃機・偵察機として使用が予定されていたのだ。

　G.Ⅶは100機の発注がなされたが、ドイツの敗戦までに完成したのは20機程度だった。それらは新生国家チェコスロバキア空軍などで使われたという。

　G.Ⅷ、G.Ⅸ、G.ⅩはG.Ⅶの改良型で、LVGなどでも生産され、マイバッハやBMW製エンジンを搭載していた。

## 「ゴータの襲撃」イギリス本土爆撃!

　G.Ⅳの配備とともに、1917年5月25日、ドイツ軍の航空機による英本土爆撃が開始された。「Turkenkreuz」(トルコの十字架：第二次ウイーン包囲の戦勝記念碑)作戦と名付けられ、占領地ベルギーの飛行場から23機のG.Ⅳが離陸する。故障で引き返した2機を除く21機がロンドンを目指すも、悪天候から断念し、予備目標のフォークストン港などを爆撃した。この攻撃によってイギリス側には300名近い死傷者が出た。

　二度目の攻撃は6月5日、シアネス市の港を爆撃。6月13日にはついにロンドン爆撃に成功し、600名近い死傷者と多くの建物に損害を与えた。これはWWⅠ中に行われた一回の爆撃で最大の被害のうえ、ドイツ軍機の損害は皆無だった。これら航空機によるイギリス本土爆撃は当初すべてゴータ機によるところから、英市民はこれを「ゴータの襲撃」と呼んだ。

　7月に1回、8月に4回の爆撃が行われ、そのうち2回はロンドンが攻撃された。多くの犠牲が出たが、爆撃だけでなく対空砲火の砲弾など落下してきた破片による被害も多かったという。9月になるとイギリス側の防空態勢が整ってきたことから爆撃隊は大きな損害を被るようになる。昼間爆撃は断念され夜間爆撃に切り替えられたが、イギリス航空隊や対空砲火による損害のほか、夜間の飛行、離着陸によっても事故が多発し、多くの機体が失われた。

　1918年5月19日、G.Ⅴを加えた38機のゴータ機を主とするドイツ爆撃隊はロンドン夜間爆撃を行うも、6機がイギリス航空隊の迎撃機と対空砲火で撃墜され、7機が着陸時の事故で失われた。この損害の大きさを受け、イギリス本土への戦略爆撃は中止され、二度と再開されなかった。ゴータ機によるドイツ爆撃隊のイギリス攻撃は22回、喪失は61機だったという。投下爆弾量は8万5000kg近くに達した。

　このゴータG.ⅣやⅤは西部戦線での戦術爆撃に従事した。

ロンドン爆撃に参加したゴータG.Ⅳは白く塗装されており、イギリス国民に「白いゴータ」と恐れられたという

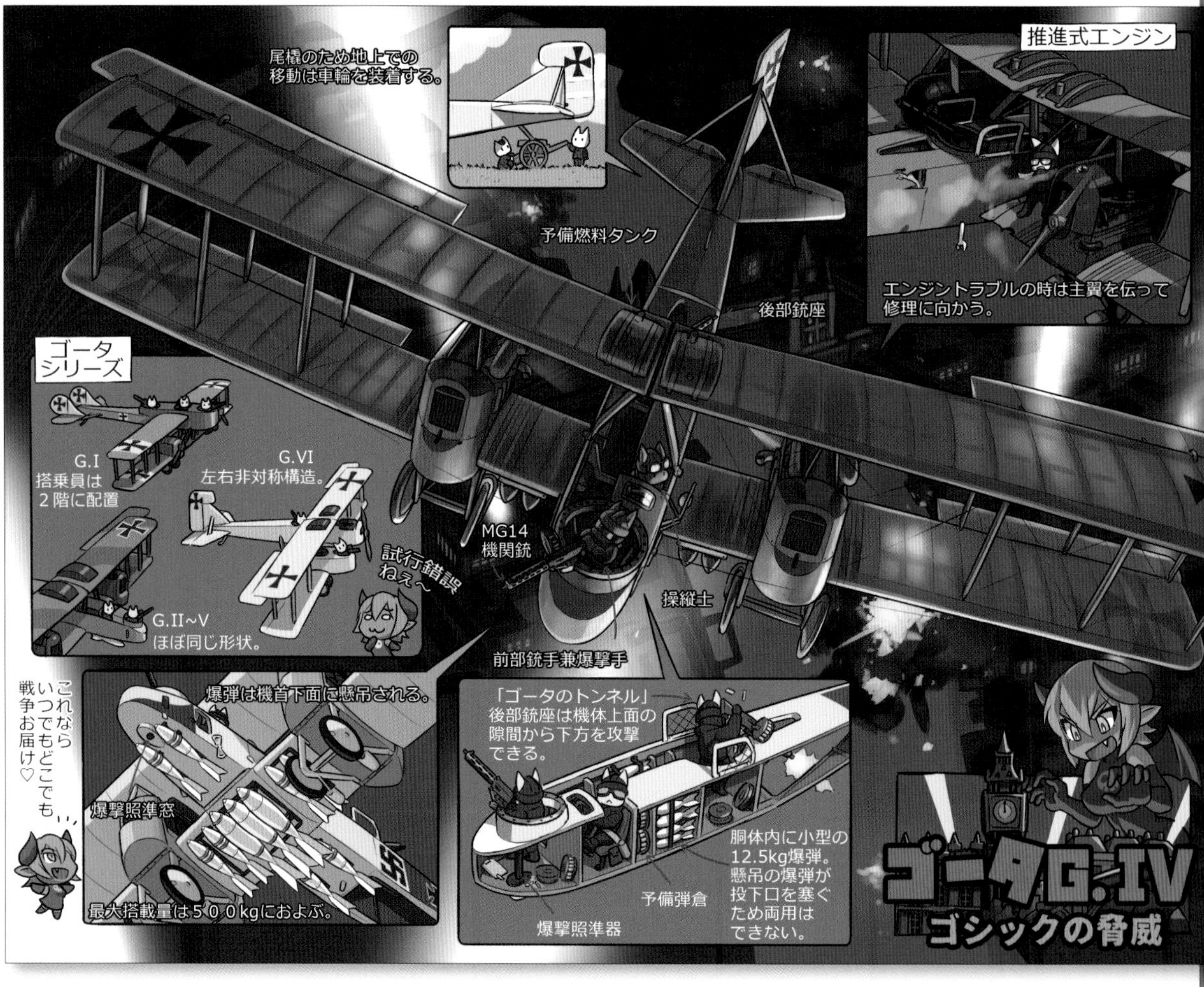

尾橇のため地上での移動は車輪を装着する。
推進式エンジン
エンジントラブルの時は主翼を伝って修理に向かう。
予備燃料タンク
後部銃座
ゴータシリーズ
G.I
搭乗員は2階に配置
G.VI
左右非対称構造。
G.II~V
ほぼ同じ形状。
試行錯誤ねえ～
MG14
機関銃
操縦士
前部銃手兼爆撃手
爆弾は機首下面に懸吊される。
爆撃照準窓
最大搭載量は500kgにおよぶ。
「ゴータのトンネル」
後部銃座は機体上面の隙間から下方を攻撃できる。
胴体内に小型の12.5kg爆弾。
懸吊の爆弾が投下口を塞ぐため両用はできない。
予備弾倉
爆撃照準器
これならいつでもどこでも戦争お届け♡
ゴータG.IV
ゴシックの脅威

航空機⑪

# イリヤ・ムーロメツ

## 世界初の実用四発重爆撃機として航空史上に名を残すロシアの巨人機

ロシア

### 天才シコルスキーによって生まれた巨人機

イリヤ・ムーロメツとは、ロシアの叙事詩の主人公で、タタール（モンゴル）の襲来から祖国を救った英雄とされる。救国の英雄の名を持つロシア初の重爆撃機、その設計者のイーゴリ・イヴァノヴィチ・シコールスキーは1889年、ロシア帝国のキエフ（現ウクライナのキーウ）で生まれた。フランスやドイツで学び、飛行家でもあり、単発機をたびたび操縦していたシコルスキーは、あるとき墜落の憂き目にあう。調べると墜落の原因はエンジンのキャブレターに蚊が詰まったためだった。飛行機がただひとつのエンジンで飛ぶのは危険だ、とシコルスキーは考え、多発機に目を向けるようになったという。

1914年、飛行服を着た25歳の時のイーゴリ・イヴァノヴィチ・シコールスキー

　1912年、シコルスキーは国営のロシア・バルト鉄道車両工場（PBVZ）の航空機部門主任設計技師となっていた。

　1913年5月10日、旅客機として設計したS-21ルースキー・ヴィーチャシーが初飛行する。この機体はもともと、ルグランと名付けられた双発機を基礎に四発化したもので、複葉の下翼に、世界で初めて牽引配置で4つのエンジンを並べる方式を採っていた。操縦席を含む機体の半分ほどがグラスエリアというモダンなスタイルで、乗員を含まない7人の乗客を乗せることができた。旅客機なのに、操縦席前方のオープンデッキには機関銃も装備可能。最高速度は時速90kmほどだ。

　じつはルースキー・ヴィーチャシー以前にシコルスキーは、ボリショイ・バルティスキーという名の双発機を作り、馬力不足からプッシャー式にエンジンを2基足して4発とするタイプとしていた。だがこの方式で満足いく結果が得られなかったのか、すべてのエンジンを下翼前縁に並べる方式がもっとも優れている、とシコルスキーは確信を得たようだ。

シコルスキーが設計した四発旅客機、S-21ルースキー・ヴィーチャシー

　ルースキー・ヴィーチャシーは同年6月23日、駐機中に、着陸しようとしていたモラン単発機のエンジンが脱落して直撃、破壊された。シコルスキーは修理を断念し、新たな四発機の設計に取り掛かる。これがS-22イリヤ・ムーロメツとなった。

### 空の英雄、実戦へ

イリヤ・ムーロメツの試作機初飛行は1913年12月10日（13日説も）。最初は上翼と下翼の間に中翼があったが、すぐに取り外された。機体は輸入されたオレゴンパイン材、トウヒ、ヒッコリー、松などの木材でできていた。箱状の胴体は合板で、機首部分は曲線状に作られた合板を接着してある。寝室、ラウンジ、トイレまでついた客室は暖房も完備。豪華で、長時間の空の旅を快適に過ごすことができた。

　1914年1月、107号と名付けられたイリヤ・ムーロメツ生産初号機が初飛行した。2月11日には16人の乗客を乗せて飛行。6月から7月にかけて、14時間以上にも及ぶサンクトペテルブルク～キエフ往復の記録を樹立している。この成功に、皇帝ニコライII世も祝福し、聖ウラジミール勲章を授けるとともに、10万ルーブルの開発助成金までが約束された。積雪などでゆるんだ地面への着陸のため、ダブルの車輪にスキー状の降着装置も追加された。

　しかし平和は長く続かず、第一次世界大戦（以下、WWI）の勃発とともにシコルスキーはイリヤ・ムーロメツを大型爆撃機として再設計する。輸送機の流用ではなく、最初から爆撃機として設計開発された機体は、イリヤ・ムーロメツが世界初だ。

　軍用機のイリヤ・ムーロメツは、防御火器として9挺の機関銃を装備し、800kgまでの爆弾が搭載できるよう胴体が強化された。剥き出しだったエンジンは5

後方から撮影したイリヤ・ムーロメツS-22 A型。尾翼の機銃座に銃手が乗っている

㎜鋼板で装甲した。初号機で100馬力だったエンジンは大幅に強化されるが、ロシアは慢性的なエンジン不足で、130馬力のアルグス、200馬力のサルムソン、150馬力のサンビームなど、多様なエンジンを搭載した。

変わったところで、A型の107号機とB型の5機では、オチキス社の37㎜砲を機首に装備することが計画された。これはドイツのツェッペリン飛行船を撃墜するためだったが、結局B型の128号機と135号機の2機にだけ設置されるに留まる。37㎜砲は1分あたり10発の発射速度で、有効射程は200〜250m。テストされたが結局、実戦では使用されなかった。3インチ（76㎜）砲もまた、テストの結果不採用となる。

1916年に生産されたのはG型とD型で、1917年のE型は220馬力のルノーエンジンを搭載して最高時速130㎞に達する。E型は2人の操縦士のほか、5人の機関銃手、ひとりの整備士を乗せた。243号は初めて尾部銃座を備えていた。機首の形状にも多くのバージョンがある。

もっとも多く生産されたのはB型で、生産数は30機。通常は80㎏爆弾を搭載し、240㎏爆弾、410㎏爆弾も試された。

1914年秋にイリヤ・ムーロメツは前線への配備が始まり、12月には最初の爆撃機部隊が組織された。

イリヤ・ムーロメツの初出撃は1915年2月14日、B型の150号機が離陸したが、雲に遮られて約2時間後に帰投した。翌日の15日には北西戦線のロシア第1軍の命令で、ヴィスワ川沿いの交通目標を破壊すべく出撃。目標地点は発見できなかったものの、その後方に数発の爆弾を投下した。24日と25日、ヴィレンベルグ駅を破壊するため飛行し、80㎏ほどの爆弾で駅舎と6輌の貨車、市内の数棟の建物を破壊し、ドイツ軍のふたりの将校と17人の兵と下士官、7頭の馬を殺害した。

戦争全期間を通じて、イリヤ・ムーロメツはのべ400回の出撃を果たし、65トンの爆弾を投下し、12機の敵機を破壊した。敵機との空中戦での損失はわずか1機（2機との説も）だけだった。後方から接近する敵機はイリヤ・ムーロメツの四つのプロペラから生じる強力な後流に悩まされ、射撃がおぼつかなかったという。

撃墜されたのは1916年9月12日、アントノヴォ村とボルニー駅の間のドイツ第89軍司令部を襲撃した1機で、ドイツのマクシェフ中尉のアルバトロス戦闘機ほか4機によるもの。また2機が対空砲火によって失われた。

翌年4月には、7機のドイツ機の空襲によって、飛行場にあったイリヤ・ムーロメツ4機が損害を受けた。しかし損失のもっとも多い原因は事故で、24機もが失なわれた。

その後もイリヤ・ムーロメツは生産され、1918年までに73機が完成した。革命後も作り続けられ、1920年までに88機を生産したという説もある。

## ロシア革命の後のイリヤ・ムーロメツ

重爆撃機の先鞭をつけたイリヤ・ムーロメツに交戦中の各国も注目し、自国の重爆撃機設計の参考とするようになる。シコルスキーも同機のライセンスをイギリスとフランスに売却したという。ドイツは墜落した機体を参考にコピー機を作ろうとしたほどだ。ドイツのこの計画は実現しなかったが、ゴータG.Ⅴやツェッペリン・シュターケンR.Ⅵなどの重爆撃機開発に影響を与えたことは間違いない。

1916年ごろには各国の重爆撃機も出そろい、先発のイリヤ・ムーロメツは性能で追い抜かれていく。防御面の強化は重量増と性能低下を招いたので、シコルスキーは新たな重爆撃機、アレクサンドル・ネフスキーの設計に入っていた。

しかし1917年、ロシア二月革命が起こり、重爆撃機隊は臨時政府の軍に引き継がれた。さらにその年の秋に十月革命が起こると臨時政府は崩壊。ボリシェヴィキのソヴィエト政府はもちろん、各地に乱立した諸勢力によってイリヤ・ムーロメツは接収された。けれど乗員が多く、整備も手のかかる大型重爆を運用できる軍は限られていた。

ロシア帝国の崩壊後、もっとも激しい戦場となったウクライナでは、まずドイツと結託したウクライナ国軍が、その崩壊後はウクライナ人民共和国軍に引き継がれ、連合するポーランド軍でも本機は使われた。ソヴィエト政府の赤軍で使われたイリヤ・ムーロメツはもっとも多く、

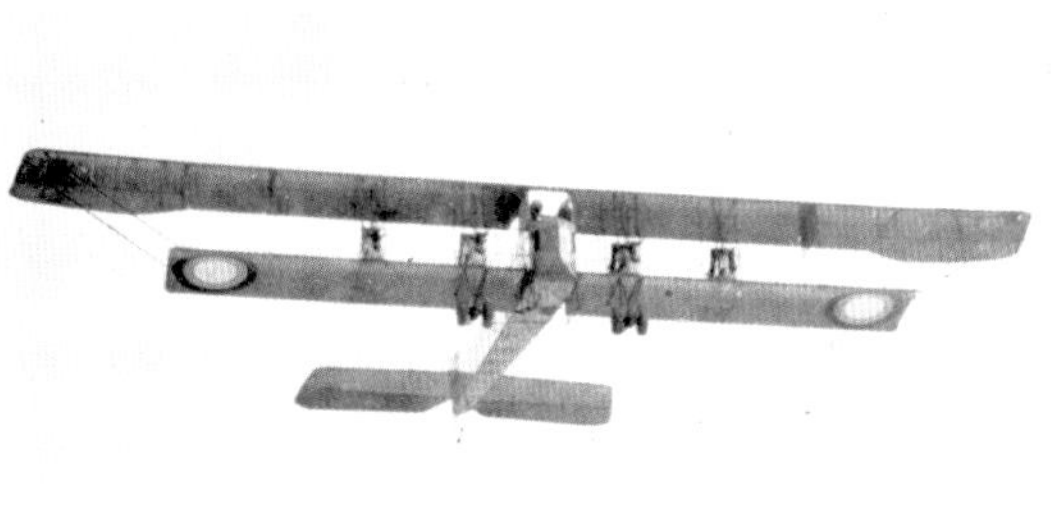
飛行中のイリヤ・ムーロメツS-23 B型。操縦席上には二つのタンクが見える

アルグスエンジン4基を搭載したイリヤ・ムーロメツS-23 B型

サンビームエンジン4基を搭載したイリヤ・ムーロメツS-23 V型

最終的にひとつの爆撃機隊にまとめられ、輸送機、練習機などとしても1920年ごろまで使われる。同年、ソビエト・ポーランド戦争のさなか、11月21日、イリヤ・ムーロメツの最後の出撃が行われた。

戦後の1921年にはモスクワ・ハリコフ間を結ぶ航空会社が開業し、使用機には6機（5機との説も）のイリヤ・ムーロメツが含まれていた。同年のメーデー（5月1日）から使用が開始され、モスクワ～ハリコフ間を結ぶ郵便機、旅客機として使われ、1922年10月10日までに、60人の乗客と2トンの貨物を輸送した。

最後期のモデルであるイリヤ・ムーロメツS-27 E型。強力なルノーエンジン4基を搭載した

その後23年までに訓練機として80回の飛行が行われたあと、最後にイリヤ・ムーロメツは空中射撃や爆撃のターゲットとして使用された。

後継機の設計に取り組んでいたシコルスキーだが、革命によって叶わず、1919年、アメリカへ亡命した。アメリカでシコルスキー・エアクラフト社を設立したのちは、民間旅客機の開発を行った。飛行艇の製造などで名声を馳せたのち、戦中・戦後にヘリコプターの開発・生産で大きな成功を収めた。

水上機型のイリヤ・ムーロメツ。1914年7月21日、エゼル島のカラル湾にあった本機は、正体不明の駆逐艦（後にドイツ艦ではなかったことが分かった）が迫ると湾から脱出しようとしたが、エンジンの故障で果たせず、乗員によってガソリンタンクに発砲、破壊された

**イリヤ・ムーロメツS-23 V型**

| | | | |
|---|---|---|---|
| 全幅 | 29.8m | 全長 | 17.5m |
| 全高 | 4m | 主翼面積 | 125㎡ |
| 自重 | 3,150kg | 全備重量 | 4,600kg |
| エンジン | サンビーム クルセイダー 水冷V型8気筒（150hp）×4 | | |
| 最大速度 | 110km/h | 航続時間 | 爆弾300kgを搭載して5時間 |
| 固定武装 | 7.92mm機関銃、12.7mm機関銃など4挺 | | |
| 爆弾搭載量 | 656kg | 乗員 | 4～8名 |

主翼上部の銃座員は巨大な燃料タンクに挟まれた形で配置につく。銃撃戦ともなるとかなり恐ろしい。
!!
危険な上部銃座
爆弾は機内に収納
爆弾ラック
機関銃の予備弾も機内にある。
搭乗員が床に開いた穴から目標へ爆弾を投下する。
巨大な水平尾翼。6畳部屋よりも大きい。
私の部屋より広い。
燃料タンク
上部機関銃座
マドセンやルイスなど様々な機関銃を装備した。
イーゴリ・シコルスキー
24才のロシア人青年がこの巨人機を設計した。数々の航空機を設計しながら、自身もパイロットとして空を飛ぶのを好んだ。
ルノー・エンジン
220馬力
機体によってエンジンが異なる。
見晴らしの良い操縦席
操縦士
前部銃座員
7.62mm機関銃
雪の積もった飛行場に着陸しやすい橇付きの主脚。
シコルスキー自身パイロットだったからか操縦席の視界確保は重視された。
シコルスキーの長年の夢だったヘリコプター。現代ではヘリコプターメーカーとして有名となった。
水上機型のイリヤ・ムーロメツ
もともと旅客機として誕生したイリヤ・ムーロメツだが水上機型も存在した。主脚の代わりに巨大なフロートが2つ、尾橇の位置にもフロートが追加され、3点接地のスタイルだった。
蒼穹の巨人
イリヤ・ムーロメツ

航空機⑫

# ツェッペリン飛行船（前編）

## イギリス本土に史上初の戦略爆撃を敢行した巨大な「空飛ぶ船」

ドイツ

### ドイツ飛行船の父 ツェッペリン伯爵

フェルディナント・アドルフ・ハインリヒ・アウグスト・フォン・ツェッペリンは1838年、ドイツ南西部、当時はバーデン大公国の都市コンスタンツに生まれた。父のフリードリヒ・ツェッペリン伯爵はヴュルテンベルク王国の大臣で裁判官という名門の家柄。フェルディナントは士官学校を経てヴュルテンベルク王国陸軍に入隊し、騎兵隊将校としての軍務のかたわら科学、工学を学ぶ。1863年、アメリカ南北戦争の観察武官として渡米した際、初めて気球に搭乗。大きな感銘を受ける。

普仏戦争にも騎兵大尉として従軍し、偵察ばかりか連絡にも気球が活躍するのを体験し、ますます気球の有用性を強く感じたフェルディナント。騎兵大佐・連隊長、さらにはベルリン駐在武官まで歴任しながら、動く気球＝飛行船の独自プランを温めていた。

1890年、陸軍少将となっていたフェルディナントは52歳でドイツ皇帝ヴィルヘルムII世に直訴。将来の戦争に飛行船が切り札となること、ドイツが開発しなければフランスがこの兵器を作り、ドイツを危機に陥れるだろうことを説いた。しかし皇帝の理解は得られず、フェルディナント、いやツェッペリン伯は下野して自ら飛行船の開発製造に乗り出す。最終階級・陸軍中将。

世界初の硬式飛行船LZ1が完成したのは1900年だった。80万マルク（現在の約7億円）もの資金集めや材料、技術の確立、技術者の養成に、10年が費やされていた。LZとは、Luftshciff Zeppelin＝ツェッペリン飛行船を意味する。

硬式飛行船は軽金属で作られた骨格に外皮を張り、その中に多くの気嚢（バルーン）を持つ。外皮が直接気体を溜める袋となる軟式飛行船と異なり、外皮が破れても気体は漏出しないし、一部の気嚢が損傷しても、残りで浮力を保つ。最悪不時着までの時間を稼ぐことができる。ガスが多いほど浮力を稼げる飛行船は大きい方が有利。硬式飛行船は、軟式では限界のある大きさの問題をも解決したのだ。

7月2日、折からの報道に集まった群衆の前で、全長128mもの巨体がハンガーから姿を現すと、どよめきが沸き起こった。やがてLZ1が浮上を始めると、それは歓声に。しかし飛行を開始して間もなくトラブルが発生し、15分ほどでLZ1は湖に落下。群衆は落胆した。報道も批判的で、ツェッペリンは「狂人伯爵」と呼ばれるほどだった。

LZ1はすぐに修理され、再び飛行に成功するものの、世間の評価は変わらず、1905年に完成したLZ2も初飛行で大破。資金面、技術面での苦闘が続く中、1906年10月、完成したLZ3は、これまでの成果を証明するように、初飛行から2時間、時速約40㎞のフライトを達成。その後も45回に上る飛行を成功させ、ヴュルテンベルク王国国王夫妻を乗せて飛ぶという栄誉まで得た。

続くLZ4はしかし、24時間飛行の快挙に挑むものの、あと約1時間、の時点でトラブルから不時着。こんどこそもう本当にダメだ……。しかし、「ツェッペリン伯を助けよう！」という声が上がり、ドイツ国中から寄付が寄せられた。その総額は約625万マルク。

この桁違いの資金をもとに、ツェッペリン飛行船会社と巨大な工場・格納庫を建設したツェッペリン伯。すぐにLZ5が建造され、1909年、ドイツ陸軍に納入される。LZ5は連続30時間の飛行記録を打ち立てるも、事故で破壊された。このことから軍は飛行船の軍事利用に懐疑的になり、ツェッペリン伯は民間利用へと舵を切る。

ツェッペリン伯はドイツ飛行船運輸会社＝DELAG（Deutsche Luftsc hiffahrts-Aktiengesell schaft）社を創設して民間貨物・旅客の運送を狙う。LZ6、新鋭のLZ7、8と次々事故で失われ（LZ9は陸軍に納入）、DELAG社の事業には暗雲が垂れ込めるが、1911年に進空したLZ10はこれまでの経験から多くの改良点が盛り込まれ、繰り返す飛行で信頼性を獲得。遊覧飛行、旅客輸送に道を開く。1913年までにLZ11〜17が相次いで就役し、DELAG社の事業を軌道に乗せていった。そして第一次世界大戦（WWI）の予兆が欧州を覆い始める。

第一次大戦時のフェルディナント・フォン・ツェッペリン伯爵。未成に終わったドイツ初の航空母艦「グラーフ・ツェッペリン」の名はこのツェッペリン伯に由来する

ツェッペリン伯が開発した世界初の硬式飛行船LZ1

### ツェッペリン飛行船 WWI序盤の戦い

このころドイツ陸軍参謀総長の小モルト

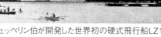

ケは従来の考えを改め、20隻のツェッペリン飛行船を保有・配備する方針を決定する。1912年の伊土戦争で、イタリア軍が初めて飛行船から爆撃を行うなど、飛行船の評価は一変していたのだ。

これに対してDELAG社は、初の軍用規格ともいえるH級を建造して応えた。全長158m、体積1万9500立方メートル、最高時速76km。最初のLZ1が全長128m、体積1万1300立方メートルだったのに対して体積で倍近く、速度では2倍(最高速度76km/h)を超えていた。H級飛行船は4隻が陸軍、1隻が海軍に納入。さらに大きなM級の建造に移行する。

1914年8月、WWI開戦。陸軍は勇躍、麾下の飛行船部隊に出撃を命じた。8月6日、K級のLZ21(陸軍呼称・ZⅥ)は早朝、リエージュに200kgの爆弾を投下(市民9人が死亡)したのち、対空砲火で被弾。なんとかドイツ国内までたどり着いて不時着するも、修理不可能で廃棄された。21日の攻撃はL級のLZ22(ZⅦ)とLZ23(ZⅧ)の2隻が昼間、800mの低高度でアルザスのフランス地上軍を襲撃するも反撃にあい、2隻とも被弾、やはり不時着の憂き目にあう。見通しのいい昼間、800m程度の低空では、歩兵の小銃でさえダメージを受けかねない。実際フランス軍はあらゆる火器を撃ち放ってきた。

8月末、東部戦線・タンネンベルクの戦いでもH級LZ20(ZⅤ)が空から偵察・爆撃を行うが、ロシア軍の防御砲火に撃墜され不時着、乗員は捕虜となった。M級LZ25(ZⅨ)はアントワープやカレーへの偵察・爆撃行を何度も成功させるが、デュッセルドルフの格納庫にいたところをイギリス空軍のソッピース タブロイド機が投下した20ポンド(9・1kg)爆弾で破壊された。英軍機はケルンの駅も爆撃しており、WWI初の戦略爆撃と言われる。

海軍はどうだろう。これまでに3隻を受領していたものの、2隻が事故で失われ、開戦時の戦力はM級のLZ24(海軍呼称・L3)のみ。開戦直前、海軍飛行船部隊の隊長となったペーター・シュトラッサー少佐は、DELAG社の訓練担当役員フーゴー・エッケナーやツェッペリン伯から直に薫陶を得て、飛行船の運用には何より天候が重要であることから、ドイツ各地に観測所を設け、3時間ごとの天候予報更新システムを構築しようと動く。また、シュトラッサー自身も含め、飛行船の操艦訓練をみっちり受けることとなった。これらの経験は、海軍飛行船部隊のレベルを大きく向上させる。

ドイツ海軍が保有していたH級のLZ14。開戦前の1913年9月、北海で悪天候による事故で失われた

海軍が装備していたM級のLZ24(海軍呼称・L3)。M級は開戦時の主力飛行船だった

## 1915年、飛行船がロンドン爆撃に活躍

1915年は飛行船部隊勇躍の年となった。1月19日、シュトラッサー自らが乗り込んだM級のLZ31(L6)は午前9時38分、ノルドホルツ基地を離陸。ハンブルク基地から発進したM級LZ24(L3)、LZ27(L4)と北海上空で合流すると、午後2時、イギリス本土を目指す。途中、LZ31が故障で引き返すというアクシデントがあったものの、残り2隻は夜になるのを待って、北海沿岸のイギリス港湾都市に計25発の50kg爆弾と焼夷弾を投下した。イギリス側4人が死亡、16人が負傷したという。発電所も破壊された。

じつはロンドン爆撃を提案していた海軍首脳部だったが、皇帝ヴィルヘルムⅡ世から待ったがかかった。イギリス国王ジョージⅤ世はヴィルヘルムⅡ世の母方の従兄弟。

第一次世界大戦中、あるいは戦前に北海でドイツ艦隊上空を哨戒するM級のLZ30(Z XI)。元々海軍の飛行船は北海上の哨戒を行うのが主任務だった

P級の一つ前のクラスであるO級のLZ36(L9)(海軍所属)

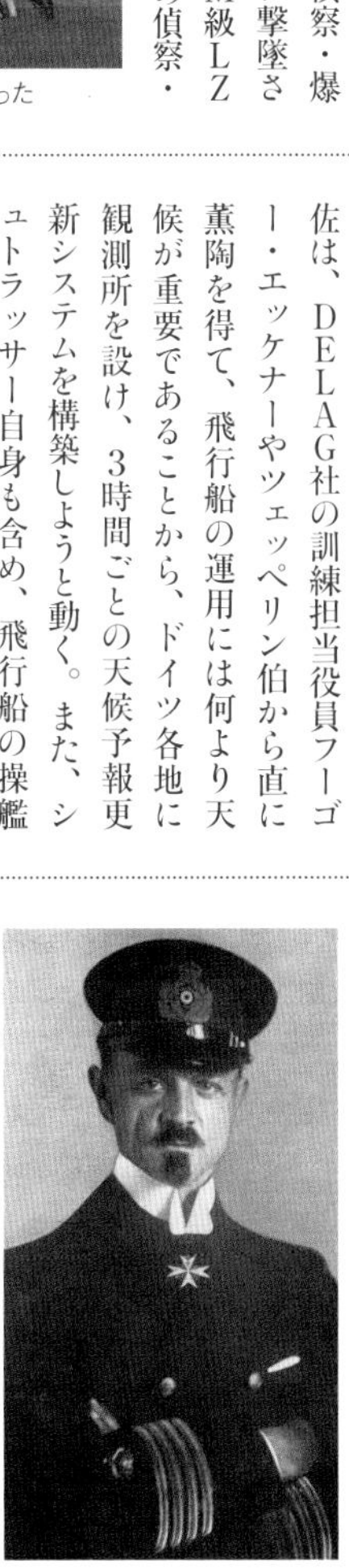

海軍飛行船部隊の司令官ペーター・シュトラッサー中佐(最終階級)。時には自ら飛行船に乗船して飛行船部隊をエネルギッシュに牽引した、海軍飛行船部隊の象徴ともいえる人物。第二次大戦時のドイツ海軍空母の2番艦には、彼の名が付けられるはずだったといわれる

1915年5月31日、初のロンドン爆撃を敢行した陸軍のP級ツェッペリンLZ38。優れた性能を誇るP級は大戦前半の飛行船部隊の主力となった。建造数はツェッペリン飛行船最多の22隻

**P級飛行船**

| | | | |
|---|---|---|---|
| 全長 | 163.5m | 直径 | 11.86m |
| 空虚重量 | 20,800kg | ガス容量 | 16気嚢で31,900㎥ |
| エンジン | マイバッハ3M C-X 液冷直列6気筒（210hp）4基 | | |
| 最高速度 | 90km/h | 航続距離 | 4,300km |
| 実用上昇限度 | 2,800m | | |
| 爆弾搭載量 | 2トン | 乗員 | 18名 |

また国王や王室の者が大ケガや死亡したときの、イギリス国民の憤激・復讐心は想像に難くないからだ。そうした配慮もあったが、戦争がエスカレートし、甚大な損害が出るころには、ヴィルヘルムII世もロンドン爆撃を裁可せずにはいられなくなる。

5月31日、新鋭P級の一番艦LZ38（陸軍）が午後9時、カレー上空を通過してロンドンを目指す。P級は全長163・5m、体積3万2930立方メートル。最高速度90km/h、上昇限度3500mに達する性能を有する。3500mと言うと、WWIIのレシプロ機だと中低高度の感覚だが、WWI中、本土防空用に配備されていた英空軍のB.E.2戦闘機は、上昇限度3000m。しかもその高度に達するには46分もかかった。対空砲も高度1000mにも届かない1ポンドポンポン砲程度で、英軍のツェッペリン飛行船に抗する術は何ひとつ無いに等しかった。その状況のとおり、LZ38の爆撃は成功。2トンもの爆弾を投下し、市民7人死亡、35人負傷、40カ所で火災が発生した。

無敵の野を行くかのようなツェッペリン飛行船の爆撃は繰り返される。8月17日には海軍のP級LZ40（L10）が、9月7日にはまた陸軍の飛行船2隻が爆撃を成功させた。

結果、1915年1年間のツェッペリン飛行船によるイギリス空襲は20回。そのうちロンドン空襲は5回。死亡181人、負傷455人、物質損害約80万ポンド、現在の日本円で約460億円近くに上ったのだ。

ロンドン爆撃におけるP級LZ38の司令ゴンドラの内部を描いたイラスト。フェリックス・シュワームシュタット画

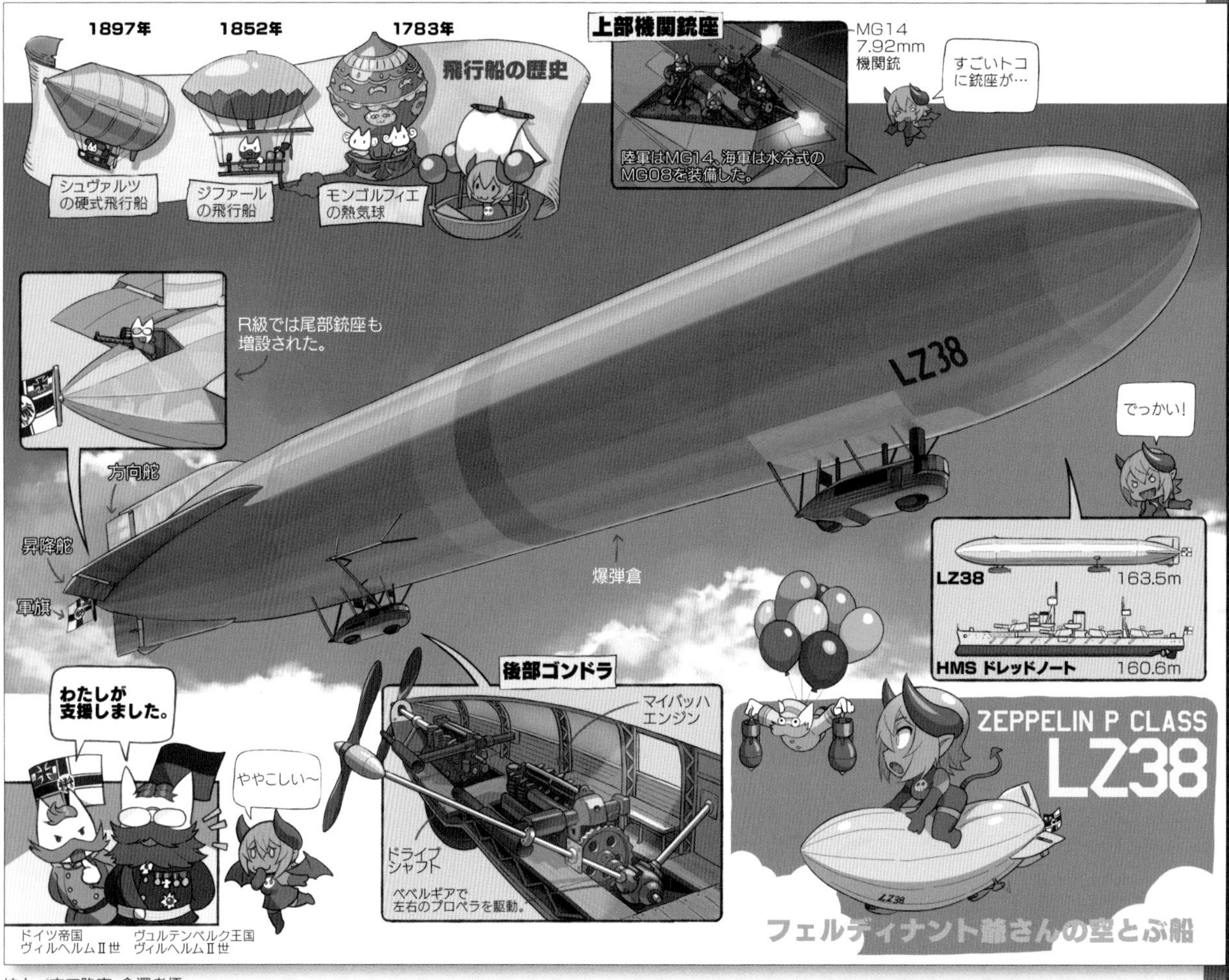


協力／森田隆寛、會澤孝優

# 航空機⑬ ツェッペリン飛行船（後編）

## イギリス軍防空網の発展により燃え尽きたドイツ空中艦隊

ドイツ

### イギリスの防空体制充実により窮地に追い込まれる飛行戦隊

ツェッペリン飛行船の戦略爆撃の脅威に、イギリス側は対抗策を打ち出していく。その指揮を執ったのは、海軍大臣ウィンストン・チャーチルだった。

多くの探照灯、高度4800mへ到達する3インチ（76・2㎜）高射砲、さらにそれらを管制するシステムの構築。迎撃のための夜間戦闘機の配備の大幅拡充と、その搭乗員養成。計器飛行による夜間飛行技術はここから大きな発展を得た。B．E．2戦闘機には機体上方の飛行船を攻撃するため、上向きに機関銃が装備された。のちのWWⅡでも見られた「斜め銃」のアイデアがもう実現していたのだ。その機関銃弾も、飛行船の外皮を突き破って気嚢に火をつける炸裂弾、焼夷弾が開発される。

1916年1月31日、この年の初出撃は9隻の海軍飛行船部隊がロンドンを目指すも、深い霧で到達できず。エンジントラブルで1隻が失われた。

3月31日は7隻、4月はのべ24隻、5月は8隻、7月と8月は6ないし7隻で出撃するが天候やエンジントラブルに悩まされ、ロンドン爆撃は失敗。唯一成功した1隻は迷った末の偶然の産物だった。喪失は2隻。

8月24日、ついに新鋭のR級L31を含む4隻でロンドン空襲に成功。これに続けと、9月2日、陸軍4隻、海軍12隻の計16隻による大空襲作戦を行うも、北海海上の強い風雨で艦隊は四散。ロンドン行を諦めて手近な目標を探すが、防空戦闘機や対空砲火に阻まれる。1隻がB．E．2戦闘機1機に撃墜された。

1916年4月1日、ロンドン空襲時に対空砲火で撃墜され、テムズ川に墜落したドイツ海軍のP級のL15（LZ48）のイラスト

海軍飛行船部隊は9月23日にも12隻で出撃するが、ロンドンへ向かった4隻は2隻が撃墜される大損害を被る。4隻ともがR級だった。

9月25日にも海軍部隊は7隻で出撃。防空の厳重なロンドンを避け、周辺都市を爆撃して無傷で帰還した。10月1日も海軍の11隻の飛行船が出撃するが、荒天で4隻がまず脱落。5隻はイギリス中部の都市を爆撃に向かうも、1隻はトラブルで撤退。2隻のR級はロンドンへ到達するが、1隻は対空砲火の激しさから避退。1隻はB．E．2戦闘機に撃墜される。この1隻は8月24日のロンドン空襲で活躍したL31で、ベテランのマティ艦長以下、搭乗員全員が戦死した。

11月28日にも4隻のR級を含む10隻で海軍部隊は出撃する。ロンドンを避けた地方都市爆撃だったが、R級1隻を含む2隻が撃墜される。飛行船による夜間戦略爆撃ははっきりと暗礁に乗り上げつつあった。

シュトラッサーが大いに期待し、1916年の夏に登場したR級のL31（LZ72）。手前を歩くのはシュトラッサー少佐。全長198m、直径23.9m、最高速度103km/h、航続距離7,400km、実用上昇限度4,000mという巨艦で、4.5トン（P級の2倍強、M級の9倍）の爆弾を搭載でき、イギリス軍からは「スーパーツェッペリン」と恐れられた。P級に次ぐ17隻が建造された

結局、1916年を通じてツェッペリン飛行船による爆撃は23回、のべ187隻、投下爆弾量125トン、飛行船喪失9隻。これに対してイギリス側の被害は死者293人、負傷者691人、被害額約60万ポンド（約340億円）だった。

1916年10月1日夜、ロンドン北部で撃墜されたR級L31の指揮を執っていた艦長は、飛行船部隊のエース、ハインリヒ・マティ大尉であった

### 飛行船を性能的に凌駕する大型爆撃機の完成と活躍

だが海軍の飛行船部隊司令官シュトラッサーはあきらめなかった。「ハイトクライマー」と呼ばれる上昇限度6400mに達するS級の就役を待って、さらに飛行船での爆撃を持続しようとする。だが爆撃のたびに上昇する損害の大きさに、皇帝ヴィルヘルムⅡ世までもが飛行船爆撃の有効性に疑義を呈する。これに対してシュトラッサーは、前述のハイトクライマーの優位性と、いま攻撃を止めれば防空に配備されているイギリス軍の兵力が前線へ転用可能になる不利を説いて、皇帝をしぶしぶ納得させた。

対英爆撃だけでなく、飛行船部隊はさまざまな爆撃作戦を行っている。パリ、ギリ

シアのサロニカ、ルーマニアのブカレストやプロイエシュティ油田、イタリアのナポリやマルタ島等々。いずれも小規模、小期間で飛行船隊の損害も大きく、戦局に寄与するものではなかった。計画だけならロシアのサンクトペテルブルクやエジプトのスエズ運河などへの作戦もあった。変わったところでは、東アフリカのドイツ植民地軍へ補給物資を輸送する作戦がある。1917年、海軍のW級L59がこのために改造され、11月21日に出発。95時間を飛行したのち東アフリカへ到達直前に中止が命じられて、帰投している。

このころ、1917年3月8日、戦争の帰趨と飛行船部隊の行く末を見届けることなく、ツェッペリン伯がついに、78歳の生涯を閉じた。

期待のS級を含む5隻での3月17日の出撃は、強風で目的地点に到達できず、帰路、フランス軍の対空砲火で1隻が撃墜された。撃墜されたL39は、S級に準じた性能を持つR改級だった。5月13日の6隻での攻撃もほぼ同様の結果に終わる。確かにハイトクライマーの高度はイギリス防空戦闘機隊にとっては脅威で、ツェッペリン飛行船の高度に1機として到達できない結果にショックを受ける。しかしドイツ側も、6000mを超える高度が搭乗員たちに深刻なダメージを与える。また与圧キャビンもない時代、低酸素濃度で高山病にかかり、また高度6000mの気温は零下40度近くにもなって、ひどい凍傷に苦しんだうえ、機器にも深刻な影響が出た。

加えてこのころ、航空機の発達が大型爆撃機を完成させていた。ドイツ陸軍飛行隊の重爆撃機ゴータG.Ⅳ、21機が5月25日、イギリス南部の港湾都市を爆撃。死者95人、負傷者195人、港湾施設を破壊して、損害は被撃墜1機のみ。飛行船に早々に見切りをつけた陸軍の快挙だった。さらにはこの重爆撃機隊に、ツェッペリン・シュターケンR.Ⅳが加わる。その名のとおり、ツェッペリン飛行船会社シュターケン製作所が開発した機体で、ゴータ機を上回る巨体に2トンもの爆弾を搭載して、最高速度130km/h、8時間の航続時間と3800mの上昇限度。もはや飛行船に劣る要素はほぼない。乗員も7名と飛行船の半分以下だ。飛行船最大の弱点である強風や横風にも強い。

S級から始まる「ハイトクライマー」の一つであるT級のL44(LZ94)。寸法はR級とほぼ同じだが、軽量化により高度5,200m以上まで到達でき、航続距離は11,500kmに及んだ。T級は2隻が建造された

航続距離16,000kmを誇るW級のL59(LZ104)。W級は東部アフリカ植民地への空輸のためL57と59の2隻が建造された。全長226.5mという長大な船体を持ち、到達高度も6,600mにまで達した

## シュトラッサー率いる飛行船部隊、最後の戦い

飛行船の元祖であったツェッペリン飛行船会社がこうした高性能重爆を開発する流れは、完全に戦力としての飛行船の時代の終焉を予感させるものだった。果たして事態は、6月16日、海軍飛行船4隻が出撃し、成果なく1隻が撃墜される。引き換えのように陸軍の重爆撃機隊は6月13日に初のロンドン空襲を成功させ、7月7日にも成功。180発以上の爆弾をロンドンに降らせた。

8月、9月の出撃は目標に達せず空振り。理由は、6000mを超える高度で機体と搭乗員の両方がトラブルを起こしたことだった。

10月19日、この年、海軍飛行船部隊最後の大規模攻撃は、残った11隻の総力を挙げて行われた。強風に流され、5000m以上の高度の酸素不足や極低温に次々搭乗員が倒れる中、偶然ロンドン中心部上空へ侵入したR級L45は爆撃に成功。死者33人、負傷50人の戦果をあげる。しかしその後L45はエンジントラブルから風に流されてフランスへ不時着。乗員全員が捕虜となった。

他の飛行船の運命は過酷だった。1隻が対空砲火で撃墜。2隻が低温からエンジントラブルで不時着、乗員の大半が捕虜に。1隻はドイツまで帰還したものの損傷が激しく廃艦となる。じつに11隻中5隻という半数近い損害に、大規模な飛行船による爆撃は中止に追い込まれた。

明けて1918年3月12日、5隻の海軍飛行船が出撃するのは久々の艦隊行動だった。しかし雲量が多すぎて目標を見つけられず、やみくもに投弾して帰投。翌13日にも3隻が出撃し、運よく1隻・S級L42は目標の港湾都市にたどり着き、爆撃を成功、脱出した。4月12日の攻撃は改良型エンジンに換装した5隻が出撃したが、大きな成果もなく帰投した。

シュトラッサーはしかし、まだあきらめなかった。最新鋭X級・L70の配備を待って、最後の攻撃に出る。X級は全長211・1m、体積6万2180立方m、爆弾搭載

「ハイトクライマー」の到達点であったV級のL53(LZ100)。V級は大戦末期の海軍の主力飛行船となり、10隻が建造された。到達高度は5,400mで、L55は高度7,600mという飛行船の高度到達記録を打ち立てている。航続距離も13,500kmと長大だったが、爆弾搭載量は3トンに制限された

双発重爆撃機のツェッペリン シュターケンR.Ⅳ。大変も後半となると高性能の爆撃機が登場し、飛行船の存在意義が失われていった

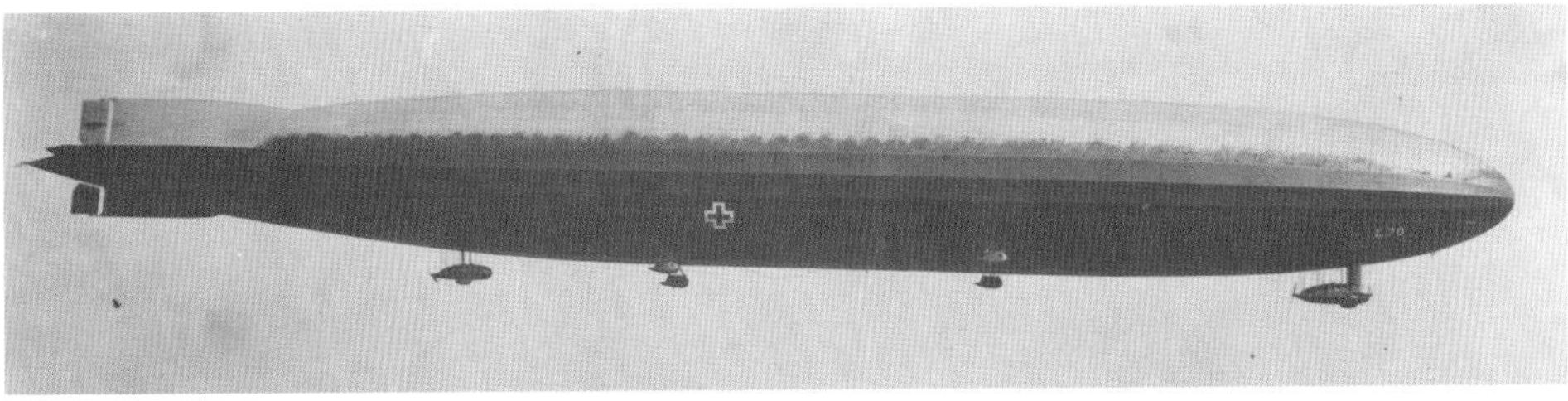

第一次大戦ドイツ軍最大最強の巨大飛行船・X級の1番艦として誕生したL70（LZ112）。だが大戦末期の1918年8月6日、シュトラッサー中佐とともにイギリス上空で撃墜され、これによって海軍飛行船部隊は名実ともに終焉を迎えた。なおX級は3隻が建造されたが、戦闘に参加したのはL70のみだった

量3・8トンという未曽有の巨艦だった。最高速度130km／h、上昇限度7100mの性能に、シュトラッサーは勝機を見出したのだ。しかし与圧キャビンもなしで7000m超えの高空を征くのは、もはや人間の生存と、作戦能力を脅かすものだった。

8月6日、5隻の海軍飛行船部隊が出撃した。L70にはシュトラッサー自らが乗船、指揮を執る。作戦目標ロンドン！…しかし5隻がロンドンへ到達することはなかった。

イギリス警戒網が飛行船艦隊をとらえ、13機の迎撃機が離陸。中には新鋭のD.H.4戦闘機もあった。同機は上昇限度6700m。最高速度200km／hに達する。午後10時20分、飛行船艦隊にイギリス戦闘機隊が襲い掛かる。対飛行船用の焼夷弾丸を浴びてL70はたちまち船体に大穴を穿たれ、燃え上がる。あっという間に巨体を炎が包み、L70は墜落した。シュトラッサー以下、生存者はいなかった。残り4隻は幸運にもドイツへ帰還することができた。

こうしてツェッペリン飛行船部隊のすべての戦いが終わった。WWIの全期間を通じての対英戦では、死者557人、負傷1358人、約150万ポンドの物的被害を与えた。対して重爆撃機隊は、死者857人、負傷2058人、約140万ポンドの物的損害だった。ただし飛行船部隊が戦争のほぼ全期間を通じて出撃したのに対し、爆撃機隊は1917年5月から、約1年半の行動による。

**X級飛行船**

| | | | |
|---|---|---|---|
| 全長 | 211.1m | 直径 | 23.9m |
| 空虚重量 | 24,700kg | ガス容量 | 15気嚢で62,200㎥ |
| エンジン | マイバッハMb Ⅳa 液冷直列6気筒（235hp）6基 | | |
| 最高速度 | 131km/h | 航続距離 | 12,000km |
| 実用上昇限度 | 6,000m | | |
| 爆弾搭載量 | 3.8トン | 乗員 | 30名 |

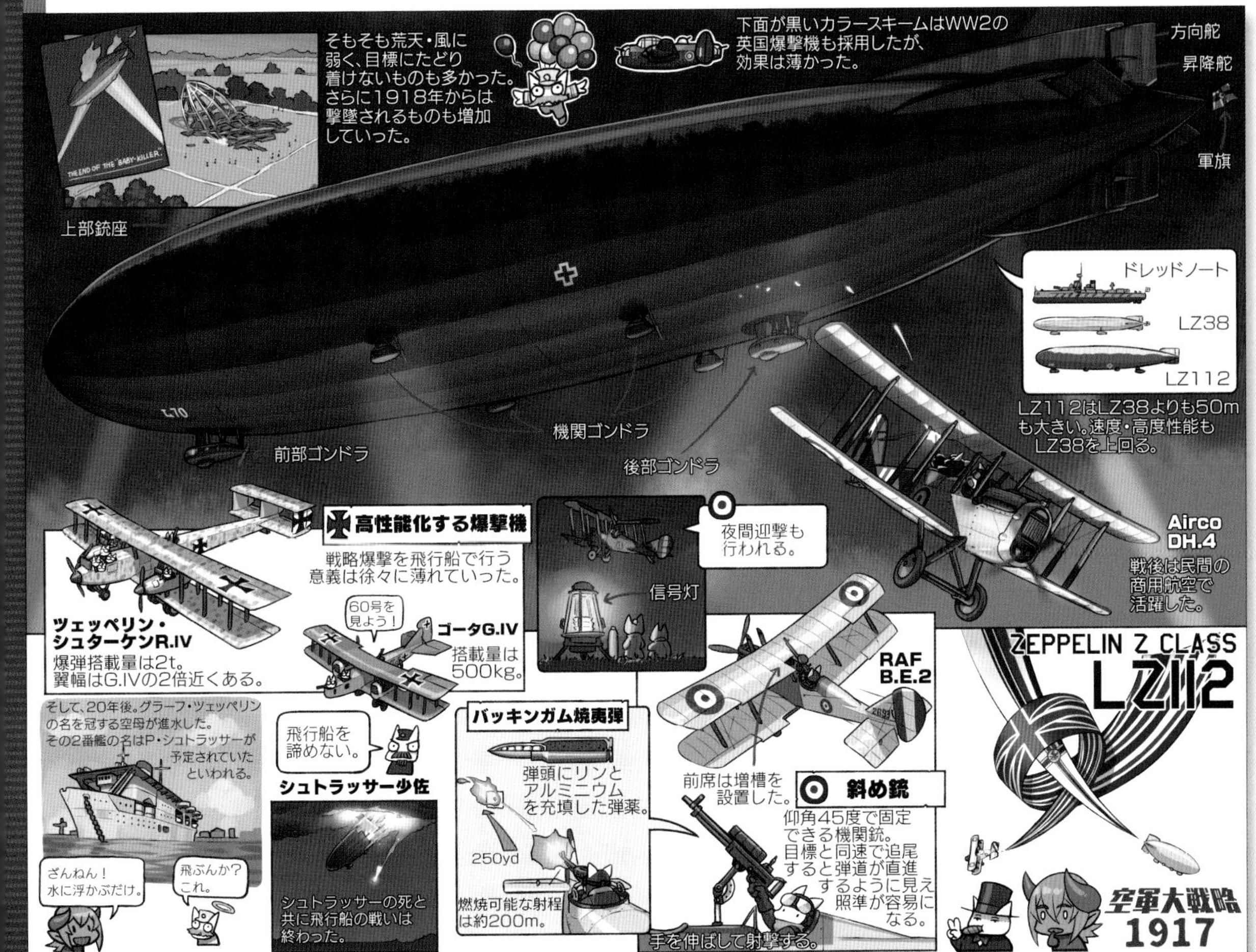

艦艇①

# 戦艦「ドレッドノート」

## 「ド級戦艦」という概念を生み出した革新的な戦艦

イギリス

### ド級のドはドレッドノートのド

ド(弩)級、超ド級などの言葉を聞いた、目にしたことはないだろうか？　たいていは、すごい！　とか、比類がない！　といった意味の形容詞的に使われるこの「ド級」、その由来が、かつてのイギリス戦艦「ドレッドノート」だ。

「ドレッドノート(Dreadnought)」、英単語の和訳は「恐れを知らない」だから、日本語で流布している「ド級」とはそのベクトルからして意味が異なる。なのに、そんなこともおかまいなく言葉として普及しちゃうほど、戦艦「ドレッドノート」とそのクラスはすごいのだろうか。

「ドレッドノート」は1905年10月2日にポーツマス造船所で起工され、翌1906年2月10日に進水、同年12月2日に就役した。常備排水量1万8110トン、最大速力21ノット、武装は305㎜連装主砲5基(10門)、76㎜単装砲27門、魚雷発射管5門、最大装甲厚279㎜。なんてこたぁない艦じゃないか、と思った方、無理もない。戦艦「大和」や「ビスマルク」など第二次世界大戦の戦艦に慣れていると、スペックだけでは「ドレッドノート」のどこがすごい！　のか、比類ない感じなのか、すぐにピンと来ないのもうなずける。

### ド級戦艦はいかにして誕生したのか？

「ドレッドノート」のすごさを理解するには、軍艦の発達を追わなくてはならない。

まずざっくりと、「戦列艦」があった。「カリブの海賊」なんかの、船の舷側にズラリと大砲を並べた海賊船を想い浮かべるとだいたい正しい。このころの大砲は台車に載せられていて、一発撃つとガラガラガラ〜、と後ろへ下がるようなしろものだった。正確な射撃などできるわけもなく、さほど砲弾も飛ばず、敵船の側にぴったりと自船を並べ、ひたすら撃ちまくるほかなかった。なので大砲の数は増え、上下三段、120門なんてモンスターも現れた。

それでも大砲が決め手にならず、敵船に横付けして兵を送り込み、白兵戦を行うとか、吃水線下に角のように生やした衝角(ラム)を敵船のどてっ腹にぶち当て、大穴を開けて浸水沈没を狙うなどの戦法がまだまだ有効だった。船体は木製だ。

時代が進み、大砲の威力も射程も精度も上がると、接近して撃ちまくるよりも、距離をとって正確に照準、射撃する方が有効で被害も少ない、となる。一発撃つとガラガラ動いていた大砲は上甲板などに据え付けられた。さらに複数をまとめて砲塔に載せ、360度回せるようにした。木の船体には鉄の装甲が張り付けられ、やがて全体が鋼鉄製となる。

こうして我々がイメージする戦艦に近づいていく。「戦艦＝Battle Ship」の分類名称もこのころ定まった。

やがて艦の前後に主砲の連装砲塔をひとつずつ持ち、その間に各種の中口径砲を並べる、というレイアウトが固定化し、各国でさかんに戦艦が建造される。日本海海戦で活躍した戦艦「三笠」がまさにそうだ。

その後、主砲に次ぐ口径の砲を、やはり連装などとして砲塔にまとめ、副砲として舷側上甲板に並べるなど、戦艦は発達していく。装甲厚も300㎜を超えるまでに強化された。

おりしも、進化した主砲の射程はどんどん伸びて、日露戦争の日本海海戦では5㎞(5000m)を超え、もっと伸びる傾向にある。

こうなると直接に相手を狙うことはできず、大きな仰角をかけた山なりの弾道で、落下地点に敵艦をとらえるということになる。砲手がそれぞれ独自に照準したり発砲することはなくなり、射撃指揮所が設けられて、統一した指揮のもと、すべての主砲をいっせいに発射する「斉射」が定着した。

もはや戦艦は戦艦の、それも主砲でしか撃沈できない。航空攻撃はまだ実現せず、潜水艦の威力もまだ未知数の時代だ。

ここでイギリス海軍は気付いた。戦艦の主砲でしか敵戦艦を倒せないなら、武装は全部主砲にしてしまえばどうだ！　魚雷を持った水雷艇の肉薄は駆逐艦が阻めばいいし、艦の前後に2基なんてよりももっと載せればいい。いっそ主砲だけでもいいくら

外輪船が隣に停泊している「ドレッドノート」。左右舷側の主砲塔の前方への射界を得るため、艦前部の船首楼の左右部分が切り欠かれているのが分かる

いだ！と。

　こうして実現したのが「ドレッドノート」だ。ときのフィッシャー海軍提督の発想とイニシアチブで計画が推進されたが、それ以前にイタリアの造艦技師ヴィットリオ・クニベルティが1903年のジェーン海軍年鑑に寄稿した単一巨砲艦の構想があったとも言われる。しかしもっとも影響を与えたのはやはり日本海海戦だろう。

## 軍艦史を塗り替えた偉大な艦もWWIではすでに時代遅れに

　竣工した「ドレッドノート」に、各国の海軍関係者は驚愕した。震撼した、と言ってもいい。

　なにしろ、それまでの戦艦には連装2基4門しか積んでいなかった305㎜砲を連装で5基、10門も搭載している。これらを、艦の真正面、真後ろに3基6門ずつ、横へは4基8門を「ドレッドノート」は指向できた。単純に、倍、三倍、といった数であって、「ドレッドノート」は、それまでの戦艦2隻分(以上)を1隻でまかなうことができるのだ。

　そのうえ速い。従来の戦艦は強いが鈍重で18ノットがいいところだったのが、いっきに21ノットだ。蒸気レシプロ機関が主流だったところへ、その後主流となる蒸気タービン機関をいち早く採用していたのだな。攻撃力2倍のうえにスピードまで速い。まさに反則、チートな戦艦！「ドレッドノート」絶頂期である。

　世界に衝撃を与えた「ドレッドノート」だが、同時に各国は「ドレッドノート」に類似した戦艦をいっせいに作り始めた。特許で守られているわけもないし、強くて画期的な武器・兵器を敵が作れば我もすぐさま倣うのは、現在までも変わらない安全保障の原則のようなもの。

　こうしてボコボコ建造された「ドレッドノート」ふうの戦艦をひとまとめに、ドレッドノート級（クラス）戦艦と呼ぶ。ふつう、～級戦艦、といえば同型艦を指すが、この場合は305㎜以上の主砲を多数(8～10門くらい)搭載した戦艦の意味だ。ちなみに「ドレッドノート」自体に姉妹艦はない。新機軸を詰め込んだ先鋭艦にイギリス海軍がつける名称で、それ以前に1879年に就役した装甲艦が命名されたのが始まりだ。

　「ドレッドノート」の栄光はしかし、長く

「ドレッドノート」の30.5cm連装主砲塔。砲塔前盾の装甲は279mm厚だった。前弩級戦艦が装備していた中間砲(230〜250mmクラスの、主砲と副砲の中間の砲)や副砲を廃し、主武装を主砲のみとした「ドレッドノート」の登場により、他の前ド級戦艦は一挙に旧式になってしまった

後部主砲塔2基と砲塔上の7.6cm速射砲(12ポンド砲)。中間砲を無くしたため、水雷艇の撃退は7.6cm速射砲が担当するようになったが、大型化する水雷艇駆逐艦に対しては力不足だったため、次級のベレロフォン級では10.2cm速射砲を装備した

**戦艦「ドレッドノート」**

| | | | |
|---|---|---|---|
| 常備排水量 | 18,110トン | 全長 | 160.6m |
| 水線幅 | 25.0m | 吃水 | 9.4m |
| 主缶 | バブコック・アンド・ウィルコックス式水管缶（石炭・重油混焼）18基 | | |
| 主機/軸数 | パーソンズ式直結タービン2基/4軸 | | |
| 出力 | 23,000馬力 | 最大速力 | 21.0ノット |
| 航続距離 | 10ノットで6,620浬 | | |
| 兵装 | 30.5cm連装砲5基、7.6cm単装砲27基、45cm水中魚雷発射管単装5門 | | |
| 装甲 | 舷側279mm、甲板76mm、主砲塔279mm、司令塔279mm | | |
| 乗員 | 773名 | | |

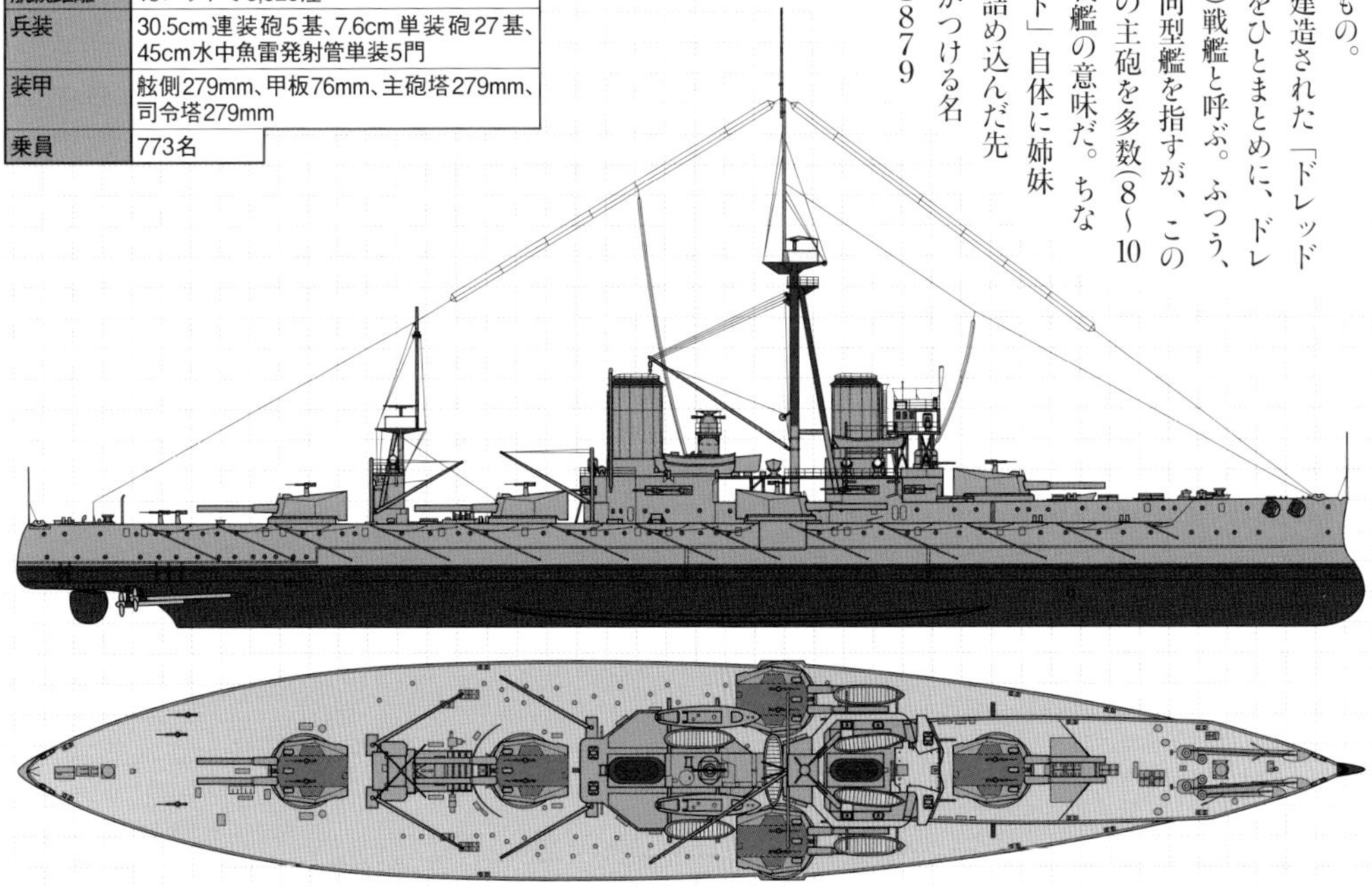

1906年竣工時の「ドレッドノート」。30.5cm(12インチ)主砲塔を艦前部に1基、後部に2基、左右に1基ずつ装備し、側面に8門、前後に6門指向できた。それまでの戦艦は側面4門、前後は2門だったので、倍以上の砲力を持っていた

は続かなかった。

　前述のとおり、各国が競ってド級艦を作り始め、343㎜の主砲を持つ超ド級艦や、第一次世界大戦の中盤にはとうとう、381㎜砲8門を搭載して速力も24ノットを発揮するクイーン・エリザベス級までもが竣工する。敵のドイツもほぼ同様のバイエルン級を造った。

　これではもう「ドレッドノート」の出番はない。「ドレッドノート」はイギリス本国艦隊に在籍し続けたが、ほぼ出番はなく、いちばんの大海戦、ユトランド沖海戦にも改修工事中で参加せず、大戦終盤には時代遅れの旧式艦として第一線の戦闘任務からは除外されていた。大戦後の1920年には早々に除籍、のち解体される。

　時代を先取りした画期的なテクノロジーや仕様は、すぐにコピーされ、改良・進化、洗練されて、さらにすぐれたものに置き換わる。先駆者の寿命は案外に短いものだ。

　イギリス海軍は1963年、イギリス初の原子力潜水艦にも「ドレッドノート」の名を付けたが、やはり実験艦としての性格が強く、さまざまな問題を引き起こしつつ（そのトラブルシュートで技術が進化する）、1982年、比較的短いその艦歴を閉じている。

1906年〜07年時の「ドレッドノート」。軍艦史に名を残すエポックメーキングな「ドレッドノート」だが、第一次大戦時はすでに旧式となっており、実戦での戦果は、1915年3月18日にドイツ潜水艦U29を体当たりで撃沈したことくらいだった

（※）偽エチオピア皇帝事件…1910年2月、イギリス人大学生たちが、『エチオピア皇帝が「ドレッドノート」を訪問する』という偽の電報を送り、「ドレッドノート」側がエチオピア皇帝一行に仮装した大学生たちを迎え入れてしまった事件。偽エチオピア王族は「ブンガブンガ!」などでたらめな言葉で話したが、乗組員たちは最後まで本物だと信じて疑わなかった。

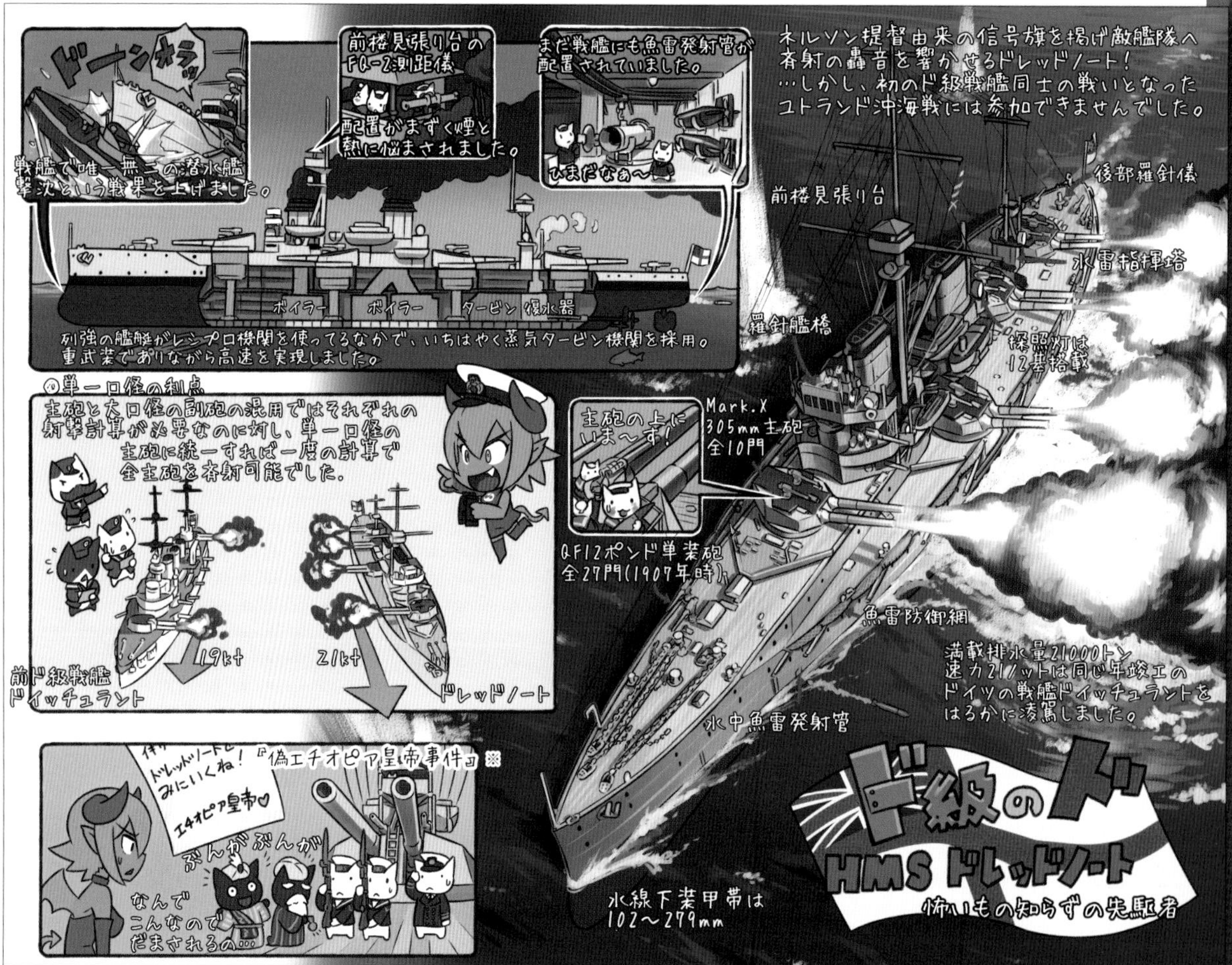

艦艇❷

# 航空母艦「フューリアス」

## 「大型軽巡洋艦」として起工されるも世界初の「航空母艦」として誕生

イギリス

### 「ないしょの巡洋艦」として生まれるはずが…?

そもそもは第一次世界大戦（以下、WWⅠ）の西部戦線が、にっちもさっちもいかなくなったことから始まる。その膠着した戦局を打開すべく、いくつか考案されたトンデモ計画のひとつ、「バルト海侵攻上陸作戦」のために建造されたのが、いわゆる「ハッシュ・ハッシュ・クルーザー」、「カレイジャス」「フューリアス」「グローリアス」の大型軽巡三姉妹であった。ハッシュ・ハッシュとは、口もとに人差し指を立てて「しーっ」とやる動作を指す俗語で、転じて、ないしょ、秘密（兵器）を意味する。

バルト海に600隻もの大艦隊で進入し、一足飛びに沿岸のドイツ本国に直接上陸、部隊を送り込む。成功すれば、西部戦線と東部戦線の間に、まったく新たな戦線が出現し、なおかつドイツの心臓部ベルリンへ一直線で侵攻、戦争を早期に勝利できる。という大胆かつ都合の良すぎる、この作戦の支援のため、高速・浅吃水・大口径砲の艦艇が求められた。つまりは特殊艦で、大型軽巡というのも一種の秘匿名称である。

「カレイジャス」と「グローリアス」は381㎜連装砲を艦の前後に1基ずつ搭載。「フューリアス」は457㎜単装砲をやはり前後に1基ずつ搭載した。最高速力はどれも30ノット以上。「フューリアス」はもっとも速く、32・5ノットに達する。しかしそのため防御力は犠牲とされ、主砲と司令塔を除けば最大で甲板の76㎜しかない。2万トン越えの大型艦なのに、これではWWⅡの中戦車なみの装甲である。

このようにあくまで特殊な三姉妹、その次女「フューリアス」だったが、まだ建造途中の1916年中にはもうバルト海作戦は中止に追い込まれていた。行き場のない「フューリアス」たちをどうするか。せっかく大口径砲を持っているんだし足は速いんだから、艦隊で運用すればいいのでは、と思うだろうが、前述のように防御力低すぎなうえ、「フューリアス」に至っては457㎜砲といっても単装2基、他艦も381㎜砲をせいぜい4門では、ド級戦艦が多数の同口径砲をいっせいに撃つことで命中率を高めていく「公算射撃」も実質不可能。たいへん使いにくい艦だったのだ。公算射撃（射法）が有効なのは（むろん多いほどいいが）10門程度。6門以上は必要と考えられている。

だいたい真面目に考えたら、バルト海作戦、航空戦力の援護がまったくないのでは？という最大の欠点に（いまさら）気付くのと、このころ、陸上航空機の水上艦搭載・運用が考案され、現実味を帯びて来るのがほぼ同時期で、余っていた「フューリアス」は真っ先にその目的に供されることとなった。

### 世界初の「空母」として竣工するが、試行錯誤の塊に

まず艦前方の457㎜砲の砲塔が撤去され、艦橋から前方を平滑な甲板として航空機を離陸させる改造が施された。艦橋構造物の直前には四角い穴が開けられ、その下の格納庫からクレーンで航空機が飛行甲板上に吊り上げられる。航空機運用のための改造が決定したのは建造途中だったから、「フューリアス」はこうした半空母のような姿で竣工した。

457mm単装砲を艦の後部に備え、艦の前部は短い飛行甲板とした1917年の竣工時の「フューリアス」

1917年6月26日、「フューリアス」は就役し、さっそく戦闘機の発艦が試された。訓練で発艦は容易なことが証明されたが、およそ70mの長さの前方甲板だけでは着艦は不可能。それでもベテランパイロットたちは果敢に着艦を試みる。

それは艦と並行にスレスレで飛び、艦橋を追い越しざま、わざと失速させた機体を横滑りさせて強引に前方甲板に「墜落させる」ようなものだった。制動装置もないので、水兵たちが大勢で機体に取りつき、なんとか停止させた。

このいかにも危険な方法でエドウィン・ハリス・ダニング飛行中隊長は1917年8月2日、初めての着艦を成功させ

1918年、艦の後部も飛行甲板とした「フューリアス」。航空機が翼をたたんで艦中央部のスロープを移動している

前部と後部の飛行甲板に艦上機を搭載した1918年時の「フューリアス」

**航空母艦「フューリアス」(1917年竣工時)**

| | | | | | | | |
|---|---|---|---|---|---|---|---|
| 基準排水量 | 22,450トン | 全長 | 239.66m | 全幅 | 27m | 吃水 | 7.6m |
| 主缶 | ヤーロー式重油専焼水管缶18基 | 主機 | ブラウン・カーチス式タービン4基/4軸 | | | | |
| 出力 | 90,000馬力 | 最大速力 | 32.5ノット | | 航続力 | 20ノットで6,000浬 | |
| 武装 | 45.7cm単装砲1基、14cm単装砲11基、7.6cm単装高角砲5基、53.3cm水中魚雷発射管2基 | | | | | | |
| 搭載機 | 固定翼約5機、水上機3機 | | | 乗員 | 約880名 | | |

るも、その5日後、3回目の着艦で彼のソッピース パップ戦闘機は海中に転落し、殉職してしまう。この事故を受け、海軍は着艦禁止令を出した。

また、このころ後部の457㎜砲の射撃訓練も行われ、海上を移動する目標に対して、たった1門の主砲はまったく役に立たないことが判明した。

着艦ができなければ、発艦した航空機はどこか陸上の飛行場に着陸するほかない。それでは「空母」としての運用が大きく制限される。そこで着艦用甲板を作るため、1917年11月からの改装で、こんどは煙突から後ろの構造物を撤去。ここに長さ85m、幅20mのほぼ四角い甲板を設置した。前方甲板の、ただの穴だった格納庫へのアクセスもエレベーターに替えられ、後方甲板のそれと併せてエレベーターは2基となった。

着艦したら、前方の発艦用甲板へ、艦橋の左右に設けられたスロープを通って航空機を移動させる。航空機は主翼を折りたたむ必要があった。着艦した機がオーバーランして煙突などにぶつかるのを防ぐため、一面大きなバリアネットも設置された。これで発艦も着艦も可能となり、「フューリアス」は晴れて近代的な空母に！……ならなかった。

上甲板レベルからでも30m近い高さを持つ艦橋は物理的に邪魔なばかりか、それだけで艦周囲の気流を乱すのに加え、やはり高い煙突から出る高温の排煙が視界や気流に決定的な悪影響をもたらすのだ。着艦実験は失敗に終わり、再び着艦禁止令が出る。せっかくあつらえた後方甲板は、WWⅠ中は格納庫、整備ハンガー等として使うほかなかった。

ちなみに取り外された457㎜砲は、それぞれモニター艦「ジェネラル・ウルフ」「ロード・クライヴ」「プリンス・ユージーン」に搭載された。3門あるのは、予備が1門あったため。このうち「プリンス・ユージーン」は、改造がWWⅠ中に間に合わず、工事中止で終わる。「ジェネラル・ウルフ」と「ロード・クライヴ」はベルギー沖などで457㎜砲をドイツ軍の戦線へ向かって射撃している。また、457㎜砲が不調だったときのために381㎜連装砲も用意されており、こちらはWWⅡのモニター艦、ロバーツ級の2隻に流用された。

## WWⅠでの実戦と戦後の改装 WWⅡでも長生きして活躍

こんな「フューリアス」だが、1918年3月には艦隊に復帰した。5月には北海哨戒の任に就き、7月19日、ドイツの飛行船ツェッペリン号の基地を襲撃する。7機のソッピース キャメル戦闘機が午前3時過ぎに「フューリアス」から発艦し、ユトランド半島中部、トンデルン(現：テナー)の街の飛行船基地に達した。1機が故障で引き返したほかは、4時35分に最初の3機が攻撃を開始。3つの飛行船格納庫を銃撃する。この攻撃で、飛行船L54とL60の気嚢が爆発。2隻は破壊された。すぐに残り3機の第二波が到着し、やはり飛行船格納庫を銃撃した結果、水素ボンベや観測気球などが破壊された。ドイツ側の人的損害は、負傷4名だった。

キャメル6機のうち3機は、燃料が乏しいことを理由に中立国デンマークに着陸した。残り3機は洋上でイギリス艦を探したが、5時55分から6時30分、エンジントラブルで次々不時着水。パイロットは救助されたが、ひとりはついに発見されず、溺死したものと思われた。どのみち「フューリアス」に着艦能力はないのだか

1917年8月7日、英空軍のE・H・ダニング少佐が、8月2日の最初の着艦成功から5日後、「フューリアス」の前部飛行甲板にソッピース パップで2度目の着艦を試みているところ

SSZ59軟式飛行船を後部飛行甲板に着艦させている「フューリアス」

ら、WWⅡの東京初空襲ドゥーリトル隊のように、地上の飛行場に最初から着陸する計画が良かったんじゃ？　と思うのは筆者だけではあるまい。これが「フューリアス」の、WWⅠ唯一の戦果となった。

戦後、ついに艦橋構造物等をいっさい撤去し、「フューリアス」はフラットデッキ（平甲板）の空母に生まれ変わる。しかしイギリス海軍フラットデッキ空母の嚆矢は、1918年9月に竣工した「アーガス」に奪われた。「アーガス」は建造途中の商船からの改造空母で、「フューリアス」のダメダメ感から、きれいさっぱりと平甲板を採用することになったと言われる。「フューリアス」はイギリス空母の反面教師だったのだ。準同型艦の「カレイジヤス」や「グローリアス」はというと、WWⅠを機雷敷設艦等として過ごし、やはり戦後、平甲板式の空母に全面改装された。ただし「フューリアス」と異なり、アイランド型の艦橋を持つ。

晴れて空母らしい空母になった「フューリアス」だが、上甲板を着艦、その下の艦首までを発艦甲板とする二段甲板構造だった。しかし航空機の大型化などからすぐに下の発艦甲板は使われなくなり、対空兵器が装備された。この二段甲板も、日本の空母「赤城」「加賀」の三段甲板のお手本となった。

WWⅡでは、ほぼ全期を空母として戦った「フューリアス」だが、その終盤はドイツ戦艦「ティルピッツ」にからみまくっていた。1944年だけで計6回もの作戦を行い、攻撃隊を発艦させた。かなりの損害を「ティルピッツ」に与えたものの撃沈はできず、結局止めを刺したのは、アブロランカスター重爆撃機の部隊だった。

WWⅡ末期の1944年9月、「フューリアス」は老朽化のため予備役に編入され、45年4月には退役。航空爆撃の目標艦として働いたあと、48年にスクラップとして売却された。近代空母とその可能性に捧げた生涯だった、と言えるかもしれない。

戦後の1925年には、「フューリアス」は上部の飛行甲板を全通甲板として「二段空母」となった

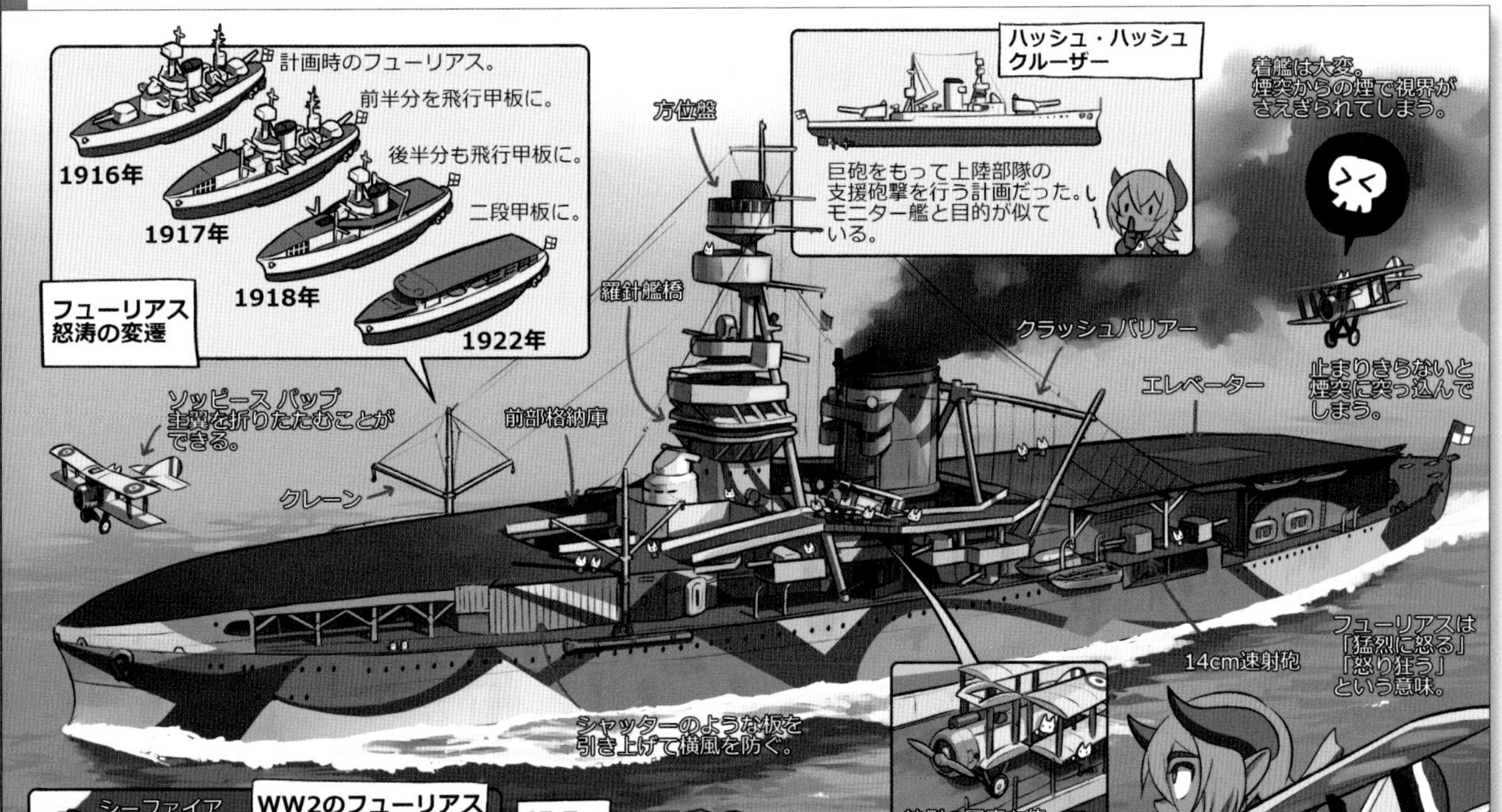

フューリアス 怒涛の変遷
1916年
計画時のフューリアス。
1917年
前半分を飛行甲板に。
1918年
後半分も飛行甲板に。
1922年
二段甲板に。
ハッシュ・ハッシュ クルーザー
巨砲をもって上陸部隊の支援砲撃を行う計画だった。モニター艦と目的が似ている。
着艦は大変。煙突からの煙で視界がさえぎられてしまう。
止まりきらないと煙突に突っ込んでしまう。
方位盤
羅針艦橋
クラッシュバリアー
エレベーター
ソッピース パップ
主翼を折りたたむことができる。
前部格納庫
クレーン
14cm速射砲
フューリアスは「猛烈に怒る」「怒り狂う」という意味。
シャッターのような板を引き上げて横風を防ぐ。
舷側の回廊を使って艦上機を移動させる。
WW2のフューリアス
シーファイア
ソードフィッシュ
建造から25年。搭載する艦上機も移り変わり、二度目の世界大戦でも活躍した。
45.7cm 主砲
大和 46cm砲
フューリアス 45.7cm砲
当初装備された主砲は45.7cm砲。戦艦大和の46cm砲に匹敵する。
HMSフューリアス
航空母艦がやって来るヤァ!ヤァ!ヤァ!

艦艇③

# アバークロンビー級モニター

## 小柄な船体に巨砲を搭載して地上を艦砲射撃した「浮き砲台」

イギリス

### USS「モニター」の誕生と19世紀の各国のモニター艦

ちょっとしたミリタリー好きでも知る人は多くない。けれどその姿は一度見たらおそらく忘れられないモニター艦のルーツは、その名のとおり、1862年、アメリカ南北戦争で北軍が開発した装甲艦「モニター」（以下区別のため、USS「モニター」）だ。設計時から鋼鉄製の船体に、1基の360度周回可能な連装砲塔を持つ。武装はその船体中央に置かれた279㎜連装砲だけで、排水量は988トン、最大速力8ノット。

1862年3月9日、ハンプトン・ローズ湾でUSS「モニター」は南軍の装甲艦「ヴァージニア」と撃ち合い、引き分けに終わる。だが、従来の木造船に装甲を施し、船体に多くの固定砲門を備えた「ヴァージニア」に比べ、基本部分は鋼鉄製、回転砲塔のUSS「モニター」の先進性は明らかだった。

USS「モニター」の設計者、ジョン・エリクソンは故郷のスウェーデン海軍にも依頼され、モニター艦を設計する。これらはジョン・エリクソン級と呼ばれ、1865年から3隻が建造された。いずれも、低い乾舷、全鋼鉄製の船体に、強力な主砲を連装で回転砲塔に収めている。USS「モニター」の988トンに対し、ジョン・エリクソン級は排水量1498トンと大きく、武装は380㎜連装砲と強力だった。しかし速度はUSS「モニター」よりさらに遅い6・5ノットにとどまる。なおUSS「モニター」は1862年12月31日、ノースカロライナの沖を曳航されて航行中、嵐で沈没している。

1865年には、イギリスに発注されたペルーの「ワスカル」も進水した。装甲艦ではあるが、254㎜砲を連装で2門、艦前方の砲塔に収めて搭載した艦形はモニター艦にも分類される。排水量1199トン、12ノット。

南北戦争のハンプトン・ローズ海戦で戦う北軍の「モニター」（右）と南軍の「ヴァージニア」（左）を描いたリトグラフ

1867年にイギリスがオーストラリア向けに建造した「サーベラス」は、ブレストワークと呼ばれる箱型の構造物を艦中央に持ち、その上に大型砲の砲塔を据える、ブレストワーク・モニターと呼ばれる艦形だ。主砲は254㎜砲連装を砲塔に格納して前後に2基。ほかは小口径砲や機関銃をそなえる。3440トン、9・75ノットだった。同型艦はインド向けに作られた「マグダラ」だ。

1907年には、オーストリア＝ハンガリーに発注された河川用モニター艦、ルーマニアの「ミハイル・コガルニセアヌ」が完成。イオン・C・ブラティーヌ級モニター艦4隻の1隻で、武装は120㎜単装砲をそれぞれ回転砲塔に搭載して3基。それに中、小口径砲を合わせて8門だった。第一次大戦では、ドナウ川でソ連の河川モニター艦と交戦、勝利している。

### 歴史のいたずらで余っていた356㎜連装砲を装備し生まれる

このように中小国では沿岸・近海警備の海防（戦）艦や河川警備の砲艦としての性格が重宝されたモニター艦だが、主要国、とくにイギリスでは違った目的をもって作られるようになる。

どれほど強力な主砲を装備しようとも、モニター艦は対艦戦闘には適さない。（列強海軍の）艦隊戦は機動戦だから、低速のモニター艦の出番はない。

他方、巨大な海軍国であるイギリスでは、多数の軍艦が建造され続ける。戦闘などで失われるものを除けば、寿命を迎えた艦は廃艦となるが、その武装にはまだ利用価値のあるものが十分にあった。とくに主砲は、沿岸砲台や要塞砲台などに流用されることが多かったが、逆に言えばそのくらいしか

4番艦のM4「ロバーツ」。当初は南北戦争の南軍のジャクソン将軍にちなみ「ストーンウォール・ジャクソン」と命名されたが、後にヴィクトリア朝時代のアール・ロバーツ元帥にちなむ艦名となった

利用方法がない。この主砲を砲塔ごと利用してモニター艦を作ることが考えられた。それらは対陸上攻撃用モニター艦、ようするに浮き砲台となる。

おりしも第一次世界大戦が始まっており、極端な話、戦力はなんでも必要だった。また、戦線が膠着し、ドイツ本国への直接上陸作戦などが現実味を帯びて来ると、上陸作戦支援の火力としても期待されるようになる。

こうして作られたのがアバークロンビー級で、ドイツで建造中だったギリシア海軍の戦艦「サラミス」の主砲が流用されることとなった。は？ 敵国ドイツが建造中の戦艦の主砲をイギリスが？？？ じつはこの「サラミス」、ドイツがギリシアから受注した超ド級戦艦だったのだが、当時のドイツではまだ３５６㎜砲が作れず、砲(塔)だけアメリカに発注していたのだ。ところがＷＷⅠ勃発とともに敵対国のドイツには禁輸政策が科せられ、ドイツに納品できなくなったアメリカ企業は代わりにイギリスに買収を提案。これによってイギリスにはさしあたり使用目的のない連装砲塔4基が来る。ちなみにドイツに残った船体のほうは未成のまま敗戦で解体された。ドイツのフルカン社は建造代金を戦後ギリシアに請求し、交渉の末、２／３ほどを得たのだとか。

という複雑な経緯で得られた３５６㎜連装砲塔を１基、艦のほぼ中央に搭載し、１５２㎜単装砲、７６・２㎜単装砲を２門ずつ後部甲板に置いて、アバークロンビー級モニター艦４隻は完成した。排水量６１５０トン。舷側帯の装甲厚は１０１・６㎜。武装は時期によって増設されている。やはり速力は絶望的に遅く、最高７ノットだった。乗員１９８名。

1917年、3番艦のM3「ラグラン」に乗艦して取材するジャーナリストたち。当初は南北戦争の南軍のリー将軍にちなみ「ロバート・E・リー」と命名されたが、米の抗議でラグラン男爵にちなむ「ロード・ラグラン」に、後に「ラグラン」となった

## 艦砲射撃に活躍するも対艦戦闘ではまったく無力

一番艦のＭ１「アバークロンビー」が進水したのが１９１５年４月15日、就役が５月１日。起工からわずか半年以内の超スピード建造だった。砲塔獲得のいきさつから艦名は当初、アメリカ陸軍軍人の名がつけられたが、当時まだアメリカは中立国だったので、Ｍ１～Ｍ４の記号艦名を経たのち、すべてイギリス陸軍軍人の名に差し替えられた。ちなみに「アバークロンビー」の名の由来、陸軍大将ジェームズ・アバークロンビーは、１７５８年、フレンチインディアン戦争のタイコンデロガ砦への攻撃で大敗を喫した人物でもある。いいのか。他の「ヘイブロック」「ラグラン」「ロバーツ」も４月中に次々進水し、５月中に就役した。

４隻は15年６月24日に出港し、ガリポリ戦に参加のためエーゲ海へ向かった。自力ではなく、巡洋艦に曳航されての航行だった。到着後、４隻が命じられたのは海峡突破艦隊への参加、などではなく(もう３月にとっくに終わっていた)、ガリポリ半島艦砲射撃の任だった。

イギリスなど連合国軍がガリポリから撤退したのちも「アバークロンビー」は地中海に留まっていた。終戦後の１９１９年２月、ようやくイギリスへ帰還し、武装を取り外されたのち27年６月に売却され解体される。

Ｍ２「ヘイブロック」とＭ４「ロバーツ」は16年４月にイギリスへ戻り、それぞれロ

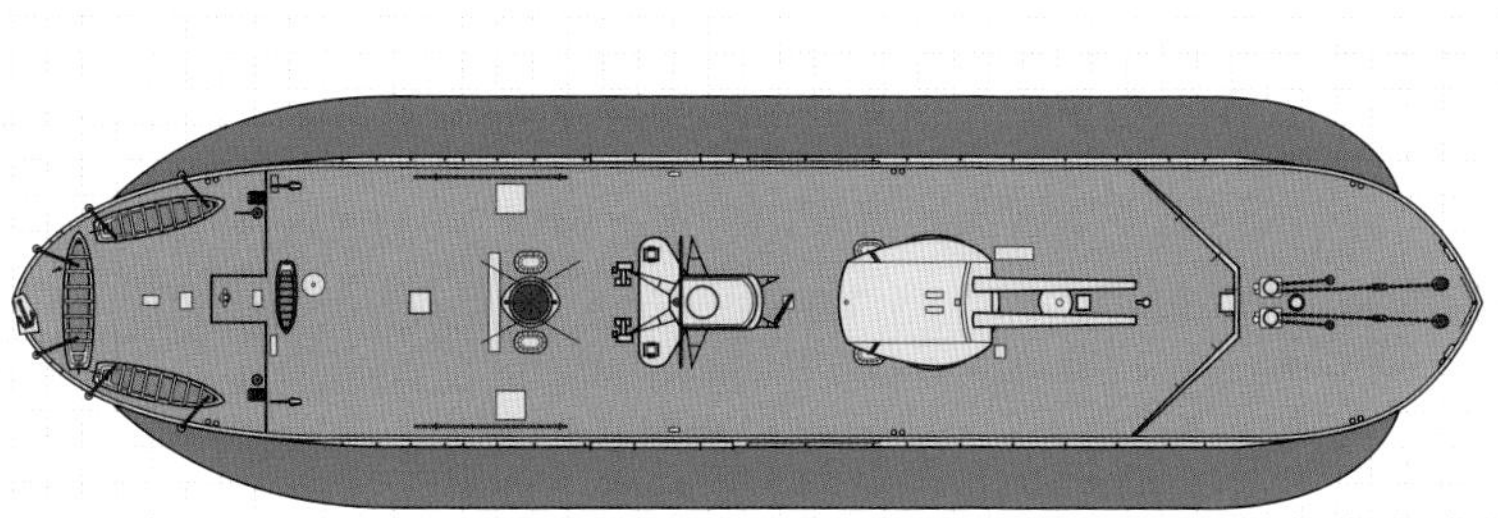

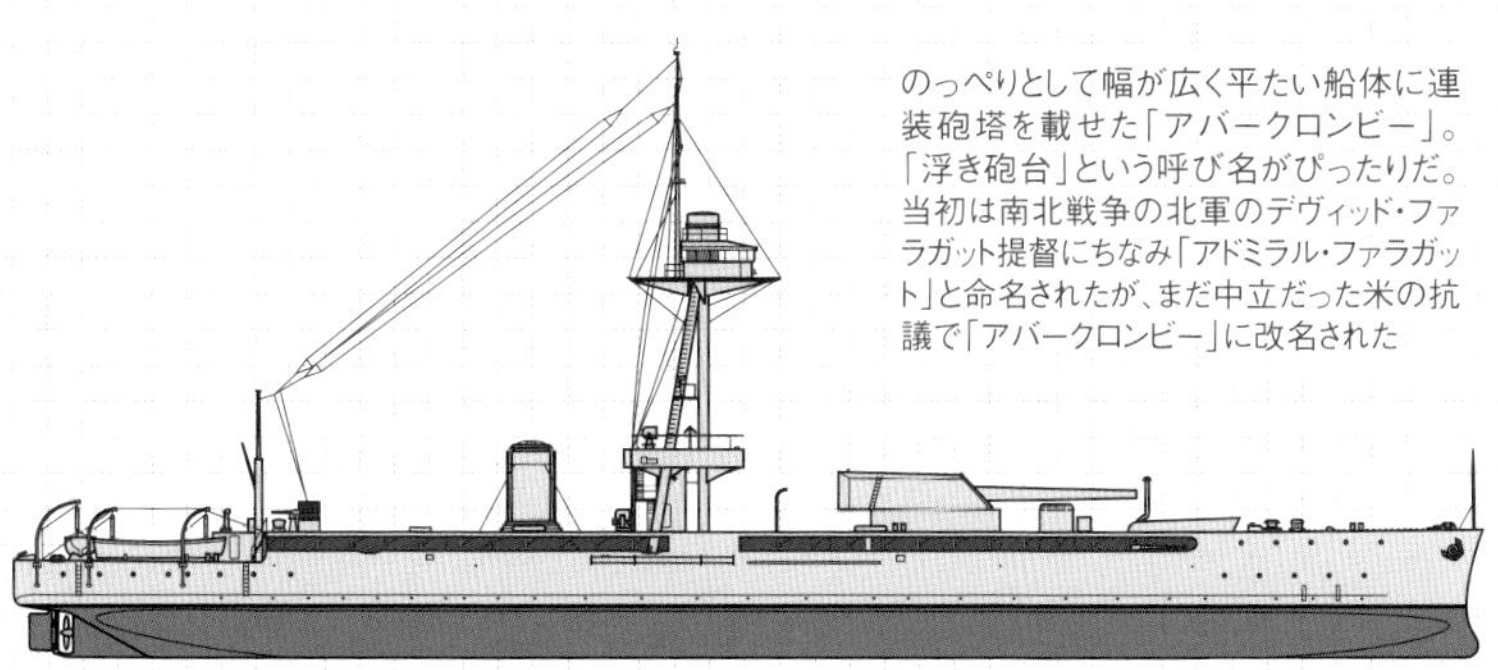

のっぺりとして幅が広く平たい船体に連装砲塔を載せた「アバークロンビー」。「浮き砲台」という呼び名がぴったりだ。当初は南北戦争の北軍のデヴィッド・ファラガット提督にちなみ「アドミラル・ファラガット」と命名されたが、まだ中立だった米の抗議で「アバークロンビー」に改名された

**モニター艦「アバークロンビー」**

| | | | | | | | |
|---|---|---|---|---|---|---|---|
| 常備排水量 | 6,150トン | 全長 | 102.0m | 全幅 | 27.0m | 吃水 | 3.1m |
| 主缶 | バブコック・アンド・ウィルコックス式重油専焼水管缶2基 | | | | | | |
| 主機/軸数 | 3気筒3段膨張レシプロ機関2基/2軸 | | | | | | |
| 出力 | 2,300馬力 | 最大速力 | 6〜7ノット | 航続力 | 不明 | | |
| 武装 | 35.6cm連装砲1基、7.62cm単装砲2基、47mm対空砲1基、40mm対空機関砲1基 | | | | | | |
| 装甲 | 舷側102mm、甲板51〜25mm、主砲塔254mm | 乗員 | 198名 | | | | |

ーストフト、ヤーマスの港に配備され、港の防衛任務にあたる。「ロバーツ」の対空火器がツェッペリン飛行船を射撃したこともあったらしい。

もっとも激烈な運命をたどったのはM3「ラグラン」で、1918年1月20日、ダーダネルス海峡の入り口、インブロス島のクス湾に同じくモニター艦のM28とともに停泊中、オスマン帝国の巡洋戦艦「ヤウズ・スルタン・セリム」と巡洋艦「ミディッリ」の襲撃を受ける。「ラグラン」は両艦の主砲弾多数を被弾し主砲が破壊され、爆発、着底。戦死者は127人にも上った。M28もなんら反撃することなく撃沈されている。やはり対艦戦闘ではモニター艦、まったく役に立たないのがわかる。ちなみに「ミディッリ」はこの攻撃からの帰投途中に触雷、沈没した。

## アバークロンビー級以降のイギリスのモニター艦

アバークロンビー級以降もイギリス海軍はモニター艦を作り続け、それらはじつに6クラス33隻にも及ぶ。ほとんどが1915年中に作られており、もっとも大きなもので最後のエレバス級が8000トン、小さなものだとM29級の535トン。武装はやはり、退役したド級戦艦や装甲巡洋艦の主砲、ケースメイト式の副砲などが流用された。

彼女らはおもに西部戦線のベルギー沖に展開し、陸上のドイツ野戦軍や要塞を砲撃した。小型のものは港湾や河川、運河に配備された。事故などを除けばほとんどが終戦まで残り、戦後は標的艦となったり、武装を取り外されて倉庫艦となるなどしたが、多くは売却されスクラップとなる。唯一、M15級のM15はドイツのUボート、U38の雷撃で沈んだモニター艦だ。また、最後のエレバス級は戦後も唯一健在で、2番艦の「テラー」はシンガポールにいたところをWWII勃発で呼び戻され、アフリカでイタリア軍要塞を砲撃するなどした。

イギリス海軍はWWIIでもモニター艦を新たに2隻建造している。そのロバート級の1隻はまたも「アバークロンビー(II)」と名付けられた。モニター艦らしく、その356㎜連装砲はWWIの大型軽巡洋艦(後の空母)「フューリアス」の予備主砲塔として建造されたものだった。

1916年に就役したエレバス級の「テラー」。381mm連装砲1基を搭載している。第一次世界大戦後も長らく現役で、第二次世界大戦にも参戦したが、1941年2月にドイツ軍のJu87スツーカの急降下爆撃で撃沈された

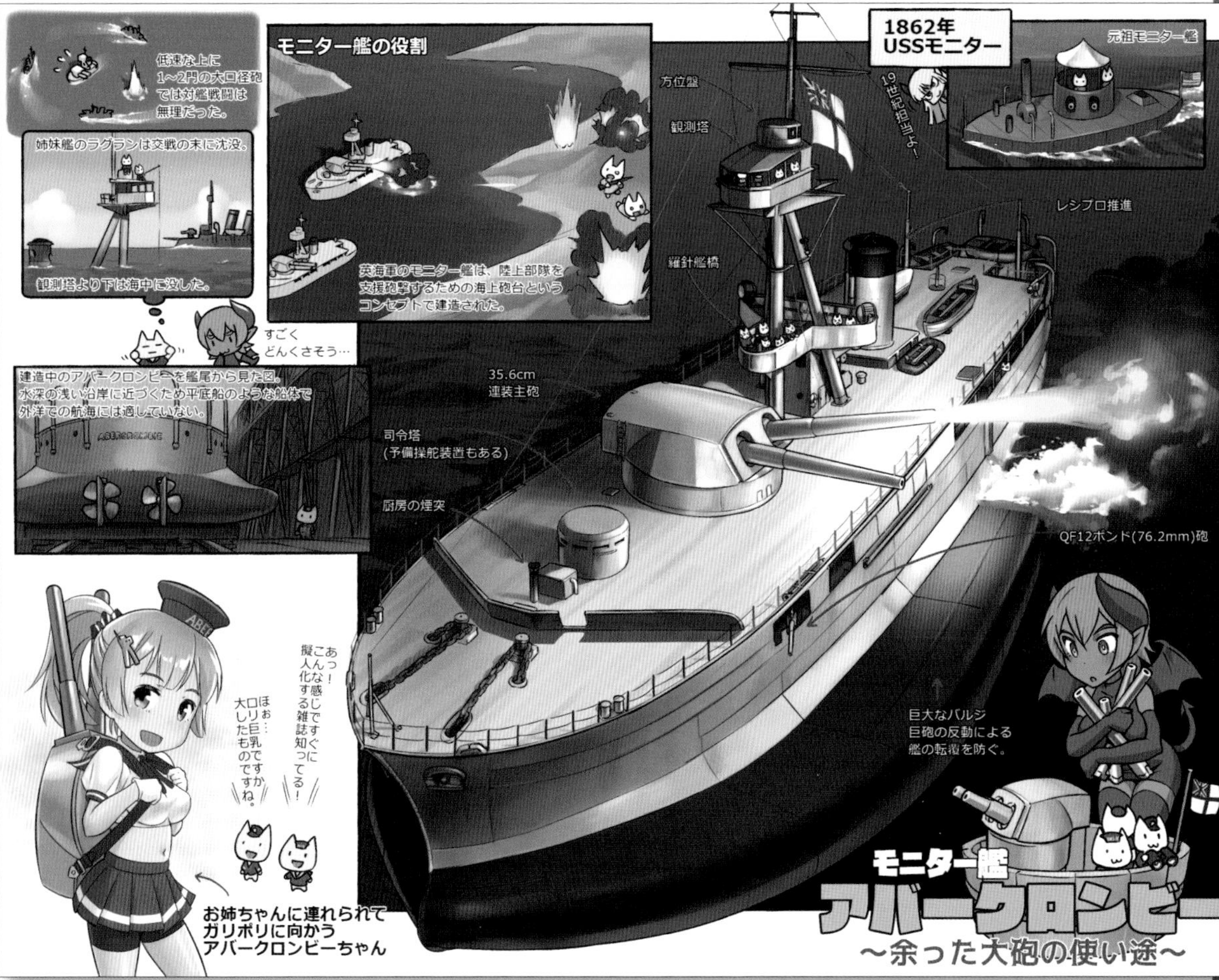

艦艇④

# WWIフランスの戦艦

## 英独の戦艦に比べると影が薄かったユニークなフランス戦艦たち

フランス

### WWIのフランス戦艦って何をやってたの?

第一次世界大戦（以下、WWI）のフランス海軍について多くを知り、語れる人は少ないだろう。えぇっと、たしかドイツ軍にまるごと捕獲、接収されてたんだっけ？　ふたつの陣営に分かれて戦ったんでしょ？　それはどちらもWWII（第二次世界大戦）の方だ（しかもイタリア混じってる）。同じ連合国のイギリス海軍に攻撃されるなど、悲劇的な展開もあったが、逆に言えばそうしたドラマチックな見せ場？もあったのがWWIIのフランス海軍。WWIのフランス海軍は、特になんもなかった……。

イギリス、ロシアと三国協商を結んでいたフランスは、ドイツをはじめとする三国同盟と戦争状態になった場合、地中海でイタリア、オーストリア＝ハンガリー海軍を担当することになっていた。ドイツ海軍を北海と大西洋で迎え撃つのは世界最大の海軍国イギリスの役目だ。

ところがWWIが始まってみると、当初中立を標榜していたイタリアは結局、協商側に転がり込む。となると、オーストリア＝ハンガリー海軍は、アドリア海の対岸を占めるイタリアが相対し、もっといえばアドリア海の出入り口、オトラント海峡さえ封鎖しておけばオーストリア＝ハンガリー海軍は地中海へ出ることさえ出来ない。実際、何度か突破を試みるものの、かの海軍の主力艦隊はWWI全期間をアドリア海から一歩も出ることなく終わる。

取るに足らないオスマン帝国やブルガリアの海軍も、黒海やドナウ川でちょちょっと事は起こしていたようだが、フランスの担当する地中海の西側へは、やって来られるはずもなかった。かくしてフランス海軍は、戦争全般ヒマをかこつ、もとい、待機状態で哨戒や輸送、機雷敷設なんかに明け暮れていた。というか基本それしかやることがなかった。

開戦時、フランス海軍の戦艦戦力は21隻。意外と多いが、うち17隻が前時代的な前ド級戦艦で、判で押したように主砲は30・5cm連装砲（単装砲もあり）2基、最高速力は17～18ノットだった。他の4隻はフランス海軍唯一のド級戦艦クールベ級で、主砲30・5cm連装6基、21ノット。また3隻が建造中で、これはフランス海軍唯一の超ド級戦艦ブルターニュ級。34cm連装砲5基、20ノットだった。

これらは大戦中に就役するが、そのころイギリス海軍では38・1cm連装砲4基、25ノットのクイーン・エリザベス級5隻が、ドイツでも38cm連装砲4基、22ノットのバイエルン級2隻が就役している。つねにまるまる一歩遅いのがフランス海軍だった。イタリアやオーストリア＝ハンガリー海軍も似たようなものだったが、当初の予想通り両者がともに敵だったら、フランス海軍単独ではとても荷が重い、苛酷な戦いになっただろうことは予想できる。

### ダーダネルス海峡で辛酸を舐める

こんなフランス海軍最大の戦闘行動は、1915年3月18日、ガリポリの戦いの前哨戦ともいえるダーダネルス海峡突

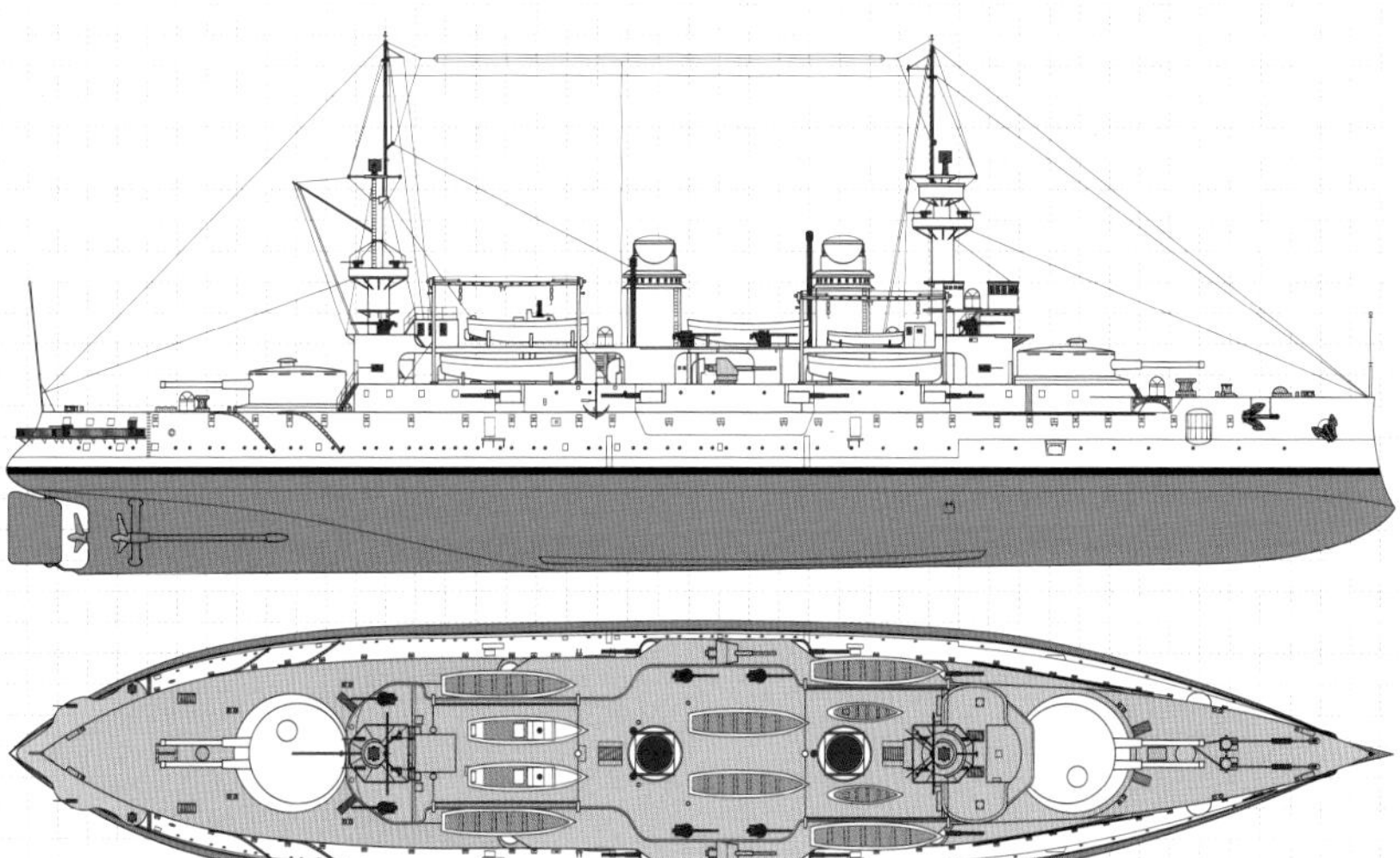

ダーダネルス海峡突破作戦にも姉妹艦の「ゴーロワ（ガリア人）」と共に参加した「シャルルマーニュ（カール大帝）」。就役は1899年。舷側が上方で内に傾斜する「タンブル・ホーム」という船体形状となっているのが最大の特徴で、艦首と艦尾に30.5cm連装砲1基ずつを備える初のフランス戦艦だった。本艦はWWIを生き延び、戦後に解体された

**戦艦「シャルルマーニュ」**

| | | | | | | | |
|---|---|---|---|---|---|---|---|
| 満載排水量 | 11,275トン | 全長 | 117.7m | 全幅 | 20.26m | 吃水 | 7.9m |
| 主缶 | ベルヴィル式石炭専焼水管缶20基 | | | 主機／軸数 | 直立三段膨張式レシプロ機関3基／3軸 | | |
| 出力 | 14,500馬力 | 最大速力 | 18ノット | 航続力 | 10ノットで3,600浬 | | |
| 武装 | 30.5cm連装砲2基、13.8cm単装砲10基、10cm単装砲8基、47mm砲20基、37mm機関砲2基、450mm魚雷発射管4門 | | | | | | |
| 装甲 | 舷側110～400mm、甲板70mm、主砲塔320mm、バーベット270mm、司令塔326mm | | | | | 乗員 | 692名 |

1904年に就役した戦艦「シュフラン」。主砲は30.5cm連装砲2基、副砲は16.4cm単装砲10基、速力18ノット、装甲は舷側最大287mm、甲板70mm、主砲塔325mmと、前々級のシャルルマーニュ級より副砲が大きくなっている

破作戦だった。黒海と地中海を結ぶダーダネルス（～ボスポラス）海峡に面したガリポリ半島へ陸軍部隊を上陸させ、オスマン帝国の首都、イスタンブールへ最短で進撃しようという、当時のイギリス海軍大臣ウィンストン・チャーチルの大胆過ぎる戦略構想のため、イギリス・フランス海軍による連合艦隊が同海峡を突破、制圧しようとした作戦だ。

突破艦隊は戦艦18隻（イギリス戦艦13、巡洋戦艦1、フランス戦艦4）、ほかに駆逐艦や掃海艇を伴う。最も狭いところで幅1・6㎞弱という海峡を、4隻の横隊、5列となって進んだ（最終列は2隻）。戦艦の主砲群がオスマン軍の陸上砲台を次々に沈黙させ、作戦は順調、と思われた矢先、13時54分、フランスの前ド級戦艦「ブーヴェ」が触雷。転覆し、数分で沈没した。639人が死亡し、生存者は48人だった（75人とも）。前日までの海峡内の掃海は不徹底だったが、それは司令官、イギリス海軍のジョン・デ・ロベック提督には届いていなかったのだ。

勢いづいたオスマン軍はさかんに砲台から撃ちかける。16時にはイギリス巡洋戦艦「インフレキシブル」と前ド級戦艦「イレジスティブル」が触雷。「インフレキシブル」はなんとか逃れたが、「イレジスティブル」は沈没。18時5分、英のド級戦艦「オーシャン」も沈没した。フランス戦艦では、「ゴーロワ」と「シュフラン」が砲撃で大きく損傷しながらも生き残る。こうして作戦は、英仏戦艦3隻沈没、3隻大破という結果で失敗に終わった。もちろん負け戦だったが、これがフランス艦隊の最も華々しいステージでもあった。

「ゴーロワ」はブレストへ戻って修理を受ける。しかし同年10月27日、やはり地中海で、ドイツ潜水艦UB47の雷撃によって撃沈。戦死者は4名と少なかったのが幸いだった。「シュフラン」もまた翌年の1916年、ロリアンへ向かう途中、ドイツ潜水艦U52の雷撃で沈没。こちらの生存者はゼロだった。ダーダネルス海峡で沈んだ「ブーヴェ」は、WWIフランス戦艦の中で「ジョーレギベリ」の次に古い1898年竣工の艦だった。

その後、フランス海軍はオトラント海峡封鎖に協力するなどしていたが、目だった作戦行動はない。もっとも激しかった1917年5月14日深夜のオトラント海峡海戦では、フランスのブークリエ級駆逐艦「ブトゥフー」が触雷して沈没した。

とはいえ、フランス戦艦にはこれと言って何もない。しかしフランス海軍も、WWI勃発で計画が頓挫したものの、戦争が起きなければ超ド級戦艦をバンバン建艦していたはずなのだ。1912年3月に成立した海軍法は、巡洋戦艦を含むじつに28隻の戦艦を就役することになっていたのである。

## 建造されるはずだったフランス未成戦艦たち

その未成計画艦とは、まず1913年から4隻の就役が予定されていたノルマンディー級超ド級戦艦がある。34㎝四連装主砲を3基12門搭載で、常備排水量2万4832トン、最高速力21・5ノット。のちのダンケルク級やリシュリュー級で見られる、フランス超ド級戦艦に特徴的な四連装主砲が最初に実現する（はずだった）艦である。

フランスこだわりの四連装主砲だが、その採用理由は明確にアナウンスはされていない。ただ専門家が推測するに、大きく重い主砲塔の数を減らすことで艦の全長を抑え、防御区画を小さく、結果的に重量を軽減することができることからららしい。四連装主砲は、隣り合った2門ずつが同時に俯仰する仕組みだった。また艦前部に四連装砲塔2基を集中させたダンケルク級、リシュリュー級と違い、主砲塔は艦の前後と中央に1基ずつという配置だった。

1番艦の「ノルマンディー」と2番艦の「ラングドック」は1913年4月に起工

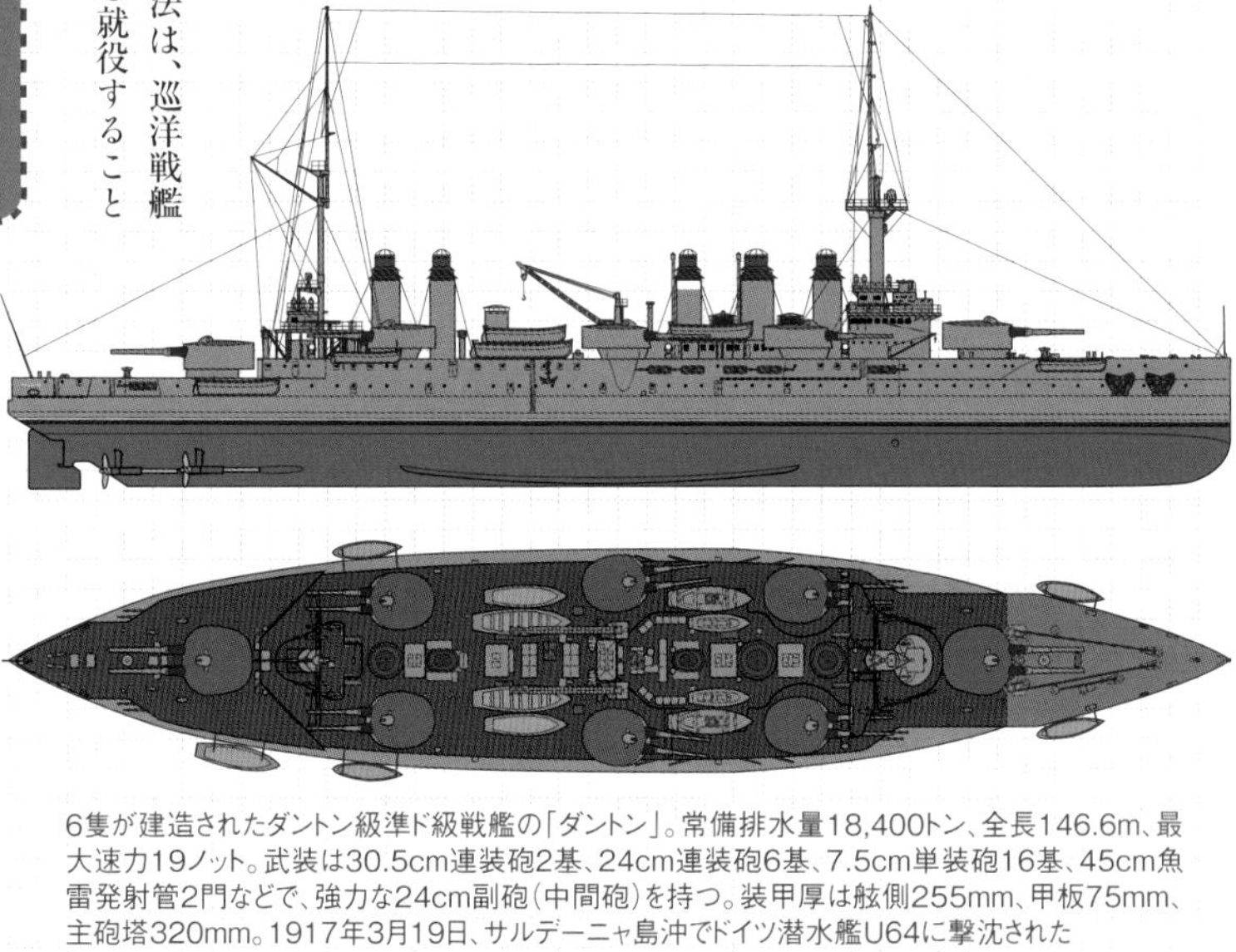

6隻が建造されたダントン級準ド級戦艦の「ダントン」。常備排水量18,400トン、全長146.6m、最大速力19ノット。武装は30.5cm連装砲2基、24cm連装砲6基、7.5cm単装砲16基、45cm魚雷発射管2門などで、強力な24cm副砲（中間砲）を持つ。装甲厚は舷側255mm、甲板75mm、主砲塔320mm。1917年3月19日、サルデーニャ島沖でドイツ潜水艦U64に撃沈された

され、翌14年10月と翌々15年5月に進水した。3番艦「フランドル」、4番艦「ガスコーニュ」もまた14年中に進水。5番艦「ベアルン」は14年1月に起工していた。それぞれ1916年、17年に竣工の予定だったが、WWIの勃発とともに工事中止となる。主砲や副砲などは陸戦に、機関部も小型艦に転用された。結局、1～4番艦は解体廃棄、「ベアルン」のみ艦種変更され、フランス最初の空母として1927年に完成した。

リヨン級はさらに大きく、34cm四連装主砲4基、常備排水量2万5230トン、23ノットを予定していた。1913年に設計が始まったが、開戦で中止となる。計画案には、主砲38cm四連装2基のタイプも検討された。1番艦から「リヨン」「リール」「デュケーヌ」「トゥールヴィル」と名付けられる予定だった。

巡洋戦艦は設計すら始まらない計画のみの段階だったが、いくつか案があった。設計者M・ジル案は主砲34cm四連装3基、常備排水量2万8100～2万8347トン、20・3ノット。設計者デュラン・ヴィールからは主砲38cm連装5基、3万2000トンなど複数が提案されていた。

しかしこの巡洋戦艦を4隻建造したところで、ノルマンディー級、リヨン級と合わせてまだ12隻。海軍法で決定した28隻の半分にも及ばない。WWIが起こらなくとも、28隻すべての建艦をまっとうできたのか、難しそうだ。

変わったところでは、ギリシア海軍が発注し、フランスで建造途中だった戦艦がWWIでキャンセルとなり、フランス海軍が契約を引き継いで完成、艦隊に編入しようとしたものがある。ギリシア名は「ヴァシレフス・コンスタンチノス」で、常備排水量2万3000トン、主砲はブルターニュ級と同じ34cm連装5基を予定していた。「サヴォア」と改名され竣工を目指したが、やはりWWIの戦況から陸軍や航空兵器の生産が優先され建造中止。のちに解体された。

どこまでも不運・不遇なWWIフランス海軍だが、だからこそ興味を持って調べ始めると、どことなく憎めず好きになってしまう、のかもしれない。

1924年時、大改装前の「クールベ」。同級は30.5cm連装砲塔を6基装備し、片舷に10門を指向できるフランス唯一のド級戦艦だった。竣工時の基準排水量23,475トン、全長166m。主砲以外の武装は13.8cm単装砲22基、47mm砲4門、45cm魚雷発射管4門。装甲厚は舷側250mm、甲板70mm、主砲塔250mm

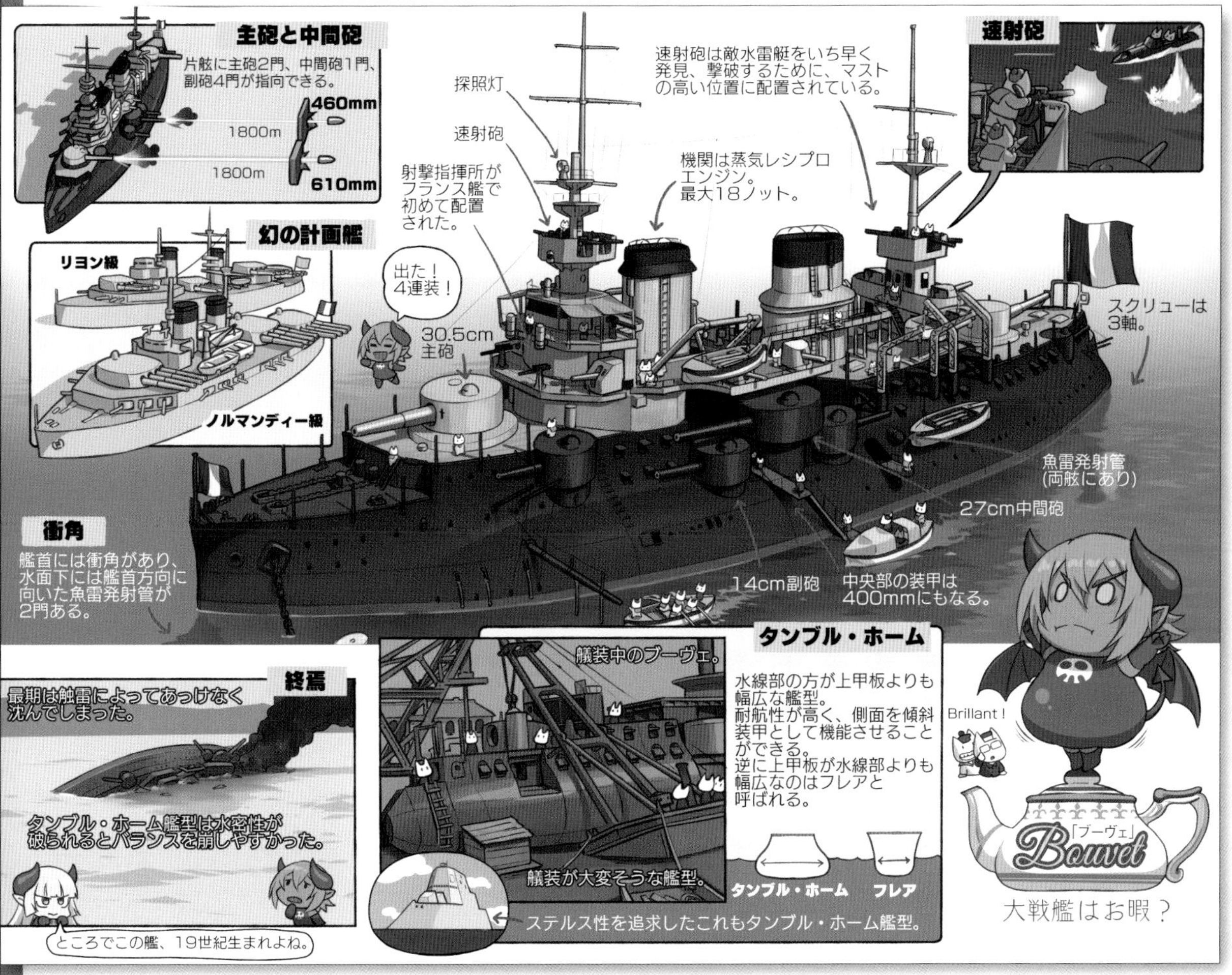

主砲と中間砲
片舷に主砲2門、中間砲1門、副砲4門が指向できる。
460mm
1800m
1800m
610mm
幻の計画艦
リヨン級
ノルマンディー級
衝角
艦首には衝角があり、水面下には艦首方向に向いた魚雷発射管が2門ある。
探照灯
速射砲
射撃指揮所がフランス艦で初めて配置された。
出た！4連装！
30.5cm主砲
機関は蒸気レシプロエンジン。最大18ノット。
速射砲は敵水雷艇をいち早く発見、撃破するために、マストの高い位置に配置されている。
速射砲
スクリューは3軸。
魚雷発射管(両舷にあり)
27cm中間砲
14cm副砲
中央部の装甲は400mmにもなる。
終焉
最期は触雷によってあっけなく沈んでしまった。
タンブル・ホーム艦型は水密性が破られるとバランスを崩しやすかった。
ところでこの艦、19世紀生まれよね。
艤装中のブーヴェ。
タンブル・ホーム
水線部の方が上甲板よりも幅広な艦型。
耐航性が高く、側面を傾斜装甲として機能させることができる。
逆に上甲板が水線部よりも幅広なのはフレアと呼ばれる。
艤装が大変そうな艦型。
タンブル・ホーム
フレア
ステルス性を追求したこれもタンブル・ホーム艦型。
Brillant！
「ブーヴェ」
Bouvet
大戦艦はお暇？

艦艇5

# 巡洋戦艦「ゲーベン」／「ヤウズ・スルタン・セリム」

## ドイツからオスマン帝国に移籍した流浪の巡洋戦艦

ドイツ/オスマン帝国

### 鋭い運動性と高速力、危険な操縦性を併せ持つ名機

本稿で紹介するのは、WWIのドイツ海軍の巡洋戦艦「ゲーベン」である。ドイツ海軍の大型艦艇群は、イギリスの主力艦にも劣らぬほどの性能を有していたが、各艦の戦歴、戦果はそれほどパッとしない。唯一の大海戦、ユトランド沖(ジュットランド)海戦では、戦果こそ敵イギリス艦隊を上回ったが、その後、艦隊は港に逼塞するばかり、と戦略的にはまったくの負けだった。

そんな中、今回の「ゲーベン」は最新の巡洋戦艦(*1)でも最強の装備でもなかったが、幾度もの戦闘に参加、数々の戦果もまた上げた。それぱかりか、WWII後まで生き抜いて、除籍後、解体が終わったのは1976年、もう原子力潜水艦や原子力空母が活躍している時代だった。

期せずしてWWIドイツ軍艦でもっとも長命となった彼女は、いかにしてその数奇な運命を生き抜いたのだろう。

### 本国に帰れなくなりオスマン帝国に加わる

巡洋戦艦「ゲーベン」は、1909年12月、ハンブルクのブルーム・ウント・フォス社でモルトケ級の2番艦として起工され、1911年3月に進水した。艦名の由来は、普仏戦争で活躍した陸軍歩兵大将アウグスト・カール・フォン・ゲーベン将軍から。常備排水量2万2979トン、最大速力25・5ノット。武装は28cm連装砲5基を、艦首に1基、艦尾に背負い式に2基、そして中央に梯形式に2基配置。限定的だが片舷10門を指向可能だった。

同時期のイギリス巡戦に比べると速力で同等、武装はイギリス側が34・3cm砲なのに対して見劣りするが、同クラスの戦艦並みの装甲を持ち、防御力では上回る。いかにもドイツ艦らしい堅実な作りだ。実際、ネームシップの「モルトケ」は1916年5月のユトランド沖海戦に参加し、4発の34・3cm砲弾を被弾しながらも健在だった。

「ゲーベン」は1912年7月に就役すると、地中海戦隊の配属となり、11月、マグデブルク級軽巡洋艦(ドイツでの呼称は小型巡洋艦)2番艦の「ブレスラウ」とともに地中海へ派遣された。ところでドイツ帝国に地中海に面した領土はない。ドイツ海軍地中海戦隊とは、同年10月に勃発した第一次バルカン戦争に介入するため、砲艦「ローレライ」を派遣したことから始まる。そこへ「ゲーベン」と「ブレスラウ」が、さらには軽巡「ストラスブルク」と「ドレスデン」が加わり、大きく増強された。総指揮官はヴィルヘルム・スーション海軍少将、

1913年、もくもくと煤煙を上げ全速力で速度試験を行う「ゲーベン」。ボイラーは重油ではなく、石炭専焼である

「ゲーベン」艦長はリヒャルト・アッカーマン大佐だった。

地中海戦隊はベニス、ポーラなど同盟国イタリアの港を根拠地とし、1913年8月、第二次バルカン戦争の終結とともに「ストラスブルク」と「ドレスデン」は本国へ帰還。大型艦は「ゲーベン」と「ブレスラウ」だけとなる。

1914年8月、WWIの勃発とともに両艦はフランス領アルジェリアへ出撃し、ボーン港などを砲撃した。しかしイタリアが中立を宣言し、イギリス艦隊が待ち伏せ、追撃する中を巧みに振り切って、両艦はオスマン帝国のイスタンブールへたどり着く。

ドイツの3B政策(*2)や、青年トルコ革命で指導者となった青年将校たちがドイツ流の軍事教育を学んだことなどから、オスマン帝国はドイツに親和的だった。地中海には3隻の巡洋戦艦、4隻の装甲巡洋艦など25隻からなるイギリス海軍地中海艦隊がおり、それらを突破して「ゲーベン」らがドイツ本国へたどり着く可能性は限りなくゼロとなった。そこで外交的決着が図られ、8月16日、オスマン帝国が両艦を購入、乗員ごとオスマン海軍へ編入されることとなる。

すでにオスマン側は旧型戦艦をドイツから購入するなどしており、また黒海でロシア海軍黒海艦隊と対抗することが急務だったため、「ゲーベン」らの編入はまさに渡りに船。「ゲーベン」は正式に、オスマン帝国海軍巡洋戦艦「ヤウズ・スルタン・セリム」となった。オスマン帝国のかつてのスルタン、セリム1世がヤウズ(冷酷な、卓越したの意)とあだ名されていたことか

*1…WWI開戦時に就役していた最新のドイツ海軍巡洋戦艦はデアフリンガー級(「デアフリンガー」「リュッツオウ」「ヒンデンブルク」)。なお、厳密にはドイツ海軍では「巡洋戦艦」ではなく「大型巡洋艦」と呼んだ。
*2…ベルリン、ビザンチウム(イスタンブール)、バグダードを鉄道で結ぶ経済・軍事的施策。

らの艦名だ。「ブレスラウ」は「ミディッリ」（小型の馬、ポニー）」となった。

引き続き戦隊の指揮を執ることになったスーションとアッカーマン。10月、オスマン帝国はドイツと同盟を結び、29日、「ヤウズ・スルタン・セリム」はオスマン海軍の駆逐艦「サムスン」と「タショズ」を率いてクリミア半島のロシア要塞セヴァストポリを砲撃。要塞砲台の反撃で被弾し、撤退するものの、帰路の途中でロシアの機雷敷設艦「プルート」と遭遇し撃沈、駆逐艦「レイテナーント・プーシキン」に損害を与え、汽船「イーダ」を拿捕した。このことからロシアと英仏が11月、オスマン帝国に宣戦を布告し、オスマン帝国はWWIに正式に参戦することになった。さらにブルガリアが参戦したのちは、スーションはブルガリア海軍の最高司令官にも任命され中将に任官する。

## オスマン帝国の主力戦艦として ロシア海軍と死闘を繰り広げる

1914年11月4日、機雷敷設のロシア艦隊の動きをつかむと、スーションはセヴァストポリに帰投するロシア艦隊を補足撃滅すべく、「ヤウズ・スルタン・セリム」と「ミディッリ」で出撃した。クリミア半島サールィチ岬の沖で5日正午まえ、両艦隊は互いを視認し戦闘に入る。

ロシア艦隊は前ド級戦艦5、防護巡洋艦5、水上機母艦1、駆逐艦12の大艦隊だったが、海は濃い霧に覆われていたため、戦闘はほぼ「ヤウズ・スルタン・セリム」とロシア戦艦「エフスターフィイ」の一騎打ちの様相となる。「エフスターフィイ」の30・5cm主砲弾3発と20・3cm副砲弾11発が「ヤウズ・スルタン・セリム」に命中し、そのうち一発は砲郭式の15cm第三副砲に命中して多数の死傷者を出した。「ヤウズ・スルタン・セリム」もまた「エフスターフィイ」に4発の命中弾を与える。不利を悟ったスーションは艦隊を離脱させ帰投する。しかし損傷の修理に2週間を要した。

12月、復帰した「ヤウズ・スルタン・セリム」は黒海東岸のバトゥミを砲撃するが、帰投途中のボスポラス海峡付近で、ロシア艦の敷設した機雷2発が両舷で爆発し2000トンの浸水が発生、数カ月間の修理を要する損傷だった。当時のオスマン帝国には3万トン近い大型艦のためのドックがなく、臨時の設備で応急修理を施すも、艦の性能の低下は避けられなかった。この状態は戦争期間中続く。

1915年4月、ロシア側商船2隻を撃沈。しかし27日、ボスポラスの海戦でまたもロシア黒海艦隊の主力と交戦、主砲弾2

オスマン帝国に移籍し、三日月と星の海軍旗を掲げる「ヤウズ・スルタン・セリム」。第一次世界大戦時はドイツ海軍の将兵がそのまま乗り組み、表向きはオスマン帝国海軍の戦艦だが、実質的にはドイツ海軍地中海艦隊の旗艦といえた

1945年時の「ヤウズ」。巡洋戦艦の割には全幅が広い艦型で、中央左右の主砲塔2基は第一次大戦時の英独戦艦に良く見られた梯形（斜め）配置である。第一次大戦時に長かった後部マストを1938年に撤去したが、竣工から退役まで、大規模な改装は施されなかった

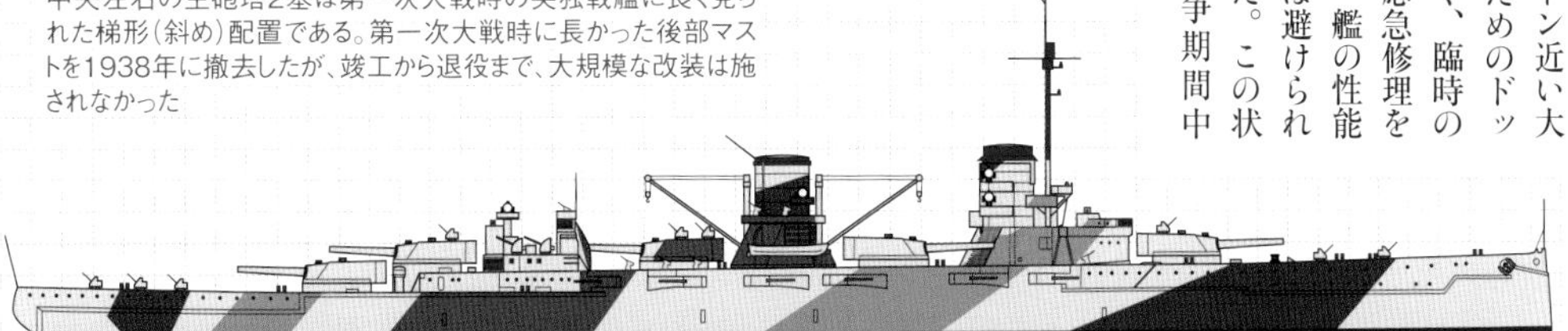

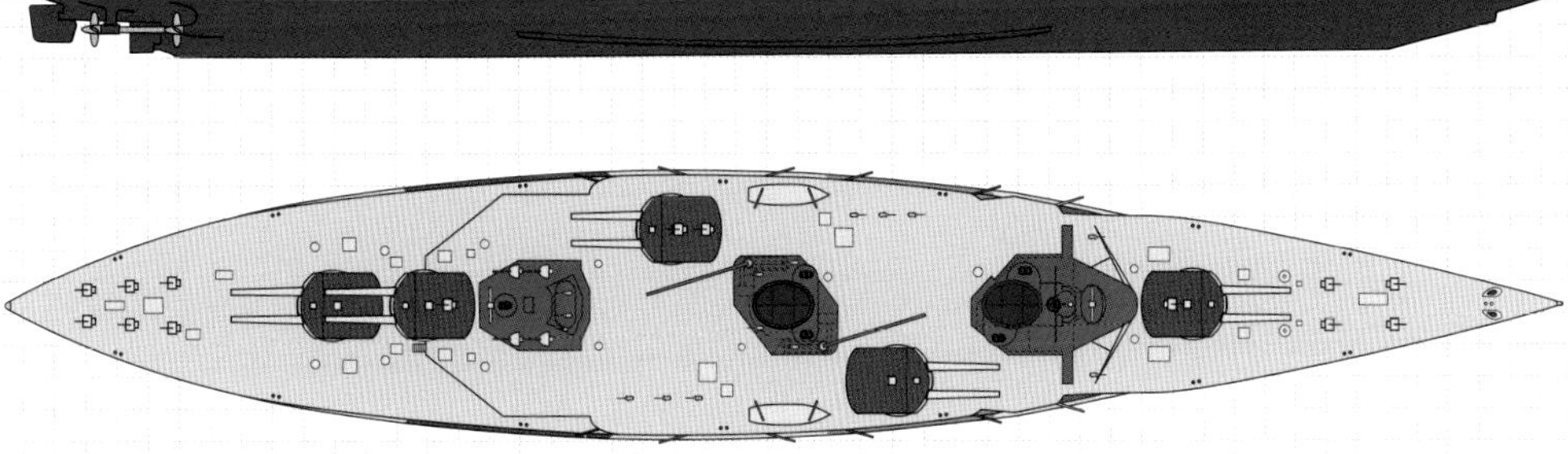

**大型巡洋艦「ゲーベン」（1912年竣工時）**

| | | | | | | | |
|---|---|---|---|---|---|---|---|
| 常備排水量 | 23,616トン | 全長 | 186.6m | 全幅 | 29.4m | 吃水 | 8.2m |
| 主缶 | 海軍式石炭専焼水管缶24基 | | | 主機／軸数 | パーソンズ式直結タービン4基/4軸 | | |
| 出力 | 52,000馬力 | 最大速力 | 25.5ノット | | 航続力 | 14ノットで4,420浬 | |
| 武装 | 28.3cm連装砲5基、14.9cm単装砲12基、8.8cm単装砲12基、50cm水中魚雷発射管4門 | | | | | | |
| 装甲 | 舷側270mm、甲板50mm、砲塔230mm、司令塔350mm | | | 乗員 | 1,053名 | | |

1947年時、イスタンブールで撮影された「ヤウズ」。手前に米海軍の艦載機が見える。なお「ヤウズ・スルタン・セリム」は第一次大戦後のトルコ共和国時代に「ヤウズ・セリム」と改称され、1936年に「ヤウズ」のみとなった

発を被弾して退避を余儀なくされる。このときのロシア艦隊はサールィチ岬沖海戦のときとほぼ同じで、オスマン側の港湾を砲撃、輸送艦の多数を砲撃撃沈していた。帆船など27隻が撃沈され、これらはオスマン海軍の輸送艦の3分の1に相当した。

8月にはやはり黒海でケフケン島沖海戦が起きる。このときロシア艦隊の駆逐艦2、潜水艦1に対し、オスマン艦隊は「ヤウズ・スルタン・セリム」と「ミディッリ」の他、防護巡洋艦1、駆逐艦2、その他輸送艦など5と優勢だったが、輸送艦など4隻を撃沈され、輸送していた石炭などが失われた。「ヤウズ・スルタン・セリム」に損傷はなかった。翌16年1月にもケフケン島沖で戦いが起き、新たに就役したロシア海軍のド級戦艦「インペラトリッツァ・マリーヤ」「インペラトリッツァ・エカテリーナⅡ世」が、30・5㎝砲を盛んに浴びせて来た。「ヤウズ・スルタン・セリム」は退避し、わずかな損傷でイスタンブールへ撤退した。

新鋭艦2隻を加えたロシア黒海艦隊の優位はゆるぎないものとなったが、「ヤウズ・スルタン・セリム」は兵員や武器輸送などの任務を続け、7月には黒海の北東岸トゥアプセを砲撃し、小艦艇など2隻を撃沈する。

1918年、地中海のイギリス艦隊の一部が撤退したことから、地中海への進出が企図され、1月19日、4年ぶりに「ヤウズ・スルタン・セリム」らはダーダネルス海峡を抜けてエーゲ海へ向かった。海峡近くのインブロス島付近で、敵商船や陸上の通信施設を砲撃、さらにイギリス海軍のモニター艦「M28」と「ラグラン」を撃沈する。しかしその後「ミディッリ」が触雷。「ヤウズ・スルタン・セリム」も触雷し、作戦を中止して帰途の途中、さらに触雷しついに「ミディッリ」は沈没。「ヤウズ・スルタン・セリム」はダーダネルス海峡入り口までたどり着くも、座礁してしまう。イギリス艦上機の爆撃で2発の爆弾を受けながらも、1月26日、離礁して帰投に成功した。それでも4月末にはセヴァストポリを砲撃し、ロシア革命の混乱に乗じて終戦まで同港に留まった。

ざっと振り返っただけでも、本艦の戦績は目まぐるしく過密で、大型艦はつねに自身のみであるにもかかわらず、戦果も著しい。建造時には想像もできなかった運命をたどりながらも、他のドイツ海軍大型艦に較べ、おおいにその武威を誇った生涯ではなかったろうか。

ゲーベンはドイツ海軍では大型巡洋艦だが舷側装甲は270mm厚もある。同時代のイギリス巡洋戦艦よりも厚い。
最大装甲厚229mm。
ライオン級
艦中央部の左右主砲は斜めに配置された梯形配置。限定的だが片舷10門射撃が可能。
8.8cm SK L/45(45口径)単装砲12門装備。主に敵水雷艇の排除に用いる。
4軸スクリュー 1枚舵 最大速力は25.5ノット。
主砲 28cm SK L/50(50口径)連装砲 5基10門。
セリム1世
副砲 15cm SK L45(45口径)全12門。
水雷防御網張桁(ネットスパー)
水線下の艦首と左右両舷、艦尾に魚雷発射管を装備。
8年の治世で領土を2倍以上拡大したオスマン帝国第9代スルタン(世俗の最高権威)。
サールィチ岬海戦
ロシア黒海艦隊の前ド級戦艦「エフスターフィイ」と砲撃戦を演じたが、被弾して撤退。
ヤウズ・スルタン・セリムは戦後まで生き残り、トルコ共和国の成立でヤウズ・セリムと改称。1936年にヤウズに。その後、1954年に退役し、1976年に解体。
現在はスクリューがゴルシュクに展示されている。
ヤウズ・スルタン・セリム
ケバブにビールはとてもあう。
手前がエフスターフィイ。

艦艇❻

# 巡洋戦艦「デアフリンガー」

## WWIドイツ主力艦の中でも特に輝かしい戦果を挙げた巡洋戦艦

ドイツ

### 30・5cm砲8門を搭載する WWIドイツ巡洋戦艦の決定版

第一次世界大戦劈頭の1914年10月に就役したドイツ巡洋戦艦「デアフリンガー」は、当時のドイツ大海艦隊において最精鋭の主力艦だった。そして戦局を左右する大海戦にいくつも参加し、ドイツ主力艦中、最大とも言える戦果を挙げたのである。

「デアフリンガー」の設計は第一次世界大戦まえの1910年から始まり、前級・ザイドリッツ級の拡大版となった。1912年1月に起工、13年7月12日に進水、1914年にキールへ廻航され艤装を施された。同年9月1日に就役し、海上試験などを行う。基準排水量は2万6600トン、全長は210・4m。11月16日、巡洋戦艦「フォン・デア・タン」「モルトケ」「ザイドリッツ」、装甲巡洋艦「ブリュッヒャー」などの大型艦が所属する第1偵察艦隊に編入された。

当時、イギリス海軍の最新巡洋戦艦が口径34・3cmの主砲を採用したのに対して、既存のドイツ巡洋戦艦の主砲は28cm。このギャップの解消のため、デアフリンガー級の主砲は30・5cmに決定した。これでもイギリス巡洋戦艦には及ばないが、新設計のSK L/50高初速砲によって補えるとされた。この砲は重量405・5kgの徹甲弾を秒速855mで撃ち出し、13・5度の仰角で射程は1万8000m、発射速度は1分に2〜3発だった。また、それまでのドイツ大型艦の主流だった主砲の梯形配置を止め、4基の連装主砲を艦の中心線上に並べた。このレイアウトによって、全主砲を同一目標に一斉発射することが可能となった。

15cm副砲は最上甲板上の側面にケースメイト配置で片舷6基ずつ12基が配置された。2、3番艦の「リュッツオウ」と「ヒンデンブルク」は14基で、外見上の相違点となっている(「ヒンデンブルク」は全長もわずかに長い)。これは「デアフリンガー」が船体中央部にバランスのための減衰タンクを設けているためだ。8・8cm単装砲は接近する水雷艇に対するもので、最上甲板上、それに艦橋構造物に全部で8基が据え付けられていた。しかし1916年には4基が取り外され、同口径の高射砲に置き換えられる。また、50cm魚雷発射管が4基、ひとつは艦首、ひとつは艦尾、ふたつがそれぞれ舷側に備えられていた。中央区画・弾薬庫や機関部は300mmの装甲帯で守られていた。装甲厚は、甲板装甲は30〜80mm、主砲塔前楯は270mm、司令塔は300mmだった。

ザイドリッツ級では4軸だった推進軸は、当初案では3軸とし、中央軸にはディーゼルエンジンを装備することが考えられた。これによって航続距離が大きく伸び、また乗員数の削減にもなる。しかし実際には大型船舶用ディーゼルエンジンの実用化が遅れ、結局従来の4軸推進、2枚舵が採用された。また従来と異なり、艦の横方向の鉄骨フレームを省き、縦方向の鉄骨フレームの上に、船体の外側装甲をリベット留めする構造で、強度を保ちつつ、重量軽減を実現している。

船体外壁装甲と魚雷隔壁の間は、従来どおり石炭の貯蔵スペース。16の水密区画が設けられていた(「リュッツオウ」と「ヒンデンブルク」は17)。高速航行時の旋回によるロールはこれまでよりも優れる

終戦後、イギリス海軍の泊地スカパ・フローに抑留された「デアフリンガー」。巡洋戦艦(大型巡洋艦)ながらも戦艦に準じる防御力を備えていた。艦前後の背負い式砲塔が見える

スカパ・フローで上空から撮影された「デアフリンガー」。中心線に並んだ4つの主砲塔配置が分かる

最大11度だった。そのためアンチロールのための減揺タンクはその後の2隻では不採用となった。「デアフリンガー」の建造には、最終的に5600万金マルクの費用がかかったという。

## ドッガー・バンク海戦で英巡戦「ライオン」を撃破

「デアフリンガー」は1914年11月20日、最初の出撃を行うが、イギリス艦隊を捕捉できずに帰投した。次に12月15日、イギリス沿岸の町を砲撃する任務に就く。ところがこれらのドイツ艦隊の動きを、イギリス側は無線傍受と暗号解析でつかんでいた。8月26日にフィンランド湾で座礁した独軽巡「マクデブルク」から暗号書が発見され、拿捕したロシア海軍からイギリスへと渡っていたからだ。フランツ・フォン・ヒッパー少将の巡戦部隊（第1偵察艦隊）は沿岸の町を砲撃したあと、巡戦4を主力とするビーティー中将の艦隊を50kmほどの距離でかわして逃げおおせた。

1915年1月、北海南部、ドッガー・バンクでイギリス艦艇が偵察を行っていることを知ったドイツ海軍は、23日、ヒッパー巡戦艦隊に出撃を命じる。ドッガー・バンク海戦と言われるこの海戦に、ヒッパーは巡戦「ザイドリッツ」「モルトケ」「デアフリンガー」、装甲巡洋艦「ブリュッヒャー」、軽巡4、水雷艇19で向かった。しかしやはり無線傍受でドイツ艦隊の動きを知ったイギリス海軍は、ビーティ中将の第1巡戦艦隊、ムーア少将の第2巡戦艦隊などを繰り出して来た。

午前8時14分、ドイツ艦隊は優勢なイギリス主力艦隊を確認すると逃走に移る。旧式の巡洋艦「ブリュッヒャー」が遅れ、10時9分、「ブリュッヒャー」に初弾が命中する。35分までに彼我の艦隊の距離は1万6000mまでに近づいた。激しい砲戦の末、英巡戦「ライオン」と「ザイドリッツ」は互いに被弾。「デアフリンガー」も被弾したが、11時18分、30・5cm主砲2発を「ライオン」に命中させ、激しい浸水の末、脱落させた。ドイツ海軍のUボート部隊が前方に展開しているとの報で、ビーティーは追跡を打ち切った。「ブリュッヒャー」は結局、70発以上の砲弾を喫して13時10分ごろ転覆、沈没した。

## ユトランド沖海戦で鬼神の如き戦いを見せる

1915年5月30日夜、北海への進出をもくろむドイツ艦隊は、「デアフリンガー」を含む巡戦5隻の第1偵察艦隊が出撃。第2偵察艦隊は軽巡4、水雷艇30で構成され、第1艦隊に随伴した。1時間半後、16隻のド級戦艦からなる主力艦隊もヴィルヘルムスハーフェンを出撃。午前5時ごろ、両艦隊は合流した。またしても無線傍受や暗号解析でドイツ艦隊の動きをつかんでいたイギリス艦隊も全力出撃し、ここにWWⅠ最大、海戦史にも類を見ない規模の大海戦、ユトランド沖海戦が生起することとなる。参戦艦の総数は250隻にのぼった。

この大海戦で特筆すべきは、両軍の戦艦部隊がほぼ戦局に寄与しなかったのに対して、巡戦部隊は終始激しく撃ち合い、ほぼすべての戦果と損害を受け持ったということだ。その理由はひとえに速度にあった。最高速度27〜28ノットの巡戦に対し、最新のイギリス戦艦クイーンエリザベス級でも24ノットという戦艦は砲撃の機会を逃した。旧式の前ド級戦艦（18ノット程度）を含むドイツ戦艦部隊は、さらに不利だった。

「デアフリンガー」は5月31日16時過ぎ、通信ミスによりやや遅れて砲撃を開始した。「フォン・デア・タン」の砲撃が英巡戦「インディファティガブル」に命中、17時16分、「デアフリンガー」は「クイーン・メリー」に目標を移した。「ザイドリッツ」も同じで、「クイーン・メリー」は両艦から5発もの主砲弾を被弾、船体がまっぷたつになって爆沈した。「デアフリンガー」は英戦艦「バーラム」などの38cm砲弾を受けて船首を損傷、3000トンもの浸水を被った。

夜になって戦隊を再編したイギリス第3巡戦部隊は、「リュッツォウ」「デアフリンガー」は「インヴィンシブル」と交戦。「リュッツォウ」に8分間で8発を命中させるも、19時31分、「デアフリンガー」の一弾が「インヴィンシブル」の中央部のQ砲

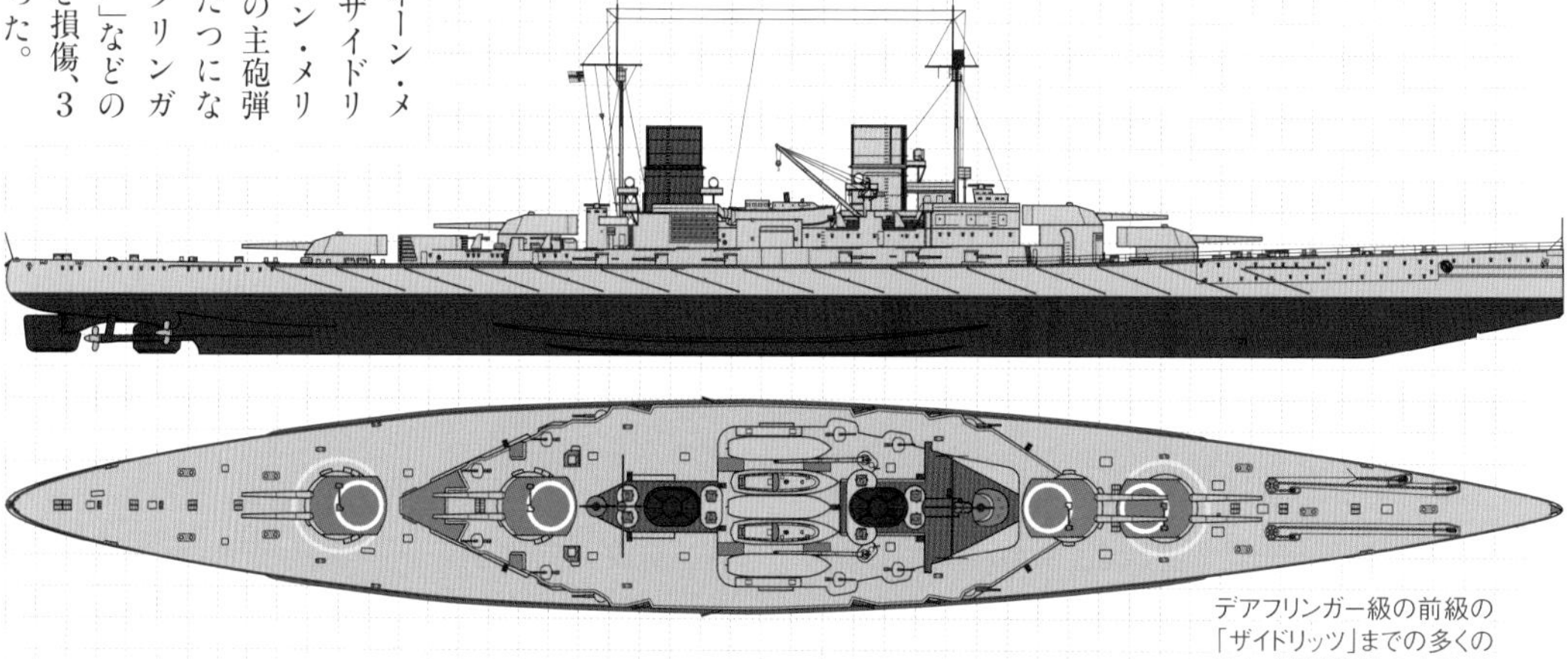

デアフリンガー級の前級の「ザイドリッツ」までの多くのドイツ巡洋戦艦の主砲配置は、「ゲーベン（モルトケ級）」のような梯形配置だったが、舷側左右の射界に制限があったため、デアフリンガー級では中心線配置となり、一気に洗練されたデザインとなった

### 大型巡洋艦「デアフリンガー」

| | | | | | | | |
|---|---|---|---|---|---|---|---|
| 常備排水量 | 26,600トン | 全長 | 210.4m | 全幅 | 29m | 吃水 | 9.2m |
| 主缶 | 海軍式石炭専焼水管缶14基＋同重油専焼水管缶8基 | | | 主機/軸数 | 蒸気タービン4基、4軸 | | |
| 出力 | 63,000馬力 | 最大速力 | 26.5ノット | 航続力 | 12ノットで5,600浬 | | |
| 武装 | 30.5cm連装砲4基、15cm単装砲12基、8.8cm単装砲8基、50cm魚雷発射管4基 | | | | | | |
| 装甲 | 水線300mm、司令塔300mm、甲板30〜80mm、主砲塔270mm | | | | | 乗員 | 1,112名 |

塔を貫いて艦中央部の弾薬庫を大爆発させ、轟沈せしめた。第3巡戦部隊司令のフッド少将を含む1026人が死亡し、生存者は6名だった。

鈍足の前ド級戦艦を含むドイツ戦艦部隊は捕捉撃滅される危険から撤退を開始し、ドイツ巡戦部隊は盾になってイギリス戦艦部隊へ高速で突撃する（死の騎行）。20時17分には、英戦艦「コロッサス」までわずか7000mにまで近づいて発砲した。その直後、イギリス水雷艇の攻撃を受けながら反転、退却に移った。こんどは英巡戦部隊が追い、21時過ぎにはまた交戦となる。「デアフリンガー」は数発の主砲弾を食らい、主砲8門のうち使用可能なのは2門だけとなった。

ユトランド沖海戦は翌5月31日の午前4時頃には終わり、「デアフリンガー」は計17発の敵主砲弾と、9発の副砲弾を被弾し、乗員157名が死亡、26名が負傷した。自らは主砲385発、副砲235発と魚雷1本を発射した。海戦での「デアフリンガー」の頑強な戦いぶりにイギリス人は、「鉄の犬」とあだ名した。

「デアフリンガー」の修理は10月15日まで続き、より遠距離の砲戦へ対応するため主砲仰角は13・5度から16度へ向上、単脚式の前部マストを三脚型へ改装、前部マスト中段に射撃指揮所を設置、射撃指揮所に6m測距儀の装備、主砲塔に8m測距儀を設置するなどの改装も行われた。

艦隊に復帰した「デアフリンガー」は作戦行動を継続したが、敵艦と交戦する機会はなかった。ドイツ帝国が降伏したあと、1918年11月21日、賠償としてイギリスのスカパ・フロー軍港へ抑留される。翌19年6月21日朝、ルートヴィヒ・フォン・ロイター少将の命令によって他のドイツ軍艦とともにいっせいに自沈。「デアフリンガー」は14時45分に沈没した。

その後1939年に引き上げられたが転覆したままで、さかさまに浮かんでいるほうが長い、と言われたが、第二次世界大戦後の1948年にようやく解体された。船体に残されていた鐘は1965年8月30日、ドイツ連邦海軍に返還された。

1919年6月21日、スカパ・フローで自沈、転覆していく「デアフリンガー」

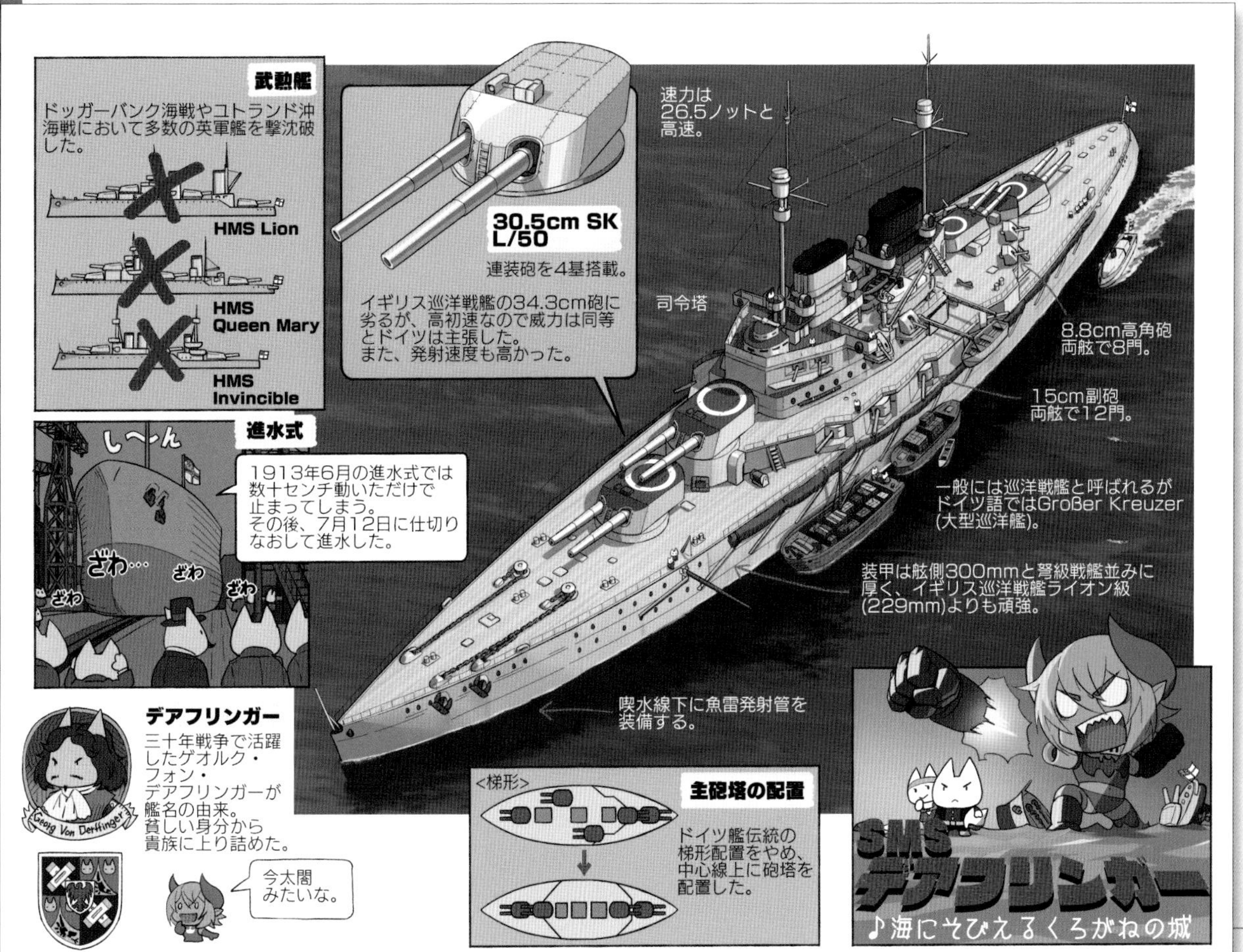
武勲艦
ドッガーバンク海戦やユトランド沖海戦において多数の英軍艦を撃沈破した。
HMS Lion
HMS Queen Mary
HMS Invincible
30.5cm SK L/50
連装砲を4基搭載。
イギリス巡洋戦艦の34.3cm砲に劣るが、高初速なので威力は同等とドイツは主張した。
また、発射速度も高かった。
速力は26.5ノットと高速。
司令塔
8.8cm高角砲 両舷で8門。
15cm副砲 両舷で12門。
一般には巡洋戦艦と呼ばれるがドイツ語ではGroßer Kreuzer(大型巡洋艦)。
装甲は舷側300mmと弩級戦艦並みに厚く、イギリス巡洋戦艦ライオン級(229mm)よりも頑強。
進水式
しーん
1913年6月の進水式では数十センチ動いただけで止まってしまう。
その後、7月12日に仕切りなおして進水した。
ざわ…
ざわ
ざわ
ざわ
喫水線下に魚雷発射管を装備する。
デアフリンガー
三十年戦争で活躍したゲオルク・フォン・デアフリンガーが艦名の由来。
貧しい身分から貴族に上り詰めた。
Georg Von Derfflinger
今太閤みたいな。
主砲塔の配置
<梯形>
ドイツ艦伝統の梯形配置をやめ、中心線上に砲塔を配置した。
SMS
デアフリンガー
♪海にそびえるくろがねの城

艦艇⑦

# 小型巡洋艦「エムデン」

## インド洋での騎士道精神あふれる通商破壊戦で名を馳せた巡洋艦

ドイツ

### 祖国から遠く離れ、極東に配備された小型巡洋艦

ドレスデン級小型巡洋艦の2番艦「エムデン」が起工されたのは1906年11月1日、就役は1909年7月10日。艦名はドイツ西北部、オランダ国境に面した小さな港湾都市「エムデン」に由来するが、作られたのはドイツ東北部のダンチヒ工廠だった。

小型巡洋艦とは、防護巡洋艦のドイツ海軍での呼称。まだ重巡、軽巡ではなく、装甲巡洋艦、防護巡洋艦と呼ばれる区分けだったころだ。防護巡洋艦の装甲は主機区画上の甲板のみで、舷側などにはない。構造は軍艦だが、ほぼノーガードな分お安く手早く作れることから、19世紀末の各国海軍で建造された。しかし当然ながら防御力の不足が実戦で明らかになると廃れていく。つまり防護巡洋艦は第一次世界大戦(以下WWI)当時、すでに時代遅れの艦種だった。そのうえ「エムデン」はドイツ海軍大型艦では最後のレシプロ機関艦であり、はっきり言ってパッとしない船だったと言える。そんな船が、のちに戦史に伝説を刻むこととなる。

さっそく「エムデン」はドイツ東洋艦隊に所属し、中国・山東半島のドイツ租借地、青島《チンタオ》に派遣される。1910年4月12日にキール軍港を出港し、南アメリカ大陸の南端、ホーン岬を回って太平洋へ、7月、ドイツ領サモアを経由して10月、青島に入った。じつに大西洋も太平洋も横断する航海だった。

ドイツ領サモアで起きた反乱への対処や、10月に中国で起きた辛亥革命に際して揚子江方面で鎮圧の任などに当たる。このころドイツ東洋艦隊司令官にはマクシミリアン・フォン・シュペーが就いており、1913年には「エムデン」の艦長にカール・フォン・ミュラー少佐が就いた。

### WWI勃発。「エムデン」は単身で通商破壊戦に赴く

1914年6月、サラエボ事件が起きた当時、東洋艦隊の他の艦艇は青島から出払っていた。残っていた「エムデン」は青島に留まるよう命じられるものの、日露戦争で旅順港に閉じ込められたロシア艦隊のようになることを危惧したミュラーは出港を決意。7月31日、石炭船を伴って青島を離れる。済州島へ向かう途中の8月2日、WWIの開戦を知った。

ドレスデン級小型巡洋艦2番艦の「エムデン」。排水量3,664トン、主砲は10.5cm砲10門、装甲は甲板80mm厚(舷側装甲は無し)と非力な防護巡洋艦だったが、大戦序盤に連合軍側を翻弄してインド洋で活躍した

さっそく戦闘行動を開始したミュラーは、8月4日、対馬海峡でロシアの貨物船「リャザン」を拿捕。青島に戻り、「リャザン」を仮装巡洋艦に改装、艦名は「コルモラン」とした。ミュラーは新たにマリアナ諸島方面へ向かう命令を受けて、8月7日、改めて青島を出港。石炭船と仮装巡洋艦「プリンツ・アイテル・フリードリヒ」を伴っていた。8月12日にはマリアナ諸島のパガン島に到着。そこでシュペー提督率いる装甲巡洋艦「シャルンホルスト」「グナイゼナウ」と合流を果たす。

シュペー艦隊は石炭補給の可能な南米へ、のちドイツへ向かう方針を立てたが、ミュラーは太平洋航路では敵と戦えないと反対して、「エムデン」の分離が認められた。その後シュペーは「シャルンホルスト」「グナイゼナウ」それに防護巡洋艦「ニュルンベルク」を率いて南米へ向かう。途中、防護巡洋艦「ドレスデン」「ライプツィヒ」も合流して、11月1日、イギリス艦隊をコロネル沖海戦で破るも、12月8日のフォークランド沖海戦に敗れて全滅、シュペーも戦死した。

「エムデン」は石炭船「マルコマニア」とともに南西へ向かい、8月22日にはモルッカ海峡を通って蘭領東インド(現・インドネシア)の領海に入る。オランダは中立で、24時間以内での補給等を認めていたので、ミュラーは8月29日、ロンボク海峡を通ってインド洋へ出る。じつはこの間、「エムデン」は日本船にも遭遇していたが、日本が突きつけた最後通牒にドイツ本国がまだ解答していなかったため、交渉の可能性を

小型巡洋艦「エムデン」を率いたカール・フォン・ミュラー少佐(最終階級は大佐)。機智と勇気、そして騎士道精神に富んだ人物で、戦いの際には民間人に極力被害を与えないよう配慮し、捕虜への待遇も紳士的だった。帰国後にプール・ル・メリット勲章を受章した。戦後の1923年、49歳で没

キール運河にかかるレーヴェンザウ橋の下を航過する「エムデン」。白い船体と優美な艦形から「東洋の白鳥」と呼ばれたが、WWI当時はすでに時代遅れの巡洋艦となっていた

考慮して見逃している。

9月3日、スマトラ島近くのシムルー島で石炭船から給炭を済ませ、24時間ルールを守って蘭印の領海を出た。英装甲巡洋艦「ハンプシャー」の無線を傍受した「エムデン」は、自身の3本煙突にダミーの煙突を1本仮設し、4本煙突の英巡洋艦に偽装してベンガル湾に入った。10日、ギリシア船「ポントポロス」を拿捕。以降石炭船として徴用する。また、英船「インダス」ほか6隻を発見、撃沈。いずれもミュラーは敵商船らを停船させ、物資や乗員を移乗させたのち撃沈している。乗員は「エムデン」が寄港したり、中立国船と遭遇したときに解放した。

ドイツ東洋艦隊が太平洋にいると思っていた英軍側は、突如ベンガル湾に現れた「エムデン」に驚き、「エムデン」のほかにもドイツ艦がいるかもしれないと動揺する。インド洋を航行する商船は出港を見合わせ、保険料も高騰した。たかが防護巡洋艦1隻の成果としては、あまりあるものだった。

## ベンガル湾を暴れ回った小さな巡洋艦の最期

9月22日、「エムデン」はインド東岸の軍港マドラスを砲撃。このときも4本煙突に偽装した。砲撃は21時45分、海岸から3000mほどから行われ、10・5cm砲弾など約130発を発射。陸上砲台、港湾施設、石油タンクを破壊、炎上させ、約5000トンの燃料を喪失させた。英軍兵4人と、被弾した商船の乗組員ひとりが死亡。「エムデン」の攻撃で死亡した唯一の民間人だった。なお、マドラスからも9発ほどの砲弾が発射されたが「エムデン」の被害はなかった。

南へ向かった「エムデン」はセイロン島を右に見ながら西へ。9月25日、英貨物船2隻を撃沈。翌26日も1隻、27日1隻、28日1隻とハイペースで戦果を上げる。その後、アラビア海側のモルディブ諸島で石炭を補給。さらに「ポントポロス」や「マルコマニア」から食料等を受け取った。「エムデン」は南下してチャゴス諸島へ。10月9日、ディエゴガルシアで石炭を補給した。

通信傍受から、「エムデン」がこの海域から去ったと英軍が思っていると知ると、マレーシアのペナン行を変更して北上、再びモルディブ諸島を経由して10月15日～20日の間に英貨物船など7隻を拿捕、撃沈した。じつは10月11日に英装甲巡洋艦「ハンプシャー」らはディエゴガルシアに到着、二日前に「エムデン」が出港したことを知った。20日にはペナンに向かった「エムデン」とすれ違うも、見落としている。

「エムデン」は28日、ペナンに到着。港内にいたロシアの防護巡洋艦「ジェムチュク」を発見、砲雷撃で撃沈する。港外へ脱出するとフランス駆逐艦「ムスケ」と遭遇。砲撃しこれも撃沈した。これほどの戦果を挙げて、「エムデン」はなお無傷だった。

給炭を行いつつ、「エムデン」はオーストラリア領ココス諸島へ向かう。11月9日、ディレクション島に到着すると、朝6時、陸戦隊50人がボートで上陸し無線設備を破壊した。加えて海底ケーブル3本のうち、2本を切断する。

このときディレクション島では、「エムデン」の接近に気付き、緊急無電を打っていた。これを傍受した、船団護衛任務で付近を航行中だったオーストラリア軽巡「シドニー」「メルボルン」、それに日本の巡洋戦艦「伊吹」が、ディレクション島へ急行する。

9時～9時30分、接近する艦影を敵軍艦と認めた「エムデン」は、陸上へ派遣した兵を収容しようとするが間に合わず、戦闘に入った。

「シドニー」と「エムデン」は同航戦の形で進み、9時40分、「エムデン」が先に発砲した。すぐに「シドニー」も反撃する。しかし「エムデン」の10・5cm砲に対し、「シドニー」の砲は15・2cm砲と、射程も威力も大きい。1時間半ほどの砲戦ののち、「エムデン」は長期かつ長距離の作戦での損傷などもたたって大きな損害を受ける。もはや戦闘継続は不可能と判断したミュラーは、11時15分、沈没を避けて「エムデン」を北キーリング島の浅瀬に座礁させた。16時ごろには白旗を掲げて降伏。この戦いで「シドニー」は16発を被弾し、戦死3名、負傷

ディレクション島に上陸するミュッケ中尉率いる「エムデン」の陸戦隊。背景には3本マストのヨット「アイシャ号」が見える。陸戦隊員たちは後にこの「アイシャ号」を奪って脱出する

13名。「エムデン」は100発以上を被弾し、133名（131名とも）が死亡した。

「エムデン」の戦いは国際法に則ったクリーン、かつ知恵と勇気に富んだ大胆なものだった。残った「エムデン」の乗員たちは捕虜となるが、英軍は敬意を表し、艦長ミュラーを始め士官たちの帯剣を認めたという。

いっぽう、ディレクション島に残された50人は、捕虜になるのを逃れ、島にあった帆船を奪って脱出。途中、幸運にもドイツ商船に拾われてインド洋を横断、イエメンに上陸した。ここからアラビア半島を北上。アラブにはイギリス軍や情報部が浸透していたので、途中、アラブの遊牧民やゲリラと戦いながら、ダマスカスに到着。オスマン帝国の首都イスタンブールへたどり着き、そこから鉄道でドイツ本国へむかい、1915年5月、42名が帰国することができた。「エムデン」の勇敢な戦いをそのまま継いだような冒険行だった。

大破した「エムデン」から脱出した生存者たち。同艦は1914年8月29日にインド洋に進出してから、11月9日に豪巡「シドニー」に撃破されるまでベンガル湾を中心に単艦で通商破壊作戦に従事した

ココス諸島の北キーリング島の浅瀬に座礁した「エムデン」の残骸

**小型巡洋艦「エムデン」**

| | | | |
|---|---|---|---|
| 常備排水量 | 3,664トン | 全長 | 118.3m |
| 全幅 | 13.5m | 吃水 | 5.53m |
| 主缶 | 石炭専焼水管缶12基 | | |
| 主機 | レシプロ機関2基/2軸 | | |
| 出力 | 16,350馬力 | 最大速度 | 24ノット |
| 航続距離 | 12ノットで3,760浬 | | |
| 兵装 | 10.5cm単装砲10基、5.2cm砲8門、45cm魚雷発射管2基 | | |
| 装甲 | 甲板80mm、司令塔100mm、防盾50mm | | |
| 乗員 | 361名 | | |

艦艇❽

# 潜水艦U9

## 英の大型水上艦を次々に仕留めた海中に潜む暗殺者

ドイツ

### 開戦当初は潜水艦を軽視していたドイツ海軍

　ドイツ海軍といえばUボート、というほどその潜水艦部隊の活躍は有名だが、第一次世界大戦（以下、WWI）開戦当初、ドイツ海軍の首脳部は、イギリス海軍に追いつけ追い越せ！　とばかりのガチ大艦巨砲主義。ドレッドノート級（ド級）、超ドレッドノート級（超ド級）戦艦の建艦ラッシュに明け暮れていた。

　そのため開戦のタイミングで、交戦各国の作戦投入可能な潜水艦数は、フランス79隻、イギリス73隻、アメリカ33隻、に続いてようやく、ドイツ20隻。その下は、イタリア19隻、ロシア17隻、オーストリア＝ハンガリー5隻。こんな数字からも、ちっとも潜水艦に期待も注力もしていなかったのがわかる。

　足の遅いUボートはせいぜい補助艦艇といったところで、戦艦隊が撃ち漏らした敵艦（傷ついて落伍した艦など）を始末するとか、偵察、哨戒、沿岸警備くらいにしか使えないと考えられていた。また、海の中からこそこそと魚雷攻撃するなど卑怯な兵器だ、などとも本気で思われていたのである。いまから思うと隔世の感があるが、機関銃陣地に対して騎兵突撃する、そんな時代だったのだ。

　最初のUボート、U1は1906年、キール軍港のクルップ社ゲルマニアヴェルフト造船所で竣工した。スペイン人技師、レイモンド・ロレンゾ・ド・エキューヴィリィ・モンジャスティンによって設計された。もともとモンジャスティンが招聘《しょうへい》されたのは、ロシアから発注されたカルプ級潜水艦を設計するためで、U1はカルプ級の改設計とも言える。単艦で同型艦はない。

　初期の潜水艦で事故の多かったガソリンエンジンの代わりに、U1には灯油を使用するエンジンが採用された。通常、灯油エンジンは始動にガソリンを使うが、これも安全のため、電気的に加熱した空気が用いられた。

　このU1からU18までの8クラス18隻は基本、同様の推進システムを搭載している。ただしU1型で水中排水量283トンだったのがU17型では691トンとなり、灯油エンジンも400馬力から1400馬力までパワーアップした。

煙突を立てて水上航行するU9。ドイツ軍は戦前、潜水艦に水上速力15ノットを求めていたが、U9では14.2ノットに留まった

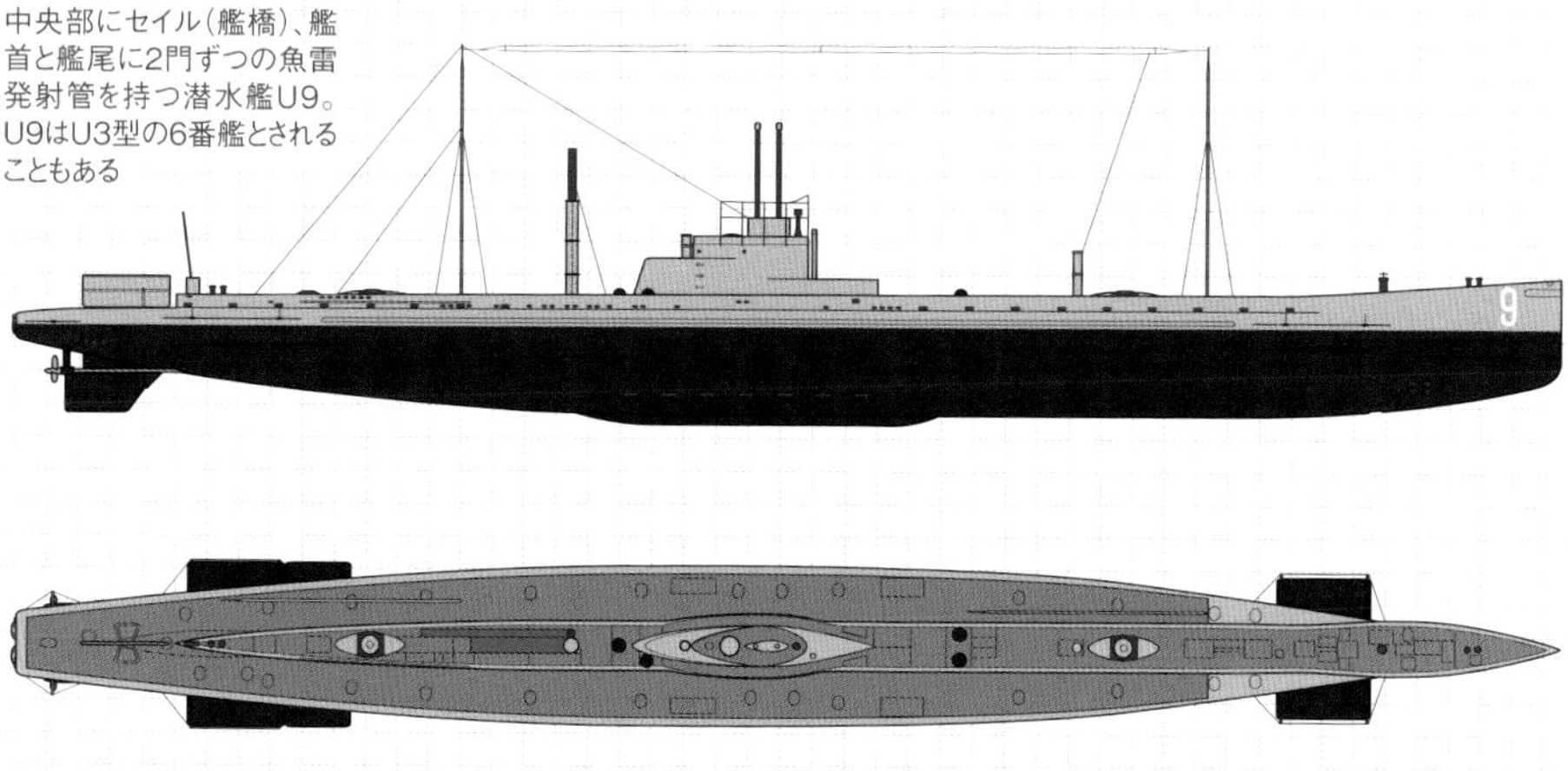


中央部にセイル（艦橋）、艦首と艦尾に2門ずつの魚雷発射管を持つ潜水艦U9。U9はU3型の6番艦とされることもある

| U9 | | | | | |
|---|---|---|---|---|---|
| 基準排水量（水上/水中） | 493トン/611トン | 全長 | 57.38m | 最大幅 | 6m |
| 吃水 | 3.13m | 主機/軸数 | 灯油エンジン4基/2軸 | | |
| 電動機 | ジーメンス電気モーター2基 | 軸馬力（水上/水中） | 990馬力/1,160馬力 | | |
| 最大速力（水上/水中） | 14.2ノット/8.1ノット | 航続距離（水上/水中） | 14ノットで1,800浬/5ノットで80浬 | | |
| 魚雷発射管 | 45cm発射管4門（艦首2門、艦尾2門） | 魚雷搭載数 | 6本 | | |
| 備砲 | 3.7cm砲1門、5cm砲1門（1915年以降）、機関銃1挺 | 安全潜航深度 | 50m | 乗員 | 29名 |

### U9、短時間で英の装甲巡3隻を屠る！

　開戦直後の1914年9月22日、北海でドイツ潜水艦U9がイギリス軍艦3隻を一気に撃沈するという大戦果を挙げる。3隻はクレッシー級と呼ばれる1万2000トン級の装甲巡洋艦で、フックオブホランドの沖、北西約50㎞の海域を哨戒航行していたところ、U9は巧みな機動で雷撃を行い、「アブーキア」「ホーグ」「クレッシー」の順に撃沈した。その間、約75分。この攻撃でイギリス海軍は1459名を失った。約800名はイギリスやオランダの漁船などに救助された。U9はイギリス海軍艦艇の追跡を受けながら、これを振り切り、無傷でヘルゴラント軍港への帰還を果たした。

殊勲のU9はU9型の一番艦で、1908年7月、ダンツィヒのカイザーリッヒヴェルフト社で起工され、10年4月18日に就役した。U12まで同型艦は4隻。排水量は水上493トン／水中611トンで、魚雷発射管は前方に2、後方に2。搭載する45㎝魚雷は6本で、U9はこのすべてを使ってイギリス艦隊を攻撃した。最初の「アブーキア」に1本、潜航中に装填して、「ホーグ」に2本の魚雷を放つ。2隻を撃沈すると、「クレッシー」に2本の魚雷を後部発射管から放ち、1本命中。さらにとどめの1本を放って命中、撃沈した。

U9のケーティン社製灯油エンジンは225馬力の直列6気筒と300馬力の直列8気筒。これに、やはり大小ふたつの、合計1160馬力の電気モーターを直列に、交互に組み合わせている。それらが二系統で、ふたつのスクリューを動かす構造だった。最高速度は、水上14・2ノット、水中では8・1ノット。また、水上航続距離は1800浬（約3300キロ）に及ぶ。最大潜航深度は50mだ。

U9型は甲板上に1挺の機関銃を装備していた。開戦すると37㎜砲1門が増強され、1915年には50㎜砲（SKL／40）1門も加わった。

U9の艦長、オットー・ヴェディゲン大尉はイギリス装甲巡洋艦3隻同時撃沈の功によって一躍、ドイツの国民的英雄となった。皇帝ヴィルヘルムⅡ世はヴェディゲンに、二級および一級鉄十字章を授与した。またU9のクルー全員が二級鉄十字章を受章した。ヴェディゲンの人気は高く、WWIの全期間を通しても上回るのはドイツ陸軍航空隊のトップエース、マンフレート・フォン・リヒトホーフェンくらいだったと言われている。U9もまた、その司令塔に鉄十字章が描かれた。

10月13日、ヴェディゲンのU9はイギリス防護巡洋艦「ホーク」を撃沈。ヴェディゲンは海軍軍人としては初めて、プロイセン王国から続くドイツの最高勲章、プール・ル・メリットを受勲する。

## 次々に大戦果を挙げ有用性を証明するUボート

1915年5月25日には、ガリポリ戦で上陸援護にあたっていたイギリスの前ド級戦艦「トライアンフ」、27日には「マジェスティック」が、U21の雷撃によって撃沈されていた。

最初に書いたとおり、ドイツ海軍首脳部は当初、戦艦主義に偏り、ちっぽけな潜水艦など一顧だにしなかった。

しかしヴェディゲンの大戦果に、国民世論も参謀本部も、もはや潜水艦を玩具のようなものとみなす空気はなくなり、大きな増強と開発、さらにはドイツの命運を託すようになっていく。

ヴェディゲンは1915年1月、負傷してU9を去る。U9は、副官のヨハネス・スピースが艦長となった。おもしろいところで、このスピースが書いた、U9をリポートした文章が残っている。濡れて寒い前方魚雷室、魚雷を移動させるたびに司令室の寝台や衣類キャビンを移さなければならないこと、寝台の一部にはヒューズボックスが途中にあるため、足で触れると短絡（ショート）が起こりやすいなど、極端に狭く危険な艦内生活が描写されている。この文章は、1991年に出版されたリチャード・コンプトン・ホールの『Submarines and the War atSea. 1914-1918』に収録掲載されている。

U9は1915年7月からバルト海艦隊に配属となって、イギリス商船や漁船

水中600トンという小兵のU9を操り、英巡洋艦を4隻撃沈するという大きな殊勲を挙げたヴェディゲン艦長と乗組員たち。中央がヴェディゲン大尉

U9がクレッシー級装甲巡洋艦3隻を撃沈した際のシーンを描いた絵葉書。左が「アブーキア」、右が「ホーグ」。左上にはヴェディゲン艦長の肖像が描かれている。なおクレッシー級が属した第7巡洋艦隊は、艦艇が旧式なうえ兵員も予備役中心で、英軍側からも「生き餌戦隊」と懸念されていた

大歓迎を受けてヴィルヘルムスハーフェンに帰港したU9を描いたイラスト。ウィリー・ストウアーによるもの。U9は英巡洋艦4隻の他に、小型船11隻、大型蒸気船3隻を撃沈した

など13隻、計8600トンあまりを沈めた。また、11月5日、ロシア海軍の掃海艇「ダガ」を撃沈。翌1916年4月まで同海域で任務に当たったのち、U9は訓練艦として一線から退いた。1918年11月、敗戦とともに除籍となり、翌年解体されている。

## 英雄が指揮するU29、「ドレッドノート」の体当たりに沈む

負傷からの回復後、ヴェディゲンが赴任したのは新型のU27型潜水艦、U29だった。

UボートはU19型から、MAN社製のディーゼルエンジンを装備していた。灯油エンジンに比べ、燃費と出力が上回り、航続距離と速力が向上した。また整備性が増し、機械的信頼性も高まったという。

半面、高回転時のトルクの低下が顕著だったため、のちに改善したタイプのエンジンに換装されている。以降、Uボートは一部の沿岸型を除いて、すべてこのディーゼル・エレクトリック機関となる。後の第二次世界大戦でもそうで、世界の潜水艦のトレンドだった。

U29は水中878トンと、U9よりもかなり大型だ。ディーゼルエンジンの総出力は2000馬力に達し、電気モーターは1200馬力だった。この機関によって水上16・4ノット、水中9・8ノットの速力を出す。

魚雷発射管は艦首と艦尾にふたつずつ。搭載する魚雷もU9と同じく6本だが、より強力な50cm魚雷に変わっている。また、88㎜(SKL/30)砲1門を艦前方の甲板に装備していた。商船などは高価な魚雷を使わず、浮上してこの砲で撃沈破した。

ヴェディゲンは1915年3月10日、U29で初の作戦航海に出撃。2隻の商船を撃沈、2隻を大破させた。

3月18日、U29はスコットランド沖のペントランド海峡付近を航行中、スカパ・フローへ帰投途中のイギリス戦艦「ネプチューン」を雷撃するも失敗。このときU29の潜望鏡を発見したのは、「ド級戦艦」の語源となった戦艦「ドレッドノート」だった。13時40分、急速潜航するU29に「ドレッドノート」は体当たりを敢行。U29は沈没し、ヴェディゲン以下、すべての乗組員が死亡した。これは「ドレッドノート」がWWI中に挙げた唯一の戦果であり、戦艦が潜水艦を撃沈した唯一の例となった。

出撃していくU29潜水艦。WWIドイツ屈指の英雄・ヴェディゲン大尉が率いるU29は、エポックメーキングな戦艦「ドレッドノート」の体当たりで撃沈されるという意外な最期を迎えた

1914年
9月22日
オランダ沖
ブロード14海域
6時25分
英海軍装甲巡洋艦「アブーキア」被雷
浸水が止まらんな
機雷原に
踏み込んだか?
わかりません
まだ吃水線下の装甲は
施されていないため
被害は甚大だった。
6時55分
アブーキア救援に同型艦の
「ホーグ」が接近してきた。
そこへ
2本の魚雷が迫る。
ドドーン
ホーグは真っ二つに
引き裂かれ轟沈。
機雷じゃない!
潜水艦がいるぞ!
各砲!潜水艦を
発見しだい撃て!
7時20分
同行していた「クレッシー」が
潜水艦捜索と僚艦救援のために
アブーキアに近づくが
合計3本の魚雷を受け
沈没した。
オットー・エドゥアルト・
ヴェディゲン艦長
映画にも
なったよ
砲艦あがりの34才の大尉が
たった75分の海戦で3隻の
装甲巡洋艦を撃沈した。
この海戦は各国海軍に潜水艦
という新兵器の本当の力を
知らしめた。
そしてヴェディゲン艦長は
ヴィルヘルムⅡ世より
一級鉄十字章を授与され
国民的英雄となった。
艦尾魚雷発射管
灯油機関の排気は
とても目立ち、隠密
行動には不向きだった。
潜望鏡
煙突
(浮上時に
取り付ける)
起倒式
通信マスト
機関銃
スクリュー
(2軸)
舵
機関室
灯油機関とモーターが
交互に配列されている。
灯油機関
モーター
発令所
乗員居住区
蓄電池
発射管室
予備魚雷2本を含め
6本の魚雷を装備。
潜舵
艦首魚雷発射管
両舷のバルジは
注水区画。
艦中心の円柱状の
部分が気密区画。
ヴェディゲン艦長の栄光は長くは
続かなかった。
1915年3月18日アイリッシュ海。
U29の艦長となったヴェディゲンは
戦艦に革新をもたらした英海軍戦艦
「ドレッドノート」の体当たりを受け
艦と運命を共にした。
人生って
上手くいかないものね~
リヴァイアサンの目覚め
U9

艦艇⑨

# テゲトフ級戦艦

## 墺洪二重帝国がアドリア海の制海権を目指して投入した初のド級戦艦

オーストリア＝ハンガリー

### 背負い式砲塔でコンパクトにまとめられたド級戦艦

基本的に内陸国であるオーストリア＝ハンガリー二重帝国。その仮想敵は、地勢的にアドリア海対岸のイタリアで、このイタリアに勝てなければ外洋どころか地中海へも出られやしない。だがそのイタリアに勝ったとしても、じゃあイギリスやフランス海軍に対抗できるかというとそれはとうてい無理筋で、その海軍はせいぜい小国の海軍相手にしか通じないものだった。

唯一、イタリアと組めば英海軍や仏海軍に対抗できるかも、という望みもあったが、イタリアが三国協商から離脱して連合国側に走ったことで雲散。そのイタリア海軍がド級戦艦「ダンテ・アリギエーリ」を建造したとなれば、対抗上意地でも……、もとい、軍事的均衡からも、ド級戦艦を作らざるを得なくなった。

そんなこんなで、オーストリア＝ハンガリー海軍もちろん初のド級戦艦テゲトフ級は、けれどなかなか先進的な設計だった。主武装に30・5cm砲を三連装で4基採用というのは「ダンテ」と同じだが、同級がそれらを甲板上にほぼ平置きしているのに対し、艦の前後に2基ずつ、中心線上に背負い式に搭載したのだ。

しかし背負い式主砲配置は重心が高くなる欠点がある。のちの3万、4万トン級の超ド級戦艦ならともかく、2万トン級艦では顕著な影響だ。背負い式のおかげでテゲトフ級はかなりコンパクトにまとめられており、排水量でほぼ同じ「ダンテ」よりも全長は15m以上短い。

主戦場がアドリア海なので、ひどい波浪も、大洋を超える遠距離航海も考えられていないとはいえ、この小ささは極端に言えば、ド級戦艦なのにまるで海防戦艦のようなシルエット、といったら言い過ぎだろうか。コンパクトで重心の高い艦体は復原性に影響し、全速航行中に舵を目いっぱい切ると艦体が10度近くも傾斜した。旋回方向に主砲を向けた場合は、この傾斜はさらに大きく、危険なレベルにまでなったという。このため、高速航行中の急な転舵は禁じられていた。

### 主砲の30・5cm砲12門は戦闘時には実質8門に？

この30・5cm三連装砲塔は、テゲトフ級のために開発された。まだオーストリア＝ハンガリーにこのクラスの三連装砲塔開発の経験はなく、イギリスのヴィッカース社から技術移転がなされている。ところが重大な欠陥が……。

大きく重い主砲弾は、装薬とともに砲塔下の弾庫から砲塔内へ運び上げる。この揚弾機は、ふつう砲1門につき1基設置されるが、スペースを節約するため、3門の主砲の間に2基しか設置されなかった。2基の揚弾機から同時に装填できる主砲弾は当然2発。具体的には左右の端の砲だけで、中央の砲は次の揚弾を待たねばならない。

これは実戦だと、初弾こそ三連装砲のすべてが発射できるが、次弾からは二連装になるということだ。戦況やタイミングにもよるが、いったん斉射が始まったら、間髪を入れず次々撃たなくては夾叉《きょうさ》(敵艦を砲弾が囲むように着弾すること)や命中は望めない。ことにテゲトフ級のこの主砲は、装填のために毎回いったん砲の仰角を2度に戻さなくてはならない固定角度装填式で、それでなくとも装填に時間がかかる。のんびり二度目の揚弾を待っているヒマはないわけで、三連装×4基＝12門の30・5cm砲は、連装×4基＝8門に減ってしまうのである。

副砲は、船体中央ケースメイト式に左右6門ずつ12門。打撃力を重視して、やや大きめの15cm砲だ。反面、対水雷艇用などの小口径砲は、急に小さくなって6・6cm速射砲を単装で18門、甲板上や主砲塔上などに装備していた。

機関は、ヤーロー式石炭、重油混焼缶12基を主缶としてパーソンズ式蒸気タービン機関を駆動した。4軸推進で、各軸に高圧と低圧のタービンを1基ずつ有する機関構成。2万7000軸馬力、最高速力は20・3ノット。ただし、4番艦の「シュッ

煙突から排煙を上げる「フィリブス・ウニティス」。ボイラーには石炭を主用したが、燃焼速度を上げるために重油を石炭に噴霧した。全速力で舵を10度以上傾けると、艦が大きく傾斜してしまう欠点があった

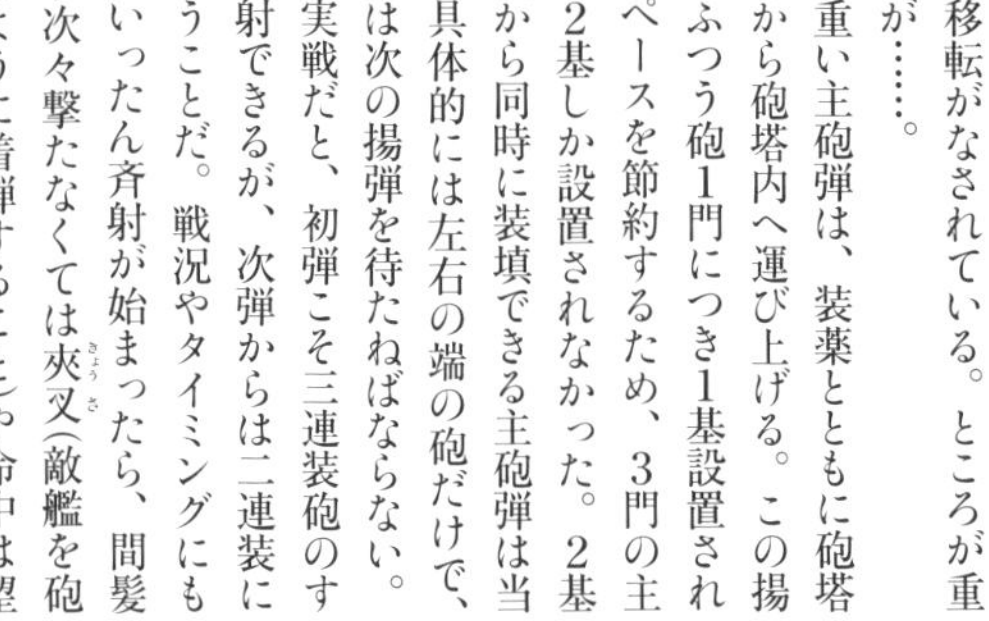

戦前、停泊中の「テゲトフ」あるいは「フィリブス・ウニティス」。艦首右舷に主錨を2個備えていた。舷側の無数のブームについている網は魚雷防御網で、停泊時には展張して魚雷を防いだ

エント・イシュトファン(セント・イシュトヴァーン)」だけは、バブコック&ウィルコックス社の混焼缶12基で、AEG-カーチス式直結タービン2基とし、2万6000軸馬力で最高速力20ノットとなっている。この時期のド級艦としては速くも遅くもないが、ライバルの「ダンテ」のほうが22・8ノットと優速だった。

武装のひとつ水中魚雷発射管は、艦首直下に1門、艦尾に1門、そして第二砲塔の左右に1門ずつ備えていた。「ダンテ」も3門の水中魚雷発射管を持ち、艦首水線下には衝角まで備えていた。20世紀になって体当たりの衝角戦をやろうというマカロニ魂はあっぱれだが、さすがにテゲトフ級に衝角はない。しかしドイツ戦艦風に処理した艦首水線下のデザインが、ドイツ艦よりも角度が大きく、そのため直進性に影響が出たとも言われている。

## 多民族国家の配慮が現れた4隻の艦名

一番艦の「フィリブス・ウニティス」は1912年5月、トリエステのサン・マルコ造船所にて竣工。当初は、普墺戦争のリッサ海戦(1866年)において、イタリア艦隊に勝利したオーストリア海軍の提督、ヴィルヘルム・フォン・テゲトフの名をとって「テゲトフ」と命名される予定だったが、皇帝フランツ・ヨーゼフI世の希望で「フィリブス・ウニティス」と名付けられた。フィリブス・ウニティス(Viribus Unitis)とは、ラテン語で「力を合わせて」との意味。フランツ・ヨーゼフI世のモットーでもあり、多民族国家オーストリア=ハンガリーの帝国運営を象徴するものでもあった。

二番艦には今度こそ「テゲトフ」の名がつけられる。1913年7月竣工。じつは最初、旗艦はこっちの「テゲトフ」で、「フィリブス・ウニティス」に移譲したのは開戦後の16年だった。

三番艦は「プリンツ・オイゲン」。といってもドイツ艦ではない。その艦名は、どちらも同じ神聖ローマ帝国の将軍で、オーストリアに使えた将軍・オイゲン公=オイゲン・フォン・サヴォイエンから。14年7月竣工。

四番艦、「シュツェント・イシュトファン」は15年11月の竣工。前述のように他の3艦と機関が異なっていたが、艦橋まわりも少々造形が異なっていて見分けやすい。艦名は、ハンガリー王国の初代国王イシュトヴァーン1世(聖イシュトバーン)から。こんなところにも、二重帝国らしい配慮が感じられる。

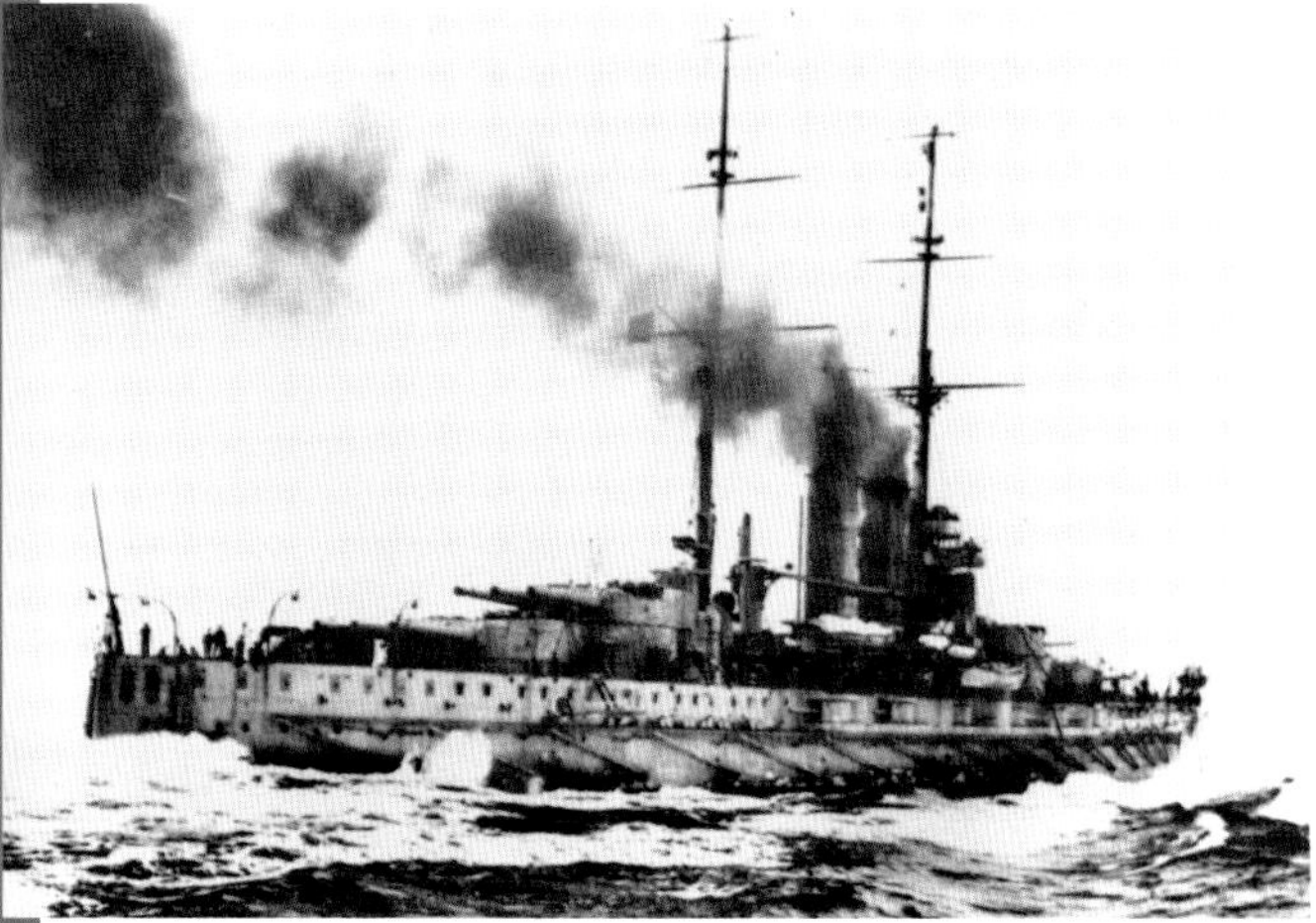

航行する「プリンツ・オイゲン」を右舷後方から見た写真。主砲塔を背負い式配置にして船体をコンパクトに収めたが、そのため重心が上がり、復原力が低くなってしまった

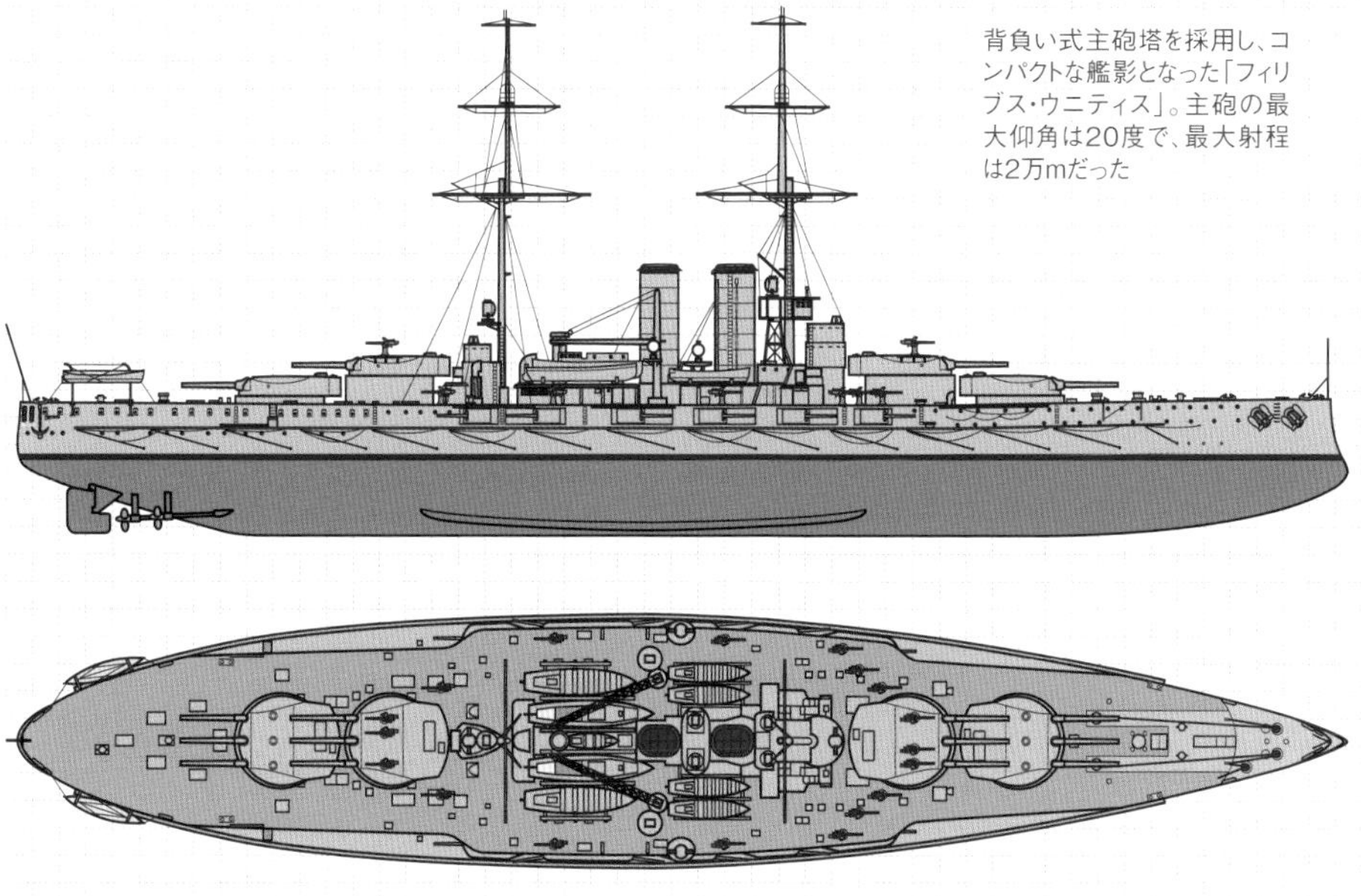

背負い式主砲塔を採用し、コンパクトな艦影となった「フィリブス・ウニティス」。主砲の最大仰角は20度で、最大射程は2万mだった

**戦艦「フィリブス・ウニティス」(1912年新造時)**

| | | | | | | | |
|---|---|---|---|---|---|---|---|
| 満載排水量 | 20,014トン | 全長 | 152.2m | 全幅 | 27.3m | 吃水 | 8.9m |
| 主缶 | ヤーロー式石炭・重油混焼水管缶12基 | | | 主機/軸数 | パーソンズ式蒸気タービン2組/4軸 | | |
| 出力 | 27,000馬力 | 最大速力 | 20.3ノット | 航続力 | 10ノットで4,200浬 | | |
| 武装 | 45口径30.5cm三連装砲4基、15cm単装砲12基、6.6cm単装砲18基、53.3cm水中魚雷発射管4門 | | | | | | |
| 装甲 | 舷側最大280mm、甲板48mm、主砲塔280mm、司令塔280mm | | | | | 乗員 | 1,087名 |

## WWIでほとんど活躍は無く伊の魚雷艇や潜航艇に討たれる

華々しくオーストリア=ハンガリー帝国海軍に就役した「フィリブス・ウニティス」。WWI劈頭、ドイツ巡洋戦艦「ゲーベン」

や軽巡「ブレスラウ」の地中海での逃走を支援するため、二番艦の「テゲトフ」、三番艦「プリンツ・オイゲン」らとともに出撃した。初の大規模な戦闘任務だ。が、ドイツ艦隊の逃亡成功の報により、アドリア海の出口、オトランド海峡の直前で引き返す。

イタリアと交戦状態に入ってからは、オーストリア＝ハンガリー海軍艦艇は何度もイタリア沿岸へ進出して都市や港湾を砲撃した。1915年5月24日には、「フィリブス・ウニティス」、「テゲトフ」、「オイゲン」らが中心となって、最大の襲撃が行われた。アンコーナ市などが大きな被害を受け、60人以上の市民、兵士が死亡した。

しかしその後、WWI期間中、とくに勇敢な戦歴はなく、艦隊は母港ポーラ軍港に引き籠るばかりだった。逆にイタリアは、ポーラ軍港を80回以上空襲している。

唯一のハイライトは、1918年6月9日、「フィリブス・ウニティス」、「テゲトフ」、「シュツェント・イシュトファン」を始め、駆逐艦1隻、魚雷艇6隻がオトラント海峡封鎖を突破するために出撃したことだろう。しかしイタリア海軍の魚雷艇部隊に迎撃され、「イシュトファン」が魚雷2本を右舷に被雷。たちまち艦は傾斜し、応急処置も間に合わず転覆、轟沈した。

テゲトフ級の内部構造として、缶室と機械室を交互に分離する縦隔壁は設けられておらず、被雷の際、缶室の破壊から大規模な浸水に繋がった、と考えられている。「イシュトファン」の転覆から沈没までは克明に撮影されて残されており、ド級戦艦の沈没動画としては唯一のものとなっている。艦隊は結局、海峡突破を果たせず、無為に帰投した。

1918年10月になるとオーストリア＝ハンガリーの敗戦はもはや避けられず、艦艇を保存するためもあり、新たに分離・成立したセルブ＝クロアート＝スロヴェーン王国(のちのユーゴスラヴィア)に艦隊は引き渡されることとなった。「フィリブス・ウニティス」が、その艦名も「ユーゴスラヴィア」となったのちの11月1日、そうした事情を知らないイタリア海軍の水中工作員2名が、小型潜航艇(人間魚雷)でポーラ軍港に侵入。彼らが艦底に仕掛けた爆弾によって、旧「フィリブス・ウニティス」は午前6時44分、爆発、沈没した。

「テゲトフ」は賠償艦としてイタリアに引き渡され、1925年に解体された。

「オイゲン」はフランスに引き渡された。その後標的艦として使用され、1922年6月、トゥーロン沖で撃沈された。

イタリア魚雷艇の雷撃で沈んでいく「シュツェント・イストファン」。同艦はリベット打ちの精度が低くて外れやすく、急速な浸水につながったとの見方もある

ダンテ・アリギエーリ
フィリブス・ウニティスのライバル。
30.5cm砲を12門装備する。
背負式砲塔配置
背負式
艦の全長をコンパクトにできる。
なんかやな名前
煙突
WW1から航空機の爆撃に備えた金網が装備された。
艦長・司令公室
帆船時代からの伝統がまだ残る。
6.6cm砲
主砲の上など18門を装備。
司令塔
艦橋
司令塔
30.5cm主砲
実質連装砲?
3門の砲を備える。しかし揚弾装置は2基。
サギ?
ちがいます
※図はイメージです。
スクリューは4軸。
艦尾魚雷発射管
この時代の戦艦には魚雷発射管が装備されることが多かった。
側砲用測距儀
15cm砲
魚雷防御網展張用ブーム
姉妹艦のシュツェント・イシュトファンは防御網ではなくチーク材板を貼り付けている。
艦首魚雷管
衝角の下あたりに発射口。
予告の時間から少し遅れて爆弾は起爆した。艦長は早々に退艦命令を下す。
乗員たちは艦を助けることなく退去。艦は転覆した。
艦長は艦と運命を共にした。
二人は同艦の捕虜となり、まもなく大爆発が起こると告げるが…。
リムペットマイン
えー?
本当に?
1918年10月31日
クロアチア・ポーラ港
Mignatta
ミニャッタ
(「ヒル」の意味)
フィリブス・ウニティスに忍び寄るイタリア海軍。
みんなで力を合わせれば…
SMS Viribus Unitis

艦艇⑩

# 潜水艦U14

## フランスに生まれ、数奇な運命を辿り墺洪帝国海軍屈指の戦果を挙げた潜水艦

オーストリア＝ハンガリー

U14は、じつに数奇な運命をたどった潜水艦だ。

### フランス潜水艦「キュリー」として竣工

そもそもU14はオーストリア＝ハンガリーの建造ではない。1906年計画のフランス海軍ブリュメール級潜水艦16隻の一隻で、1912年7月18日、15番艦として就役している。建造はトゥーロンのアーセナル社。艦名は「キュリー」だった。ラジウムを発見した科学者ピエール・キュリー、マリー・キュリー夫妻からの名付けだ。フランス海軍はこのクラスの潜水艦に、初期にはフランス革命歴（革命期にフランスで採用されていた暦）の月名を、後期には科学者の名を付けることを好んで、ニュートン、ジュール、海王星を発見したル・ベリエ、モンゴルフィエ兄弟らも潜水艦の名となっている。

マキシム・ローブフの設計による、現代潜水艦に連なる二重船殻を持ち、全長52・1m、全幅5・41m、潜水時の排水量は551トン。武装は480㎜魚雷発射管1。携行魚雷は8本で、1本は艦内の発射管に装填され、1本は予備、残り6本は艦外の発射装置に装填される。これは「ドジェヴィッキ式可動魚雷発射管」と呼ばれ、19世紀後半のポーランドの科学者・発明家、ステファン・ドジェヴィッキが開発したもので、ロシアとフランス海軍で採用されていた。魚雷は金属フレームの発射器に入れられて艦外に設置される。ケースメイト式の砲郭のようなもので、この発射管をアームとして外側へ迫り出すことで、魚雷を多方向へ向けることができる。このため艦の中心線から、20～170度の角度で魚雷の発射が可能だった。ほぼ真後ろへも撃てる装置だったのだ。

フランス潜水艦「キュリー」時の姿。船殻の外に回転式の魚雷発射器を備える、特徴的な上部構造を持った潜水艦である

「キュリー」に甲板武装はなかった（小口径砲があったという説もある）。推進用プロペラは2軸2基。ふたつで合計840馬力を発生するディーゼルエンジンは、ドイツMAN社のライセンス生産品だった。水中航行用の電動モーターは2基で合計270キロワット。水上最高速力13ノット、水中8・8ノット、航続距離は水上で1700浬（約3100㎞）、水中84浬（約156㎞）。乗員は29名。WWIのヨーロッパ潜水艦としてはミドルクラスの大きさだ。

ローブフが設計した潜水艦はローブフ型と総称され、ブリュメール級のほか、ほぼ同型の前級・プルヴィオーズ級が18隻建造された。これら34隻がWWIフランス海軍潜水艦の主流だった。初期のタイプにはディーゼルエンジンではなく蒸気エンジンが搭載されていた。

### オーストリア＝ハンガリーに鹵獲された「キュリー」

WWIが始まると、1914年12月、地中海に配属された「キュリー」はフランス装甲巡洋艦「ジュール・ミシュレ」に曳航されてアドリア海のほぼ中央部、ペラゴサ島へ向かい、19日、そこから自力航行でポーラへ向かった。ポーラはオーストリア＝ハンガリー海軍の主たる軍港で、唯一のド級戦艦テゲトフ級など多数が停泊、係留されていた。これらの艦船を攻撃する作戦だった。

19日一日をかけて綿密な偵察のあと、20日早朝、「キュリー」艦長ジョン・ジョセフ・ガブリエル・オバーン中尉は港の防潜網を水深20mでかいくぐろうと試みる。しかし船体に3時間あまり停電が起き、コンパスが故障するなどアクシデントが重なったこともあり、最初の防潜網を抜けたあと、第二の網に捉えられた。防潜網が船体を叩き、船が引きずられた。潜望鏡や潜水舵、船外に装備されていた魚雷などにワイヤーロープが引っかかって絡まり、あらゆる方法を試しても脱出はできなかった。

やがてバッテリーが切れ、船内は酸素

シェルブールで撮影されたブリュメール級潜水艦の1隻（艦名不明）。艦首の魚雷発射管に装填された魚雷の弾頭が見える

不足に陥った。さらに艦体が横転し、蓄電池から酸が漏れ出す。有毒ガスが発生し、乗員が窒息状態に陥る危険にオバーンは浮上、降伏を決断した。

だが降伏の意思を示す間もなく、「キュリー」はオーストリア＝ハンガリーの魚雷艇63Tに発見され、軍港は最大の防御態勢に入った。すぐに「キュリー」は63Tや駆逐艦「マグネット」、魚雷艇24号、36号、陸上砲台などから袋叩きにされた。これら砲撃によって「キュリー」の乗員3名（2名説も）が死亡。午後5時10分、「キュリー」は沈没し、オバーンと残りの23名（24人説も）全員が捕虜となった。オバーンはのちに捕虜交換で帰国するも、1917年3月、亡くなった。彼と、やはりこのときの戦いで死亡したピエール・ポール・シャイリー航海士の名を、のちにフランス海軍は潜水艦の艦名としている。

1915年2月、ポーラ港に沈んでいたところを引き揚げられた「キュリー」

## U14となり、トラップ艦長の指揮下で大戦果を挙げる

WWI開戦時、オーストリア＝ハンガリー海軍の保有する潜水艦は3クラス6隻だけだった。ドイツからUD級潜水艦5隻を購入する予定だったが、開戦によって頓挫した。

潜水艦戦力の不足に直面したオーストリア＝ハンガリーは、沈んだ「キュリー」に目を付けた。水深約39mに沈んだ「キュリー」の被害は軽微で、12月21日から引き揚げ作業が始まり、翌15年2月2日に浮上、修復作業ののち、6月1日にはオーストリア＝ハンガリー海軍に就役する。魚雷は533㎜（21インチ）規格に換装された。艦内の予備魚雷はなくなり、魚雷搭載数は7となる。

このとき、同海軍に在籍していた潜水艦はU12までだったが、「13」の数字は避けられ、U14と名付けられた。最初はオットー・ザイドラー少佐が艦長となったが、体調不良で10月中旬、ゲオルク・ルートヴィヒ・フォン・トラップ中尉に交代した。ご存知の方も多いだろう映画『サウンド・オブ・ミュージック』は、フォン・トラップの後妻アガーテの著作が原作で、劇中で描かれる家族合唱団が、軍退役後の彼の家族がモデルであることは有名だ。

そのフォン・トラップが艦長となったU14は哨戒などの任務に就いていたが、1916年2月、U-4と合同でドラッツォ（現アルバニアのドゥラス）付近を哨戒することとなった。7日、イギリス巡洋艦「ローストフト」に発見され、爆雷攻撃を受ける。なんとか生き延びたものの、ふたつの燃料タンクからは燃料が漏れ出し、船体外部に半格納されていた魚雷もすべて損傷して失われていた。

1915年から1916年頃にポーラで撮影された「キュリー」改めU14の写真。背景には機雷敷設艦「カメーレオン」と水上機基地が見える

被害の修理とともにU14は大幅な近代化改修を受ける。

11月、再就役したU14は、それまでの480馬力から840馬力のディーゼルエンジンに換装され、燃料タンクも大型化によって航続距離は水上1700浬から6500浬（1万2000㎞）へと大きく伸長した。それまでの波浪にさらされる見張り台に代わって、ドイツ式の密閉された司令塔が設置された。艦首甲板には速射砲（66㎜砲、あるいは75㎜砲）を装備。

改装されたU14は、大幅に伸びた航続力を活かして、オトランド海峡を突破し、ギリシア沿岸、地中海中部まで進出した。1917年4月28日、イギリスのタンカー「チークウッド（5315総トン）」を撃

改装後のU14潜水艦。4.7cm砲をそなえていた

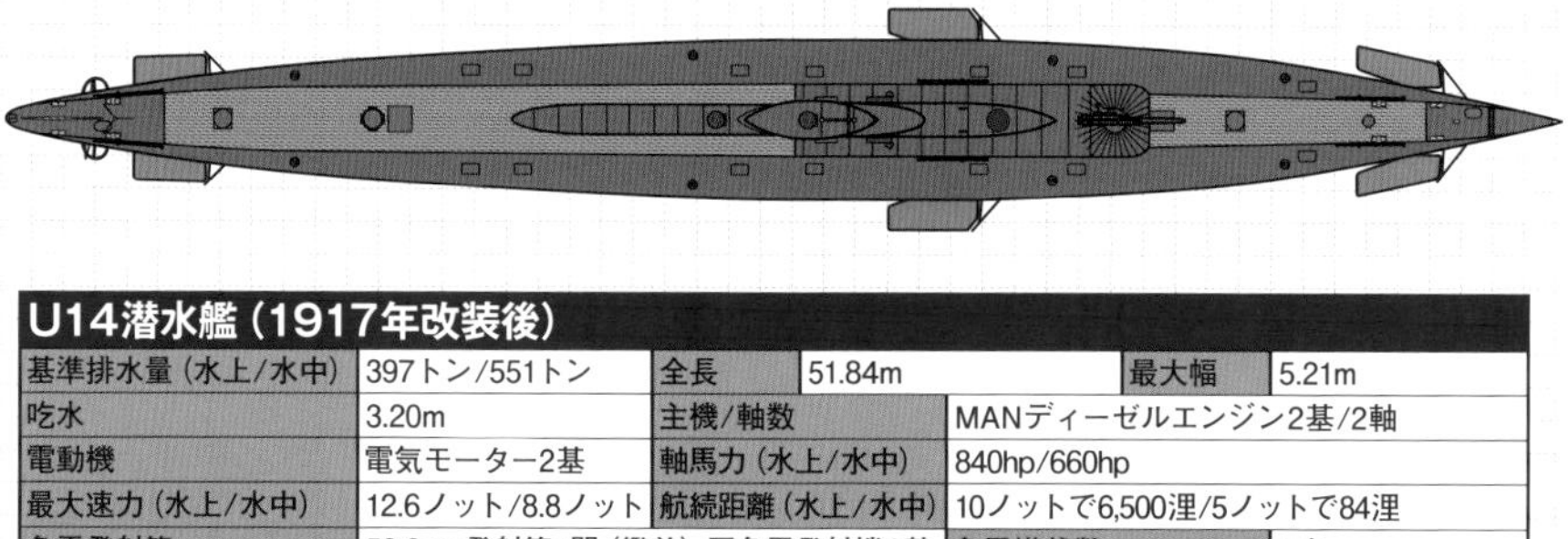

**U14潜水艦（1917年改装後）**

| | | | | | |
|---|---|---|---|---|---|
| 基準排水量（水上/水中） | 397トン/551トン | 全長 | 51.84m | 最大幅 | 5.21m |
| 吃水 | 3.20m | 主機/軸数 | MANディーゼルエンジン2基/2軸 | | |
| 電動機 | 電気モーター2基 | 軸馬力（水上/水中） | 840hp/660hp | | |
| 最大速力（水上/水中） | 12.6ノット/8.8ノット | 航続距離（水上/水中） | 10ノットで6,500浬/5ノットで84浬 | | |
| 魚雷発射管 | 53.3cm発射管1門（艦首）、同魚雷発射機6基 | | 魚雷搭載数 | | 7本 |
| 備砲 | 4.7cm砲1門 | 安全潜航深度 | 40m | 乗員 | 28名 |

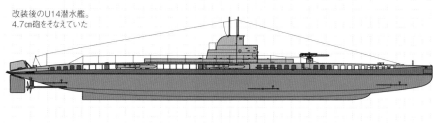

U14の艦長を務めたゲオルク・ルートヴィヒ・フォン・トラップ少佐（最終階級）。1880年生まれ。1894年に海軍兵学校に入学、4年後に海軍に任官する。通商破壊戦で大戦果を挙げ国民的英雄に。戦後、一家（子は3男7女の大所帯）で「トラップ室内聖歌隊」を結成、好評を博す。1938年、オーストリアがナチス・ドイツに併合されるとこれに抵抗。スイス経由でアメリカへ、一家で亡命することを決断する

沈。さらに5月3日、イタリアの汽船「アントニオ・シエザ（1905総トン）」を続けて撃沈する。

7月、フランス海軍が占領するコルフ島の北部付近を水上航行する際、フォン・トラップはフランス国旗を掲げる欺瞞策を実行した。フランスの偵察機に発見されるも、機転を利かし、乗員が甲板上で陽気に手を振る、といった行動で難を逃れている。その後、ギリシアの汽船「マリオンガ・グーランドリス」を撃沈する。

8月20日からは3度目の航海に出撃した。23日にはイオニア海でフランス汽船「コンスタンス」を、翌日、イギリス機船「キルウィニング」を撃沈。26日にはイギリス汽船「ティティアン」を、さらに27日あるいは28日、マルタ島から石炭を積んでポートサイドへ向かっていた「ネアン（3267総トン）」も葬った。

29日、マルタ島沖でイタリア汽船「ミラッツォ（1万1744総トン）」を撃沈。これはWWI中、オーストリア＝ハンガリー海軍の潜水艦によって撃沈された最大クラス（正確にはトン数で二番目）の船だった。10月にはイギリス船「エルシストン」「グッドホープ」、イタリア船「カーポ・ディ・モンテ」の3隻を葬った。

1918年1月、帰還したU14は、フォン・トラップに代わってフリードリヒ・シュロッサーが艦長に就く。さらにヒューゴ・ピステルに替わったが、いずれも戦果を挙げることはなかった。U14の、商船11隻、4万7653総トン数はすべてフォン・トラップと部下たちが、わずか6カ月間という短期間で成し遂げた戦果だった。しかし敵船の死者はわずか1名。英国船「エルシストン」の船員だけ。フォン・トラップは敵船を拿捕し、乗員をすべて退艦させたあとで撃沈した。国際法に則った通商破壊を貫いたのだ。

WWI終結とともにU14は、フランスへ返還され、「キュリー」の艦名に復帰した。平和な時代を十年近く過ごし、1928年に事故により除籍。翌年解体された。

戦後、フランスに返還されたU14（旧「キュリー」）の艦橋部分

艦艇⑪

# 戦艦「ポチョムキン」／「パンテレイモン」

## 水兵たちの反乱で一躍有名となったロシアの前ド級戦艦

ロシア

### 第一次世界大戦での「パンテレイモン」の戦い

ロシア戦艦「パンテレイモン」。1898年起工、1900年進水、1905年竣工。排水量1万2900トンで同型艦はない。武装は艦前後の中心線上に40口径305㎜連装主砲塔2基を持つ。45口径152㎜単装副砲16門を舷側の砲郭(ケースメート)に、ほかに50口径75㎜単装砲14門、そして456㎜水中魚雷発射管4門を有する。最大速力は16・7ノット。

スペックをご覧いただくとわかるとおり、典型的な前ド級戦艦(ロシア海軍での艦種は「装甲艦」)で、87ページで紹介したフランス前ド級戦艦に近いが、それらよりちょっと遅く、古式蒼然とした衝角も艦首水線下に備えていた。

第一次世界大戦(以下WWI)当時、「パンテレイモン」は黒海に配置され、第2戦列艦隊(※)に所属していた。

開戦すぐの1914年11月5日、「パンテレイモン」は黒海、サールィチ岬の海戦に出撃。単縦陣を組むロシア戦艦隊6隻のうち、4番目に位置していたが、濃い霧のために敵艦を視認できず、発砲すらせずに終わる。なお海戦は、オスマン海軍巡洋戦艦「ヤウズ・スルタン・セリム(もとはドイツ巡洋戦艦「ゲーベン」)」に多数の命中弾を与え、逃走させたロシア艦隊の勝ちだった。なおこの戦いは、近代的なド級艦に前ド級艦が勝利した稀有な例であった。

1906年時の「パンテレイモン」。黒海艦隊の主力としては初の本格的な前ド級戦艦であった。主砲は305mm連装2基、副砲は152mm砲16門と当時の前ド級戦艦としては平均的だが、同年に戦艦「ドレッドノート」が竣工したため、すでに時代遅れとなっていた

1915年4月28日の海戦では、戦艦「エフスターフィイ」とともに「ヤウズ・スルタン・セリム」とまたも戦い、こんどは命中弾を与えている。しかし目立った活動はここまで。1917年の革命によってロシアはWWIから離脱していく。

かように、WWIでは性能も戦歴も凡庸な「パンテレイモン」なのだが、じつは彼女、戦艦として例を見ないほどの数奇な運命をたどり、今日《こんにち》世界的に有名なのだ。この戦艦、竣工時の艦名は「ポチョムキン」、厳密には「クニャージ・ポチョムキン・タヴリチェスキー」と言った。

1906～1910年の「パンテレイモン」。重心を下げるため、太いミリタリー・マストではなく、マストに速射砲を装備したファイティング・トップを採用している。また艦橋のフライングデッキ(空中甲板)や副砲の配置などもよく分かる

### 戦艦ポチョムキン号の反乱

時間を戻して。1900年、「クニャージ・ポチョムキン・タヴリチェスキー(以下「ポチョムキン」)」と名付けられた本艦の進水当時、ほぼ同時期の戦艦「レトヴィザン(1万2900トン)」をアメリカに、「ツェザレヴィッチ(1万2915トン)」をフランスに発注していたロシア海軍だったが、黒海艦隊の主力として建造された「ポチョムキン」は純国産だ。艤装工事中にボイラー火災が発生したり、主砲の発射試験での不具合が起き、どちらも交換になるなど、竣工が2年近くも遅れ、早くも災難続きだったが、本当の難事は黒海艦隊に配備されてすぐにやってきた。

日露戦争の日本海海戦の直後の1905年6月14日、黒海のテーンドル湾停泊地で武装の試験を行っていた「ポチョムキン」で、水兵たちの武装蜂起が起こったのだ。そしてこの事件を題材にした、セルゲイ・エイゼンシュテイン監督の映画『戦艦ポチョムキン』が、本艦を世界的に有名にした。映画はもちろんWWI後のソ連共産党政権のもとで作られたもので、革命精神のすばらしさを高らかに謳《うた》い上げるため、演出や誇張も見られ、一部は事実と大きく異なっている。

映画だと、腐った肉を食べさせられることに端を発した兵たちの抗議、反抗が将校たちに抑えつけられ、ついに、反抗した兵たちの処刑か、というところで一気に反乱が起こる。しかし実際には、「ポチョムキン」乗員731名(別に士官が26名)のうち、十

(※)戦列艦とは、戦艦以前の、舷側にズラリと何十門もの大砲を並べた舷側砲門艦(おもに帆走船)のことを一般に指すのだが、ロシアでは1907年、ガングート級などド級戦艦の計画と同時に、それ以前の戦艦(装甲艦)を戦列艦(Линейныйкорабль)と呼ぶことにしていた。本稿では(前ド級)戦艦と記すことにする。

数名によるツェントラルカ(革命的船員組織)がすでに作られていて、同年秋の蜂起が計画されていた。

もっといえば、数年まえから社会民主主義のサークルが黒海艦隊に作られ、1904年にはロシア社会民主労働党のセヴァストポリ党組織として組織され、ボリシェヴィキ(同党急進左派)が指導的になるなど、黒海艦隊に浸透して、艦隊の各艦やセヴァストポリ、オデッサなど軍港や根拠地で、同時に大規模な武装蜂起が計画されていたのだ。

その後、一部の士官を殺害し、残りを捕虜とした蜂起兵たちは、25人からなる委員会を組織して「ポチョムキン」を乗っ取り、赤旗を掲げてオデッサへ向かう。同じ停泊地で「ポチョムキン」の武装試験を手伝っていた水雷艇267号も加わった。もちろん同艦の乗組員にも事前に左派活動家が浸透していたことが大きい。

その日の14時、「ポチョムキン」は無線で革命を宣言し、夕方には水雷艇267号とともにオデッサ港に入港した。おりしもオデッサではゼネストが行われ、労働者たちが大規模なデモ行進の最中だった。ここで映画だと有名な「オデッサ階段の虐殺」シーンとなる。階段を上るデモの群衆を皇帝の軍隊が階上から射撃、虐殺する、えんえん6分以上にも及ぶこのシーンはしかし、映画の虚構で、実際にこの階段で皇帝軍による虐殺が起こったことはなく、発砲の事実すら不明だ。むしろ皇帝軍や警察に「ポチョムキン」から発砲している。

当時は日露戦争の末期であり、軍の規律と革命の気運を危険視したロシア皇帝ニコライII世は反乱を断固鎮圧せよと命じた。6月17日、3隻の戦艦(海防戦艦含む)と水雷巡洋艦1隻、水雷艇3隻からなる鎮圧艦隊が派遣される。説得などに応じない場合は、「ポチョムキン」を撃沈すべし、との命令だった。クリーゲル海軍中将の戦艦「ロスチラロフ」を加えた鎮圧艦隊が迫ると、「ポチョムキン」は出港、鎮圧艦隊に相対した。「ポチョムキン」は発砲せず、鎮圧艦隊の間を静かに航行。これに対して鎮圧艦隊の水兵たちもまた発砲を拒否。「ポチョムキン」に熱烈な声援、万歳！を叫んだ。危険を感じたクリーゲルは全艦を退避させたが、戦艦「ゲオルギー・ポベドノーセツ」はその場にとどまり、「ポチョムキン」の水兵たちと交歓、自艦の士官たちを拘束するなどした。

一時は合流した「ポベドノーセツ」だったが、水兵たちの仲間割れで離反。結局、艦を軍に引き渡した。「ポチョムキン」は再びオデッサに戻ったが、街は補給を拒否し、やむなく水雷艇267号とともに黒海対岸のルーマニアのコンスタンツァへ19日、入港する。しかしここでも補給を拒否され、クリミア半島のフェオドーシヤへ向かうも、皇帝軍や憲兵隊に銃火を浴びせられて出港。この間、水の補給ができないため、海水を注入した「ポチョムキン」はボイラーが故障。24日にまたもルーマニアの港へ入港すると艦を放棄し、上陸した水兵たちは亡命を主張した。水雷艇267号は投降を拒否して出港したが、26日、セヴァストポリへたどり着いたところで降伏した。

1905年時の「クニャージ・ポチョムキン・タヴリチェスキー（ポチョムキン＝タヴリチェスキー公）」。05年5月20日の竣工から1カ月もたたない6月14日に反乱が勃発した。反乱水兵たちのほとんど（約600名）はルーマニアに留まり、1917年の2月革命までの12年間を過ごした。直後にロシアに戻った者は56名が反逆罪で投獄。首謀者とみられた7名は処刑された

1905年6月25日、ルーマニアのコンスタンツァにおける「ポチョムキン」。兵たちがルーマニアに艦を引き渡したため、ルーマニアの国旗が掲揚されている

## ロシア革命後の「ポチョムキン」

反乱で有名になってしまった「ポチョムキン」は艦名を9月30日、東方正教会の聖人の名を取って「パンテレイモン」と改称。けれど11月に起こったセヴァストポリの蜂起でも同艦は反乱側に身を投じ、やはり鎮圧される。1910年に大規模な修繕を受けたものの、翌年10月には座礁。さらに翌年また修理され、装備の刷新などが行われた。

WWIでの戦歴は前述のとおりだが、革命でボリシェヴィキが政権を奪うと革命の英雄として17年3月、艦名を(公爵の称号を除いた)「ポチョムキン・タヴリチェスキー」に戻された。ところが実際のポチョムキン公爵の、農民の反乱を圧殺した暴君の素性が嫌われて、4月には「ボレーツ・ザ・スヴォボードゥ」と改名。自由の戦士、の意だったが、そんな爽やかな？艦名とは裏腹に、セヴァストポリでは「ポチョムキン(厳密にはボレーツ・ザ・スヴォボードゥだが)」の水兵たちも参加した粛清で、知識人、高級将校など約600名が殺害された。

ウクライナとソビエト(まだ正式なソ連

国家ではない）の間で戦争が起きると、1918年3月、赤軍は撤退。「ポチョムキン」はセヴァストポリに残される。ウクライナ軍に接収されたが、戦艦として戦うこともなく、11月、同地に侵攻してきた英仏干渉軍に拿捕された。1919年にイギリス軍が撤退するまでの間に、「ポチョムキン」は機関を破壊され、武装も撤去されていた。4月に赤軍がクリミアを奪回した際に「ポチョムキン」も確保されたが、6月にはまた義勇軍に奪われる。

1920年末になってセヴァストポリはようやくソビエトに平定されるが、「ポチョムキン」は損傷が激しく、すでに旧式だったこともあり修理や復帰はかなわなかった。1923年、「ポチョムキン」の解体をレーニンが指示し、25年11月21日、正式に除籍される。解体された「ポチョムキン」の一部、マストはドニエプル川河口の灯台の一部として40年近くも使われた。また前楼部分はレニングラードの海軍博物館に、のちオデッサの郷土史博物館へ移され、現在も展示されている。

1917年夏、ウクライナのセヴァストポリにおける「ボレーツ・ザ・スヴォボードゥ」。艦尾にはまだ「Потемкин,К（K.ポチョムキン）」の文字が残っている

**戦艦「クニャージ・ポチョムキン・タヴリチェスキー」（1905年竣工時）**

| | | | | | | | |
|---|---|---|---|---|---|---|---|
| 排水量 | 12,900トン | 全長 | 115.4m | 全幅 | 22.2m | 吃水 | 8.4m |
| 主缶 | 石油専焼水管缶14基＋石炭専焼水管缶8基 | | | | | | |
| 主機／軸数 | 直立型3段膨張式レシプロ機関2基2軸 | | | | | | |
| 出力 | 10,600hp | 最大速力 | 16.9ノット | | | 航続力 | 12ノットで2,200浬 |
| 武装 | 305mm連装砲2基、152mm単装砲16基、75mm砲16門、47mm砲6門、381mm魚雷発射管5門など | | | | | | |
| 装甲 | 舷側229mm、甲板76mm、主砲塔254mm | 乗員 | 731名 | | | | |

1918年、セヴァストポリで上空から撮影された「ボレーツ・ザ・スヴォボードゥ」（上）。下の2本煙突の戦艦は「トリー・スヴャチーチェリヤ」

# 現代兵器のルーツは第一次大戦から始まった

## ■陸戦兵器

戦車、戦闘機、空母、潜水艦……、これら現代の代表的な兵器は、どれも第一次世界大戦(WWI)で初めて登場、あるいはその存在が決定づけられたものだ。

世界初の戦車、イギリスのMk.IがWWIで初めて登場したことはよく知られている。重機関銃を据え付けた塹壕陣地は砲兵の連日にわたる猛射撃でも大きな損害を与えられず、突撃する歩兵に膨大な犠牲をもたらした。1916年2月のソンムの戦いでは、攻撃初日だけで、イギリス軍は2万人近い戦死者を数えたほどだ。

「戦車」は、敵の塹壕陣地を突破するために考えられ、開発された機動兵器だった。Mk.Iから始まる菱形戦車シリーズは、その装甲で敵の小口径弾を跳ね返し、まず塹壕を乗り越えることに特化している。

さらに、菱形戦車が塹壕陣地を突破したあと、戦果を拡大するための戦車も作られた。ホイペット中戦車の装備は機関銃3～4挺だが速度は倍以上で、航続距離も長かった。これなど、現代の歩兵戦闘車に近いだろう。

戦車以前には「装甲車」もWWIのおもに緒戦で活躍している。野砲は一度に大量に投入され、その射撃方法もWWIで確立、進歩していった。歩兵はどうだったろう。じつはもっとも基本的な点でいえば「ヘルメット」がある。むろん、頭部を保護する装備だが、開戦当初は耳までを覆う形はヘルメットと同様だが、素材は革などだった。だが戦場が塹壕戦に移行するにつれ、スチール製のヘルメットに置き換わっていく。

1918年3月26日、ドイツ軍の春季攻勢(カイザーシュラハト)に対応するため前線に向かうニュージーランド歩兵とイギリス軍のホイペット戦車

歩兵の武器は、1870年の普仏戦争のころからすでに元込め式の連発式ライフル銃だったが、ドイツ軍のMP18に代表される、拳銃弾を連射する「短機関銃」も開発された。小銃より短く、塹壕内で取り回しが良い。塹壕では敵味方の距離が近いので、拳銃弾の威力で充分なのだ。

塹壕の攻略のために「手榴弾」も進化した。それまでの、木べらに爆薬を縛り付けただけのものから、信管の作動によって本体内の爆薬が起爆し、外筒の金属が断片となって四散、殺傷力を増すという現在のタイプが各国で開発された。

1920年代、第一次世界大戦で活躍したMP18(左)とルイス機関銃(右)を備えてサイドカーに乗るカナダ・アルバータ州警察の警察官

## ■軍用機

WWIが始まった1914年は、1903年のライト兄弟の初飛行からまだ11年しか経っていなかった。飛行機もまた、ようやく1～2時間続けて飛べる程度がほとんどだったのが、戦争中に急速な進歩を見る。

最初は連絡、偵察としての使用が主だったのが、すぐに敵機を撃ち落とすということに特化した機体が生み出されるようになる。「戦闘機」の誕生だ。これもまずは、イギリスのエアコDH.2やR.A.F B.E.2のような複座でパイロットは操縦に専念し、別に銃手が可動式の機関銃を振り回した。が、機関銃を機体に固定し、パイロットが操縦で照準を合わせる

1916年、フランスのボーバルにおいて、エアコDH.2戦闘機を前に記念撮影するイギリス陸軍航空隊第32飛行隊の隊員たち

ほうが効果的だ、とわかると、現代と同じ単座の戦闘機となる。プロペラ同調装置を備え、パイロットの視線の先に機関銃を据え付ければ、より精度は上がった。フォッカーE.Ⅲ、ソッピース キャメル、ニューポール17といった名機が続々誕生した。

空中の敵機に相対するのが戦闘機なら、地上の目標を攻撃する機体も現れる。ドイツのAEG G.ⅣやフランスのコードロンR.11など、多くの機銃や爆弾を持つ「攻撃機」や、より大きな目標に爆弾を降らせる「爆撃機」だ（コードロンR.11は厳密には重戦闘機）。さらには三発、四発の重爆撃機までが開発、生産されて、数十機が編隊を組んで都市や港湾などを爆撃する。これなど「戦略爆撃」という、形を変えて今日まで続く航空戦の思想、用兵と言える。はじめはツェッペリン飛行船で行われたが、より速力や防御力の高いドイツのゴータ G.Ⅳ、イギリスのハンドレページO／400などの重爆撃機に置き換わった。航空機の搭載武器も、機関銃、爆弾のほか、戦闘機が飛行船などの大型目標を撃墜するため、複数のロケット弾を装備した。

## ■艦艇

海の戦いはどうだろう。すでに305㎜以上の主砲を多数搭載したド級戦艦が普及し、イギリスのクイーン・エリザベス級など380㎜以上の超ド級戦艦（や超ド級巡洋戦艦）が主力となっていた。このほか、主砲のサイズでいえば200～150㎜クラスの「巡洋艦」、120～100㎜クラスの「駆逐艦」、さらに水雷艇や魚雷艇など、水上艦艇の分類はWWIで完成を見たといっていい。表記の後ろへいくほど小柄で航行速度は速くなる。

このラインアップは、巡洋艦が後に重巡と軽巡に分かれるものの、おおむねWWⅡでも続いた。武器も、主砲、副砲、高角砲、魚雷にほぼ限られ、これらものちの艦船搭載兵器と同じものだ。戦艦、巡洋艦、といった大型艦種は、WWⅡの後は消滅していき、ほぼ駆逐艦以下だけになる。もっとも、現代の駆逐艦はWWI時の装甲巡洋艦にゆうに匹敵するほどの大きさのものもある。3～4万トンを超える大型艦は、現代では「空母」のカテゴリーだけになった。この空母＝航空母艦は、WWI時には水上機を運用する水上機母艦が主だったが、すでに飛行甲板を設置して改造陸上機の発着艦の実験が行われていたし、イギリス海軍の「ヴィンデックス」（水上機母艦改造）など、実戦で使われた艦もあった。

大戦末期に登場したフランス陸軍航空隊のコードロンR.11戦闘機。長距離護衛戦闘機として開発されたが、偵察や爆撃にも従事した多用途機だった

飛行甲板を備え、車輪付きトロリーによる水上機の発艦を可能としたイギリス海軍の水上機母艦「ヴィンデックス」。7機の運用が可能だった

特筆すべきは、WWIでは初めて実用「潜水艦」が実戦配備されたことだろう。実質的な初の軍用潜水艦はアメリカ南北戦争で登場したH・L・ハンリーだが、動力はなく、人力でスクリューを動かし、推進するものだった。もちろんWWIの潜水艦はディーゼル・エレクトリック機関で、浮上している間はディーゼルエンジンで航行、潜水するとバッテリーに蓄えた電力でモーターを駆動した。現在の通常潜水艦の大半と構造は同じだ。有名なドイツのUボートは数々の戦果を上げ、大金を費やしたドイツの水上艦隊よりもずっとコストパフォーマンスの高い活躍で名を上げた。そのためWWⅡでも結果的にドイツ海軍の主役となる。

第一次世界大戦後、305mm単装砲を撤去して水上機を運用できるように改造したイギリス海軍のM2潜水艦

イギリスがWWI末期に建造したM級潜水艦は、水上1594トンの巨体に305㎜砲1門を持っていた。これだけでも、WWI最大級の巨体と巨砲だが、2番艦のM2は戦後の改装で主砲を撤去し、水上機の格納庫を設置した。離水した水上機は偵察などのほか、小型爆弾や機銃で攻撃もできた。水上機を格納した潜水艦＝潜水空母といえば、WWⅡの日本海軍・伊400型大型潜水艦が有名だが、WWIの時点ですでにコンセプトが実現していたのがわかる。伊400型は2機の水上機を搭載し、敵の水上艦防衛網をくぐって背後へ出ると、発進させた水上機で運河施設を攻撃するなど、戦略爆撃機的に運用される予定だったという。いわば、現代の戦略ミサイル原潜と同じ性格だ。WWIのM級も同様に、世界初の戦略潜水艦とも言えないだろうか。

## ■ウクライナの戦場は兵器の転換点になるか

戦車、歩兵携行火器、戦闘機、攻撃機、爆撃機、駆逐艦、空母、潜水艦……。現代兵器の大半がWWIで登場した、というのがこれでわかってもらえたと思う。一方、WWIで現れなかった兵器の代表といえば、精密誘導兵器が挙げられる。各種のセンサーやコンピューターを搭載し、のちには人工衛星と通信しながら設定された目標を目指す精密誘導兵器は、まずWWⅡのV2ロケット（ミサイル）などから始まり、電子機器の性能向上とともに急速な発達を見た。そして現在、まったく新しい戦争の形態が始まろうとしている。

2022年2月から始まったロシアーウクライナ戦争は、宣戦布告などはないものの、主権国家どうしの全面戦争と言っていいだろう。21世紀の現代で、戦闘機、攻撃機、戦車、歩兵部隊、ミサイル駆逐艦など、従来の主力兵器が互いに戦うという、前世紀の古典的な戦場が大規模に現出したその様相は世界を驚かせた。しかし戦争が1年、2年と長引き、戦線が膠着するにつれ、これまでと異なった兵器、戦術が多用されてくる。ドローン（兵器）だ。

それまでもドローンは主に、テロリスト側、対テロ特殊部隊、非対称戦闘などで用いられてきたが、ロシア、ウクライナ両軍ともに大量のドローンを使用し、もはやドローンなしの戦場は考えられない。空、海、水中……、両軍ともにドローンを大量生産し、新型ドローンの開発にも余念がない。もはや戦争の帰趨にも大きな影響を持っている。

いわばドローン戦争とも化して来たウクライナ戦争の戦場、次に予想されるのは、自律型致死兵器（システム）だろう。ドローンは基本、人が操縦するものだし、ミサイルなども予め《あらかじめ》プログラムされている。自律型致死兵器は、兵器が自分で考え、攻撃する。その「匙《さじ》加減」は人が設定するものだとしても、兵器がその場の状況で判断を下し、人間を殺傷することに大きな批判があるし、それゆえ抑制もはたらいている。けれど昨今のAIの急速な進歩は自律型致死兵器の開発を大きく後押しするだろうし、大きな犠牲を出しながら実際の戦場で戦い続けている当事者は、効果があるならどんなものでも使おうとするだろう。

ウクライナ戦争がさらに長引いた場合、いずれ自律型致死兵器が投入されるのは予想の範中、時間の問題だろう。ロシア、ウクライナ、どちらが先に、ということはもはや意味がない。片方が使えば、または開発が間に合えば、どちらも使うだろうからだ。そのとき戦争は、WWⅠから始まった兵器の体系から、まったく新たな次元へ移った、と言えるのかもしれない。

敵陣に向かうドローンを見送るウクライナ兵（Ph/ウクライナ国防省）

Sopwith Camel
SPAD S.VII
chemical weapon
Gotha G.IV
World War I
1914-1918
Mark I tank
HMS Furious
U9
Submachine guns
Renault FT

Mk.I戦車のデビュー戦となったソンムの戦い中の1916年9月15日、フレールの町の東側を占領した第41師団第122旅団のイギリス兵たちとMk.I戦車（D17号車）（Ph/Imperial War Museums）


**すずきあきら**

ゲーム雑誌編集部勤務を経てゲーム、ミリタリーライター兼ライトノベル作家に。昨今は下手の横好き・歴史全般ポッドキャストも配信中。けど一番の専門はやはり第一次世界大戦でウッドボール。



装丁・本文DTP　くまくま団　二階堂千秋
編集　浅井太輔

**イラスト図解 第一次大戦傑作兵器**

2024年7月20日 初版第1刷発行

著者　すずきあきら
　　　みこやん

発行人　山手章弘
発行所　イカロス出版株式会社
〒101-0051 東京都千代田区神田神保町1-105
contact@ikaros.jp（内容に関するお問合せ）
sales@ikaros.co.jp（乱丁・落丁、書店・取次様からのお問合せ）
印刷所　シナノパブリッシングプレス株式会社




Printed in Japan　ISBN 978-4-8022-1467-4